吴光驰

首都儿科研究所营养研究室主任、研究员
中国优生科学协会理事

长期从事儿科临床、儿童保健及儿童营养研究，特别在母乳喂养、儿童均衡营养等领域有深入的研究成果。在 50 余年的行医生涯中，他不断把自己最专业最贴心的儿童保健知识通俗易懂地传递给新妈妈，让新手妈妈真正明白专业育儿知识。他以耐心和爱心呵护一代又一代宝宝健康成长。

发表科研论文 80 余篇，科技著作 3 册，科普著作 25 部。获北京市科技进步三等奖，北京市卫生局科技成果一等奖及二等奖，中国预防医学科学院科技进步一等奖等。先后担任《中华儿科》等杂志的编辑及《中国医药学导报》专家委员会委员。

汉竹图书微博
http://weibo.com/hanzhutushu

读者热线
400-010-8811

江苏凤凰科学技术出版社 | 凤凰汉竹
全 国 百 佳 图 书 出 版 单 位

婴儿养育一天一页

前言

这是一本能让你见证宝宝的成长点滴，并迅速学会如何带好宝宝的书。

每天一页，涵盖整个婴儿期，紧跟宝宝每一天不同的成长需求：第1天，给宝宝尝尝珍贵的初乳；第30天，宝宝准备打疫苗了；第88天，帮助宝宝翻身；第160天，宝宝长牙了……在这里，每一天你应该怎样做，都能得到最权威的指导。

近500条育儿知识点，涉及育儿过程中的各种问题。宝宝一出生就要喝奶吗？宝宝的体重怎么变轻了？宝宝能吃盐吗？如何给宝宝刷牙？宝宝发热了怎么办？怎样与害羞的宝宝相处……本书关注宝宝养育的同时，也同样关注每一个家庭的情感需求。

新生儿的护理物品清单，真实高清的彩照，给你提供了一个最详实有用的参考。“宝宝免疫小贴士”，还会提醒你本月宝宝该接种的疫苗。

为即将出生的宝宝准备

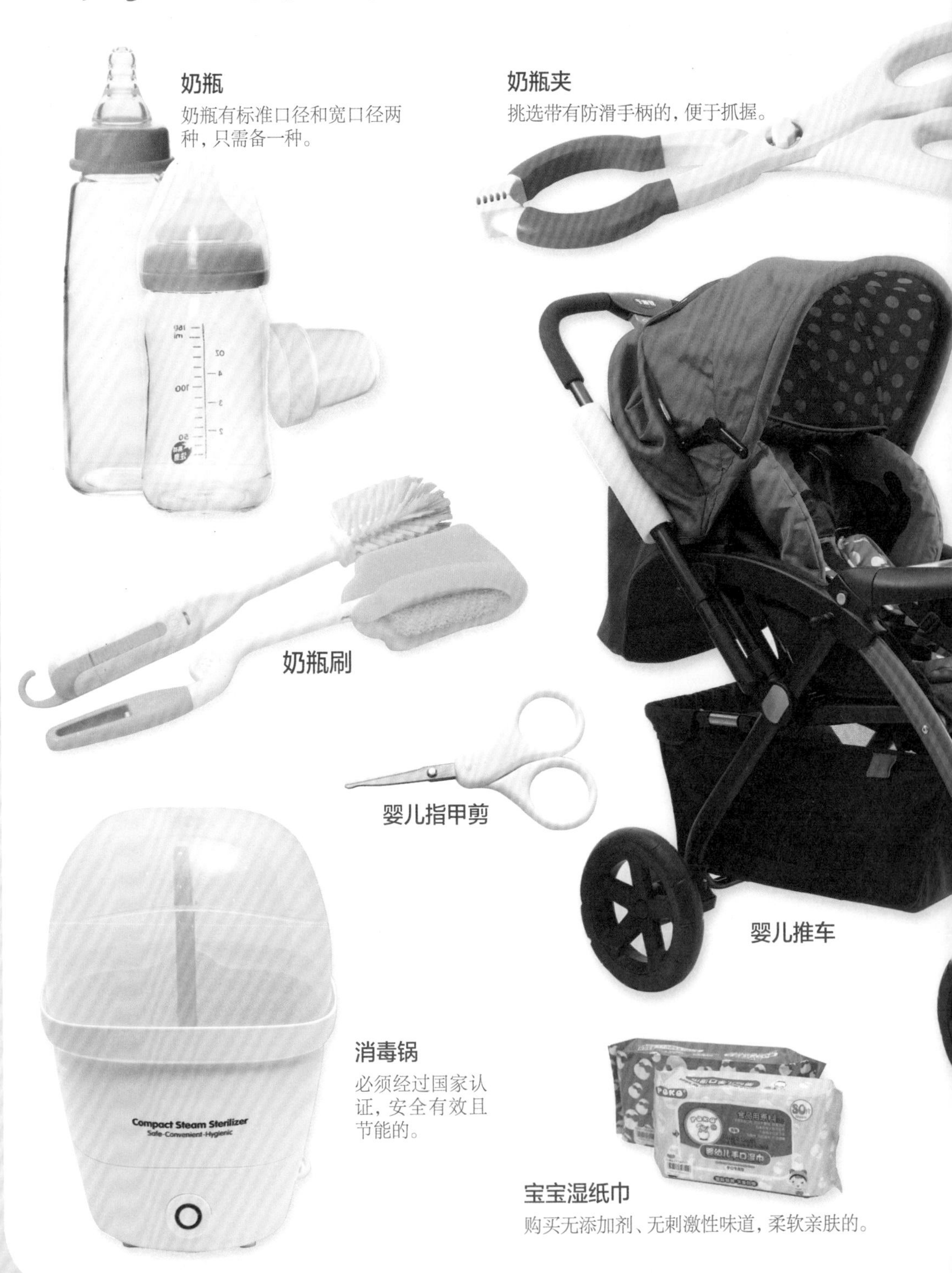

奶瓶

奶瓶有标准口径和宽口径两种，只需备一种。

奶瓶夹

挑选带有防滑手柄的，便于抓握。

奶瓶刷

婴儿指甲剪

婴儿推车

消毒锅

必须经过国家认证，安全有效且节能的。

宝宝湿纸巾

购买无添加剂、无刺激性味道，柔软亲肤的。

电子体温计
最好是红外线探测的电子体温计。
开机/记忆
帽子
冬夏两季各为宝宝准备一顶小帽子。
围嘴3~5条
挂脖容易解开，面料纯棉且吸水性好。
棉袜3双
买纯棉、透气，保暖性好的松口袜子。
罩衣
内衣4套
纯棉，斜襟，具有良好的吸汗透气性，有舒适的手感。
宽松型睡袋
包被
根据宝宝的月龄挑选尺寸合适的包被。

婴儿护肤品

购买婴幼儿专用的。

毛巾 6条

挑选纯棉、亲肤、柔软的，最好在颜色上有所区别。

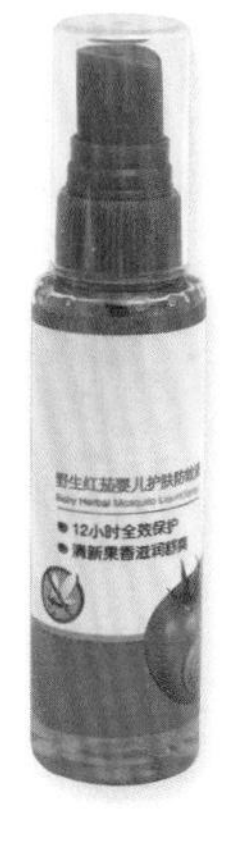

防蚊虫叮咬液

浴巾

以纯棉，吸水性好，质地细密的为佳。

宝宝安全座椅

婴儿沐浴液

可以买洗发、沐浴二合一的产品，每周使用1次即可。

浴盆

挑选正规品牌，尺寸合适的，专用辅浴板能让宝宝舒舒服服半躺着洗澡。

宝宝玩具

根据宝宝的月龄挑选，外形圆润、材质安全环保。

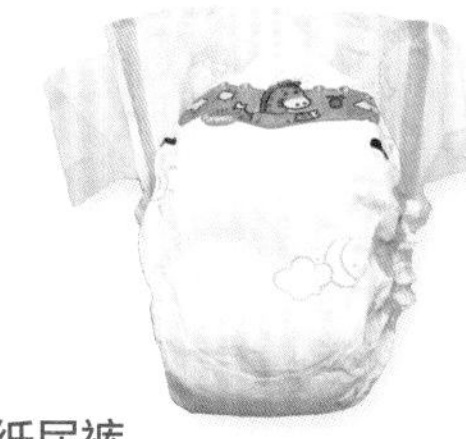

尿布

纯棉，吸水、透气性佳，最好是易清洗的。

纸尿裤

购买用料天然环保，吸水、透气性佳，有防漏设计的。

婴儿床

购买时一定要检查油漆的安全性。

退热贴

为新妈妈准备

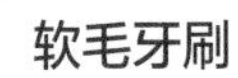

软毛牙刷

每次用完要彻底清洗，并将刷头朝上。

防

乳头保护罩

先滴入几滴母乳，再合于乳头上用手压住四周即可。

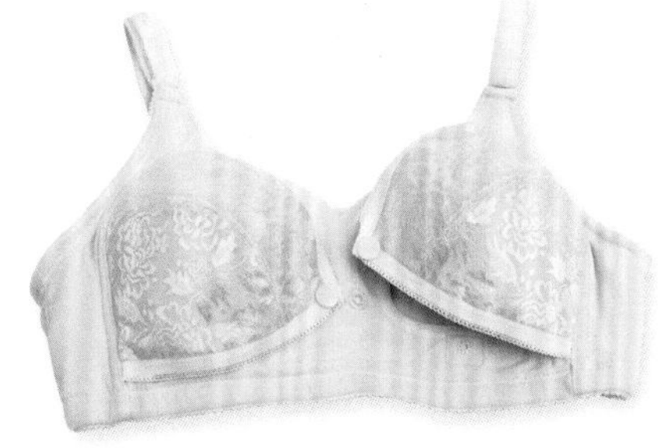

哺乳内衣3件

哺乳内衣胸前的扣环容易解开，方便哺乳。

大号内裤6条

买纯棉的深色内裤。

束腹带

挑选健康环保、透气舒适，包覆效果好的。

产妇卫生巾

一定要用产后妈妈专用的卫生巾。

孕妇护肤品

月子里也要保养皮肤。

照相机

给新生宝宝照相时，记得不要开闪光灯。

巧克力

深色巧克力更利于分娩时补充体力，但生产后就不要吃了。

水杯

弯头吸管

弯头吸管是剖宫产或顺产侧切妈妈必备的。

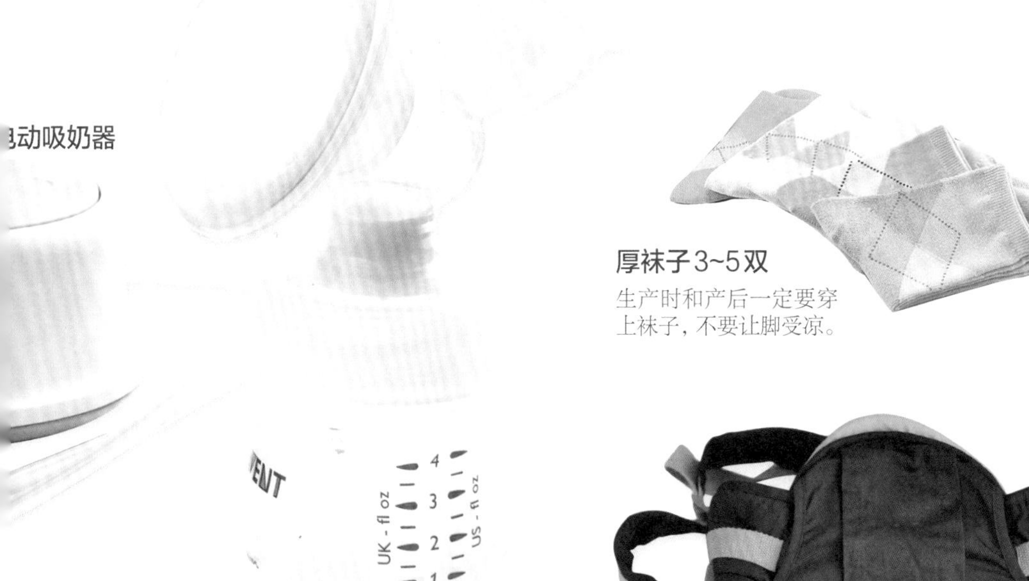

电动吸奶器

厚袜子3~5双

生产时和产后一定要穿上袜子，不要让脚受凉。

背袋

选用横抱式背袋，最好有枕头或带有护脖颈功能。

洗漱用品

第1个月

宝宝每天都在变

第1天 / 28
宝宝的第1份体检报告 / 28
开奶：出生后半小时 / 29
初乳：最完美的免疫药物 / 29
剖宫产宝宝更应吃母乳 / 29

第2天 / 30
哺乳：找准正确的姿势 / 30
少量多餐喂养双胞胎宝宝 / 30

第3天 / 31
生理性黄疸：出生后72小时出现 / 31
4招判断宝宝是否吃饱 / 31

第4天 / 32
体重：出生后2~4天会减轻 / 32
脐带：每天清洁并消毒 / 32

第5天 / 33
如何判断母乳是否足够 / 33
母乳不足：早吸吮、勤吸吮 / 33

第6天 / 34
选购配方奶：摇一摇，看一看 / 34
配方奶喂养要适量 / 34

第7天 / 35
奶嘴：新生儿用圆孔S号 / 35
奶瓶：玻璃的更安全 / 35

第8天 / 36
奶具：每天沸水消毒1次 / 36
防溢乳：吃完奶后轻拍嗝 / 36

第9天 / 37
喂养早产宝宝须特别用心 / 37
人工喂养的宝宝需要喝水 / 37
女宝宝有“白带”很正常 / 37
0~3个月的宝宝不需要用枕头 / 37

第10天 / 38
经典催乳汤：产后1周开始喝 / 38

第11天 / 39
“罗圈腿”：不打“蜡烛包” / 39
“马牙”“螳螂嘴”不是病 / 39

第12天 / 40
如何给新生宝宝洗澡 / 40

第13天 / 42
偶尔打喷嚏并非感冒 / 42
如何避免“空调病” / 42
尿布or纸尿裤：白天、夜间轮换用 / 42

第14天 / 43
预防尿布疹：“小屁屁”保持透气通风 / 43
一招巧裹尿布法 / 43

第15天 / 44
头发：多少真的无所谓 / 44
囟门：颅骨尚未愈合 / 44

第16天 / 45
鱼肝油和钙：2周后该添加啦 / 45

第17天 / 46
哭声：听懂宝宝的“表达” / 46
别让宝宝过分依赖“摇睡” / 47

第18天 / 48
抱起宝宝：手心拖住小脑袋 / 48

第19天 / 49
睡姿：侧卧、仰卧常变换 / 49

第20天 / 50
亲子：建立安全依恋很重要 / 50
抚触：传递爱的最好方式 / 50

第21天 / 51
从不同颜色的“便便”看健康 / 51
给宝宝洗脸、擦身的注意事项 / 51

第22天 / 52
疾病：多种方法预防佝偻病 / 52
一吃就拉不是宝宝“直肠子” / 52

第23天 / 53
新生宝宝穿什么样的衣服好 / 53

第24天 / 54
给新生宝宝穿衣服的技巧 / 54
怎样帮宝宝脱衣服 / 54

第25天 / 55
抬头：宝宝的视野扩大了 / 55

第26天 / 56
视觉：超级“近视眼” / 56
听力：听到响声“吓一跳” / 56
嗅觉：熟悉妈妈的味道 / 56

第27天 / 56
满月：不剃“小光头” / 56

第28~29天 / 57
测评：满月宝宝的智能发育标准 / 57

第30天 / 58
免疫：准备打疫苗了 / 30

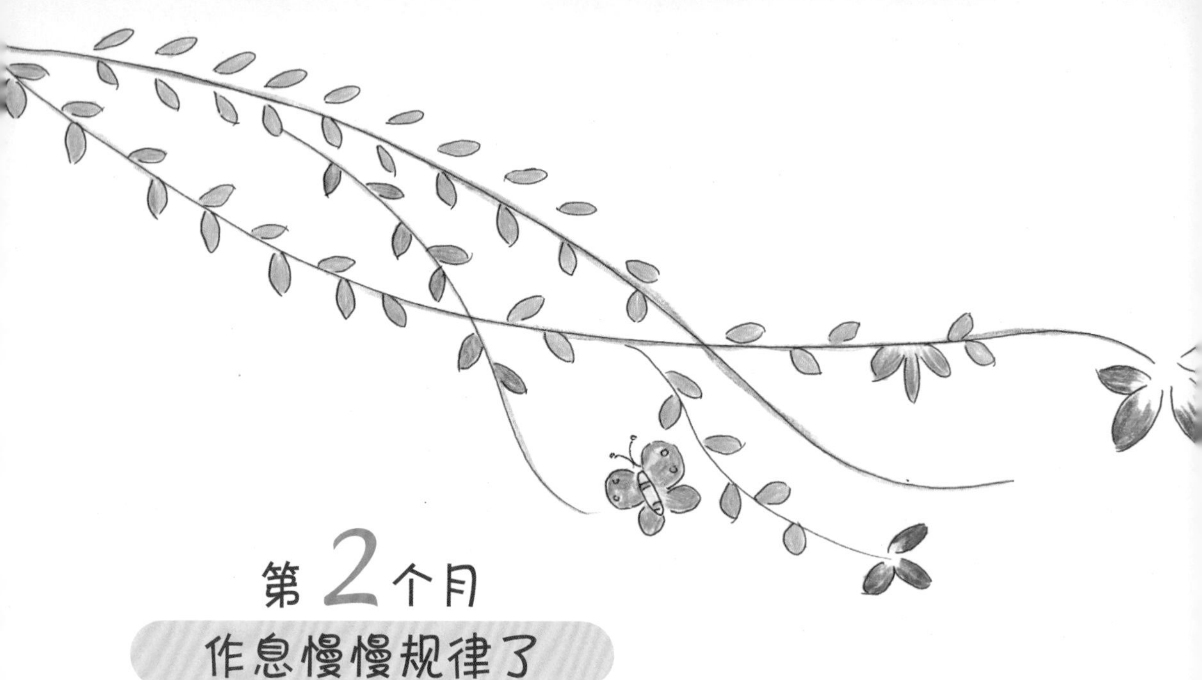

第2个月

作息慢慢规律了

第31天 / 62

夜间喂奶：谨防宝宝着凉 / 62

不要让宝宝整夜含着乳头 / 62

晚上睡觉不开小夜灯 / 62

第32天 / 63

防止醒夜：3步睡眠法则 / 63

“绝对安静”不利于宝宝成长 / 63

第33天 / 64

亲子：认识爸爸和妈妈 / 64

学习：鼓励宝宝“探探险” / 64

第34天 / 65

微笑：身心健康的标志 / 65

第35天 / 65

逗笑：出现越早越聪明 / 65

第36天 / 66

宝宝背袋：如何选购和使用 / 66

第37天 / 67

理发：不要弄伤头皮 / 67

指甲：每周修剪1~2次 / 67

眼屎：脱脂棉球蘸水擦拭 / 67

鼻塞：棉签轻轻探入鼻孔 / 67

耳垢：不用刻意挖 / 67

第38天 / 68

给宝宝养成良好的“生活秩序” / 68

第39天 / 69

惊跳：只因神经不成熟 / 69

按摩能缓解宝宝惊跳 / 69

第40天 / 70

猛长期：胃口“惊人” / 70

情绪会影响妈妈乳汁的分泌 / 70

第41天 / 71

安全：摇晃、抛举太危险 / 71

警惕“摇晃宝宝综合征” / 71

第42天 / 72
健康：42天体检很重要 / 72

第43天 / 73
不要频繁换配方奶粉 / 73

第44天 / 73
什么时候需要用安抚奶嘴 / 73

第45天 / 74
哺乳：3招改善妈妈乳头过于短小 / 74
及早纠正宝宝的乳头错觉 / 74

第46天 / 75
记忆力：脑袋里记住了"喝奶" / 75
扁平足是正常的生理现象 / 75
怪表情：宝宝在"卖萌" / 75

第47天 / 76
自制拍照反光板 / 76
拍照：避用闪光灯 / 76

第48天 / 77
听音乐：左右大脑能交流 / 77
为宝宝选择合适的音乐 / 77

第49天 / 78
语言能力：掌握母语不需要"学习" / 78
多交谈：增加宝宝词汇量 / 78

第50天 / 79
为宝宝创建良好的语言环境 / 79
啼哭：宝宝希望得到回应 / 79

第51天 / 80
啼哭：有时也是一种锻炼 / 80

第52天 / 80
宝宝老爱放屁别担心 / 80

第53天 / 81
预防痱子：勤洗澡来勤换衣 / 81
不要过于依赖痱子粉 / 81
治痱子小妙招 / 81

第54天 / 82
健康：护理湿疹宝宝 / 82

第55天 / 83
活动：尊重宝宝的意愿 / 83
亲子游戏：宝宝握握手 / 83

第56天 / 84
宝宝被动操：锻炼胳膊和小腿 / 84

第57天 / 85
经常帮宝宝做腹部锻炼 / 85
锻炼时床不要过软 / 85

第58天 / 86
视觉刺激：看一看 / 86
听觉刺激：有趣的声音 / 86

第59~60天 / 87
测评：满2个月宝宝的智能发育标准 / 87

第3个月

努力学翻身

第61天 / 90

睡觉：开始有规律 / 90

吃奶时间缩短，并非宝宝生病了 / 90

第62天 / 91

让宝宝改掉抱睡的不良习惯 / 91

第63天 / 92

夜啼：一到晚上就哭闹 / 92

第64天 / 92

防止宝宝踢被子的小妙招 / 92

第65天 / 93

健康：怎样为宝宝剪指甲 / 93

宝宝戴手套弊多利少 / 93

第66天 / 94

男宝宝臀部清洁与护理 / 94

不必刻意清洗包皮 / 94

第67天 / 95

女宝宝臀部清洁与护理 / 95

小屁屁尽量不用爽身粉 / 95

第68天 / 96

疾病：预防鹅口疮的方法 / 96

让宝宝学习用手抓奶瓶 / 96

第69天 / 97

宝宝的呼吸还不规则 / 97

前囟门鼓胀 / 97

第70天 / 97

建立宝宝健康档案 / 97

第71天 / 98

“攒肚儿”：按摩腹部来缓解 / 98

打呼噜：警惕腺体发生病变 / 98

第72天 / 99

给宝宝喂药的方法和注意事项 / 99

第73天 / 100

色彩认知：被彩色吸引 / 100

第74天 / 100

布置颜色和谐的环境 / 100

第75天 / 101

空气浴：享受大自然 / 101

日光浴：逐渐增加到30分钟 / 101

第76天 / 102

运动：宝宝游泳好处多 / 102

特殊胎记如何处理 / 102

第77天 / 103

亲子：爸爸和宝宝互动 / 103

第78天 / 103

陪宝宝多看、多听、多玩 / 103

第79天 / 104

安全感：亲子依恋是根基 / 104

第80天 / 105

爱“吃”小手：智力发育的进步 / 105

突然大哭：警惕肠绞痛 / 105

第81天 / 106

妈妈多吃健脑食物，宝宝更聪明 / 106

第82天 / 107

语言敏感期：对发音感兴趣 / 107

睡前，读个故事给宝宝听 / 107

第83天 / 108

宝宝心情好时最爱“说话” / 108

谈话：咿呀咿呀“一对一答” / 108

第84天 / 109

宝宝笑了：智力在萌芽 / 109

第85天 / 109

新手爸妈选购玩具的技巧 / 109

第86天 / 110

握抓：为精细动作开个好头 / 110

触摸游戏：摇铃铛 / 110

第87天 / 111

俯卧抬头：为翻身做准备 / 111

第88天 / 112

翻身：加油，再努一把力 / 112

第89~90天 / 113

测评：满3个月宝宝的智能发育标准 / 113

第4个月

躺着学本领

第91天 / 116

上班族如何母乳喂养 / 116

上班也要保证泌乳次数 / 116

第92天 / 117

母乳储存：先冷藏再冷冻 / 117

母乳加热：不用微波炉 / 117

第93天 / 118

挤奶：用拇指、食指挤压乳头和乳晕 / 118

宝宝总吃一只手警惕脑瘫 / 118

第94天 / 119

大小便还不规律 / 119

宝宝“便便”前的特殊表现 / 119

把便：双手兜住小屁屁 / 119

第95天 / 120

枕秃：多汗是主要原因 / 120

宝宝对枕头的要求 / 121

第96天 / 122

睡眠：宝宝有自己的习惯 / 122

第97天 / 122

宝宝会不会做梦 / 122

第98天 / 123

看护：频繁换人宝宝不喜欢 / 123

人工喂养的宝宝要定期称体重 / 123

宝宝只喝配方奶会上火吗 / 123

腹泻后吃奶量减少怎么办 / 123

第99天 / 124

听音乐：调节情绪，培养智力 / 124

第100天 / 125

庆祝“百天”应注意什么 / 125

第101天 / 126

宝宝的五官“长开”了 / 126

照镜子：认识另一个“自己” / 126

第102天 / 127

户外活动：增强宝宝体质 / 127

每天晒太阳不少于1小时 / 127

第103天 / 128

辅食：人工喂养的宝宝该添加了 / 128

从米汤、菜水开始 / 128

第104天 / 129

添加辅食讲原则 / 129

辅食添加的顺序 / 129

第105天 / 130
厌食：宝宝可能是缺锌 / 130
添加辅食不要影响母乳喂养 / 130

第106天 / 131
健康：生理性贫血不需补铁剂 / 131
宝宝补铁以食补为主 / 131

第107天 / 132
宝宝从床上摔下别惊慌 / 132
宝宝为什么老打嗝 / 132
舌苔黄厚或白厚是病吗 / 132

第108天 / 133
防止宝宝流口水淹红下巴 / 133

第109天 / 133
围嘴：5~6条换着用 / 133

第110天 / 134
衣物要易于活动和穿脱 / 134

第111天 / 134
倒睫毛：小脸蛋太胖了 / 134

第112天 / 135
学语言：从简单“名词”开始 / 135
不断重复使宝宝产生发音的兴趣 / 135

第113天 / 136
翻身：已经很自如 / 136

第114天 / 136
防止会翻身的宝宝掉下床 / 136

第115天 / 137
体能训练：抓握、蹬踹、俯卧撑 / 137

第116天 / 138
拉坐练习：为坐起来做准备 / 138

第117天 / 139
随意运动：探索中成长 / 139

第118天 / 140
触觉游戏：多摸、多啃、多感受 / 140

第119~120天 / 141
测评：满4个月宝宝的智能发育标准 / 141

第5个月 喜欢吃“饭饭”

第121天 / 144
每天吃奶量不超过1000毫升 / 144
辅食：开始添加菜泥、蛋黄 / 144
第122天 / 145
辅食添加因人而异 / 145
市售辅食和自制辅食哪个更好 / 145
第123天 / 146
辅食制作常见用具有哪些 / 146
制作辅食的小窍门 / 146
第124天 / 147
宝宝补铁不适合多吃菠菜 / 147
蛋黄：宝宝的补铁佳品 / 147
第125天 / 148
蛋黄一定要煮透 / 148
1岁以内的宝宝不吃盐 / 148
第126天 / 149
添加辅食注意食物过敏 / 149
第127天 / 149
冲奶：浓度不贪“高” / 149
第128天 / 150
多汗：只因代谢旺盛 / 150
白开水最适合宝宝 / 150
第129天 / 150
宝宝不爱喝水怎么办 / 150
第130天 / 151
口欲期：什么都往嘴里放 / 151
不要随意阻止宝宝“吃”东西 / 151
第131天 / 152
健康：手足口病的症状与护理 / 152
预防“暑热症”：勤给宝宝喂水 / 152
第132天 / 153
宝宝感冒了怎么办 / 153
第133天 / 154
小心宝宝成为“复感儿” / 154
重视室内空气质量 / 154
第134天 / 154
多给宝宝搓搓背 / 154
第135天 / 155
安全：处理宝宝烧烫伤 / 155
第136天 / 155
户外活动小心呵护宝宝 / 155
婴儿车的选用 / 155
第137~138天 / 156
学语言：加强宝宝对发音的模仿 / 156
第139~140天 / 157
简单认知：认识身边的事物 / 157
第141~142天 / 158
帮宝宝缓解分离焦虑 / 158
一天中必不可少的3次拥抱 / 158
第143~144天 / 159
早教：培养宝宝看书的兴趣 / 159
“定制”一本宝宝的小书 / 159
第145天 / 160
宝宝玩玩具：最爱抓和啃 / 160
为5个月的宝宝准备玩具 / 160
第146天 / 161
蹦跳：跳得欢，有力气 / 161
第147天 / 161
行为能力在进步 / 161
第148天 / 162
主动抓取：小手越来越灵活 / 162
第149~150天 / 163
测评：满5个月宝宝的智能发育标准 / 163

第6个月 坐着看世界

第151~152天 / 166
防止咬乳头：哺乳前让宝宝磨磨牙 / 166
营养：添加辅食别影响母乳喂养 / 166

第153天 / 168
睡眠：别让宝宝睡太早 / 168
如何应对宝宝添加辅食后不喝奶 / 168

第154天 / 169
偏食：如何促进宝宝的食欲 / 169

第155天 / 169
怎样清洁辅食餐具 / 169

第156天 / 170
喝果汁：每天5~10毫升 / 170
宝宝可以适当吃水果、糕点 / 170

第157天 / 171
宝宝出牙的顺序 / 171

第158天 / 171
安抚宝宝出牙期的烦躁 / 171

第159天 / 172
磨牙棒：缓解出牙期不适 / 172
巧手自制营养磨牙棒 / 172

第160天 / 172
健康：如何保护乳牙 / 172

第161天 / 173
宝宝体重增长慢怎么办 / 173
让宝宝从奶瓶过渡到水杯 / 173

第162天 / 174
睡眠：从现在起，培养宝宝安睡一整晚 / 174

第163天 / 176
怎样保持良好的母乳喂养 / 176

第164天 / 176
疾病：怎样发现宝宝生病了 / 176

第165天 / 177
秋季腹泻：炒米、苹果能止泻 / 177
如何预防宝宝秋季腹泻 / 177

第166天 / 178
如何护理得肺炎的宝宝 / 178
幼儿急疹的家庭护理 / 178

第167天 / 179
如何预防宝宝斜视 / 179
营养：秋冬季补充维生素A和维生素D / 179

第168天 / 180
妈妈给的免疫到期啦 / 180

第169天 / 181
认生期：宝宝“害怕”陌生人 / 181
社交游戏：笑一笑 / 181

第170天 / 182
判断力：会“察言观色” / 182

第171天 / 183
假哭、爱表演：宝宝的“小把戏” / 183
光脚有利于宝宝足弓的形成 / 183

第172天 / 184
照镜子、看照片：让宝宝认识自己 / 184
认知游戏：虫虫歌 / 184

第173天 / 185
6个月的宝宝能独坐片刻 / 185
锻炼：靠坐和独坐 / 185

第174天 / 186
听觉发展：迅速分辨人声 / 186

第175天 / 187
语言发展：喜欢听儿歌 / 187
语言游戏：手指歌 / 187

第176天 / 188
学习能力：每个月都在“飞速”进步 / 188

第177天 / 189
手部动作：“玩具倒手”出现 / 189

第178天 / 190
大运动训练：经常更换体位 / 190

第179~180天 / 191
测评：满6个月宝宝的智能发育标准 / 191

第7个月

开始学习咀嚼

第181~182天 / 194
辅食：开始尝尝烂面条 / 194
饮食安全：选用宝宝专用面条 / 194

第183~184天 / 195
长牙期宝宝食谱推荐 / 195
母乳：不减少宝宝吃奶次数 / 195
厌奶：尝试将奶混入辅食 / 195

第185~186天 / 196
教宝宝如何咀嚼 / 196
7个月宝宝仍然不能吃的食物 / 196

第187~188天 / 197
哺乳妈妈补铁食谱推荐 / 197

第189~190天 / 198
睡床护栏：防止宝宝掉下床 /198
给宝宝盖被子不要太厚 / 198
宝宝趴着睡很正常 / 198
防蚊虫叮咬宝宝 / 198

第191~192天 / 199
清洁：头发少也要勤打理 / 199
不缺钙的宝宝也需晒太阳 / 199
让宝宝爱上白开水 / 199

第193~194天 / 200
学步：1岁左右开始最好 / 200
使用学步车的各种弊端 / 200

第195~196天 / 201
发热：低于38℃时物理降温 / 201
宝宝使用退热贴的方法 / 201

第197~198天 / 202
安全：宝宝的小药箱装什么 / 202

第199~200天 / 203
视觉、听觉：同步训练与发展 / 203
视听游戏：动物世界 / 203

第201~202天 / 204
亲子：配合宝宝的因果探索 / 204
洗澡：最温馨、有趣的探索时间 / 204

第203~204天 / 205
爬行：准备活动篇 / 205

第205~207天 / 206
手指动作：左右齐“开工” / 206
安全：为宝宝消除安全隐患 / 206

第208~210天 / 207
测评：满7个月宝宝的智能发育标准 /207

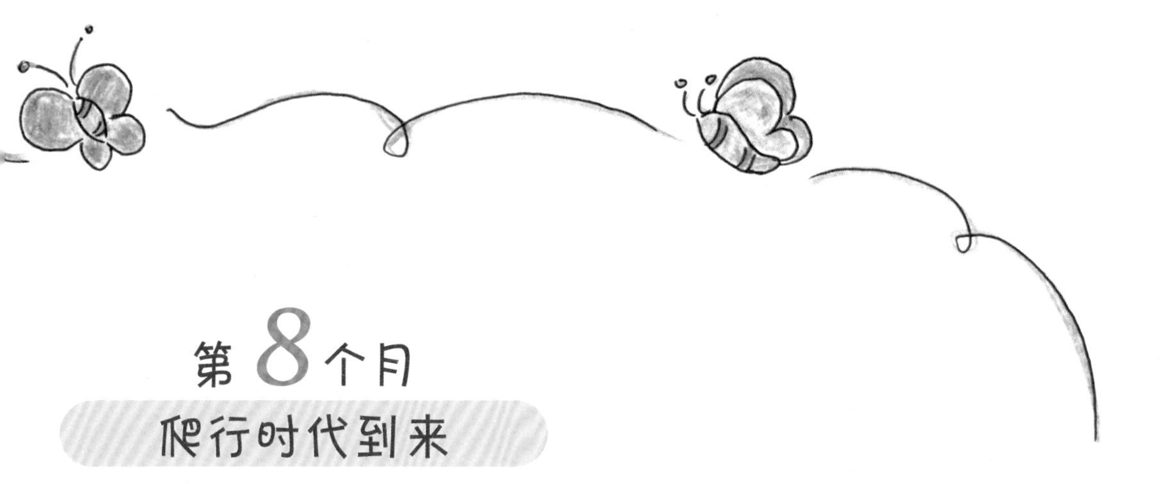

第8个月 爬行时代到来

第211~212天 / 210
辅食：8个月，能喝肉汤了 / 210
别急着给宝宝断奶 / 210

第213~214天 / 211
教宝宝用勺子吃饭 / 211
选购餐椅：稳当结实，安全无毒 / 211

第215~216天 / 212
饮食：1岁以内禁吃蜂蜜 / 212
便秘：均衡辅食来调理 / 212

第217~218天 / 213
腹泻：适当禁食几小时 / 213
宝宝止泻推荐食谱 / 213

第219~220天 / 214
排便：可以用便盆了 / 214
衣物：以柔软、纯棉为主 / 214

第221~222天 / 215
和爸爸妈妈同桌吃饭 / 215
干呕：大多是被口水呛的 / 215

第223~224天 / 216
亲子：与“黏人”宝宝分开一会儿 / 216
减少宝宝吸吮手指的机会 / 216
缺铁性贫血：从“食补”开始预防 / 216

第225~226天 / 217
从宝宝的睡相看健康 / 217
宝宝睡眠4不宜 / 217

第227~228天 / 218
爬行对宝宝很重要 / 218

第229~230天 / 219
爬行：拓展新方法 / 219

第231~232天 / 220
认知：开始喜欢藏藏找找 / 220

第233~234天 / 221
藏找游戏1：玩具哪儿去了 / 221
藏找游戏2：爸爸在哪里 / 221

第235~237天 / 222
手指谣：加强手指抚触 / 222

第238~240天 / 223
测评：满8个月宝宝的智能发育标准 / 223

第9个月

扶着家具横走两步

第241~242天 / 226

母乳：1岁之前不提倡断奶 / 226

辅食：9个月，开始吃虾了 / 226

第243~244天 / 227

多花样、多口味，让宝宝爱上辅食 / 227

第245~246天 / 228

营养：为宝宝补充DHA / 228

深海鱼：宝宝吃了更聪明 / 228

第247~248天 / 229

适当给宝宝补充膳食纤维 / 229

多吃水果，苹果最温和 / 229

第249~250天 / 230

喂养：宝宝用餐“四不要” / 230

用餐位置要固定 / 230

刷牙：指套牙刷最好用 / 230

第251~252天 / 231

给宝宝的小脚丫选双鞋 / 231

第253~254天 / 232

“吃”小手：要适当阻止了 / 232

从指甲盖的形状看健康 / 232

宝宝偶尔嗜睡是正常的 / 232

过于“执著”的宝宝怎么对待 / 232

第255~256天 / 233

出牙晚：盲目补钙没必要 / 233

帮助宝宝更好地长牙 / 233

第257~258天 / 234

别轻易对宝宝说“不” / 234

不要扼杀宝宝的好奇心 / 234

探索游戏：铃儿响叮当 / 234

第259~260天 / 235

朗读：给宝宝的心灵插上翅膀 / 235

第261~262天 / 236

爬行：提高难度，更上一层楼 / 236

扶物走：扶着家具走几步 / 236

第263~264天 / 237

抠洞洞：手指精细动作在发展 / 237

食指游戏：会打电话啦 / 237

手指游戏：里面藏着什么 / 237

第265~267天 / 238

语言：努力学说“爸爸妈妈” / 238

听音乐：喜欢简单、重复的旋律 / 238

第268~270天 / 239

测评：满9个月宝宝的智能发育标准 / 239

第10个月

学会“欢迎”和“再见”

第271~272天 / 242
断奶：选在春秋季，每天减掉1顿母乳 / 242
配方奶：每天仍需喝3次 / 242

第273~274天 / 243
宝宝恋母乳怎么办 / 243
5招改掉宝宝夜间喝母乳 / 243

第275~276天 / 244
饮食：断奶后逐渐过渡到以烂饭、面条为主 / 244
宝宝每日对营养素的需求 / 244

第277~278天 / 245
10个月：新加的“饭饭”和“面面” / 245
营养安全：1岁前宝宝不喝鲜牛奶 / 245

第279~280天 / 246
自理：拿着勺子自己吃饭 / 246
帮助宝宝更好地吃饭 / 246

第281~282天 / 247
肥胖：过度喂养是“元凶” / 247
“小肥肉”不上身的健康攻略 / 247

第283~284天 / 248
晒太阳：四季有讲究 / 248
长个儿：春天宝宝长得最快 / 248
健康：宝宝白天不睡觉正常吗 / 248

第285~286天 / 249
扔东西：宝宝的一项新“技能” / 249
配合并引导宝宝“扔东西” / 249

第287~288天 / 250
独站：不要练习太久 / 250
学走路：不要操之过急 / 250
大运动：站起来、坐下去 / 250

第289~290天 / 251
手指动作：熟练地捏起细小的东西 / 251
引导宝宝用杯子喝水 / 251
锻炼：小肌肉训练方案 / 251

第291~292天 / 252
动作：学习“欢迎”和“再见” / 252
语言游戏1：礼貌歌 / 252
语言游戏2：再见歌 / 252

第293~294天 / 253
宝宝也可能会有心理问题 / 253
“精神性”腹痛：情绪波动太强烈 / 253
适当放手利于宝宝的成长 / 253

第295~297天 / 254
亲子：不同气质不同相处 / 254

第298~300天 / 255
测评：满10个月宝宝的智能发育标准 / 255

第11个月

模仿大人吃东西

第301~302天 / 258

11个月：能吃颗粒食物了 / 258

第303~304天 / 259

学着大人模样吃"饭饭" / 259

水果：不同体质不同吃 / 259

肉类剁碎后才能吃 / 259

第305~306天 / 260

不同口味宝宝的食谱 / 260

甜点：食用过多危害大 / 260

第307~308天 / 261

4招让宝宝吃饭不再难 / 261

饮食安全：避免摄入致敏食物 / 261

第309~310天 / 262

培养宝宝规律地进餐 / 262

宝宝左撇子不必纠正 / 262

第311~312天 / 263

如何对待"夜猫子"宝宝/263

别让宝宝和宠物太亲密 / 263

第313~314天 / 264

爱午睡的宝宝长得快 / 264

冬季：多喝水防止流鼻血 / 264

防冻疮：温水洗一洗，揉一揉 / 264

第315~316天 / 265

恋物：多给宝宝一些安全感 / 265

第317~318天 / 266

安全：小心预防铅中毒 / 266

第319~320天 / 267

选购玩具：满足宝宝成长的需要 / 267

第321~322天 / 268

独站：保持10秒以上 / 268

学步：推着小椅子走几步 / 268

用脚尖走路很正常 / 268

第323~324天 / 269

如何引导宝宝学步 / 269

安全：别让宝宝学步时意外受伤 / 269

第325~327天 / 270

学语言：理解比"能说会道"更重要 / 270

说话晚：大多与智力无关 / 270

不要用儿语和宝宝说话 / 270

第328~330天 / 271

测评：满11个月宝宝的智能发育标准 / 271

第12个月 迈出人生第一步

第331~332天 / 274

1岁：能吃蒸全蛋了 / 274

饮食：少吃多餐最适宜 / 274

第333~334天 / 275

营养：避免补充过度 / 275

让宝宝自己吃东西 / 275

食欲缺乏：检查是否口腔炎 / 275

第335~336天 / 276

两餐之间吃水果，吸收最好 / 276

别给宝宝玩手机 / 276

第337~338天 / 277

行走敏感期：给予宝宝阶段性的帮助 / 277

第339~340天 / 278

迈出人生第一步 / 278

穿衣：以热不出汗、手脚不凉为宜 / 278

身体颤动：全因大脑发育未成熟 / 278

第341~342天 / 279

多用正面评价对待害羞宝宝 / 279

小心负面语言伤害宝宝 / 279

第343~345天 / 280

社交：喜欢和小朋友一起玩 /282

怎样应对“独占”宝宝 / 280

第346~348天 / 281

安全：少给宝宝戴颈饰 / 281

清洁：不宜经常使用湿纸巾 / 281

第349~351天 / 282

宝宝开始主动模仿了 / 282

模仿游戏：学爸爸 / 282

第352~354天 / 283

疾病：警惕“恼人”的寄生虫病 / 283

体检：1岁宝宝检查什么 / 283

第355~357天 / 284

宝宝1周岁啦 / 284

庆祝：有趣的“抓周” / 284

第358~360天 / 285

测评：满12个月宝宝的智能发育标准 / 285

附录：0~2岁婴幼儿智能发育水平对照表 / 286

宝宝免疫小贴士

卡介苗初种（出生）、乙肝疫苗第1针（出生）、第2针（满月）

（本书以北京市为例）

第1个月 宝宝每天都在变

身边的小人儿甜甜地睡着，他的出生仿佛就在昨天。新手爸妈初尝为人父母的滋味，虽然辛苦，却充满了幸福。宝宝是一个能吃能睡的小精灵，每天能睡18~20个小时，即使睡着了，也会微笑着。从现在起，关注宝宝成长的点滴变化，和我们一起踏上繁杂却幸福的育儿路吧。

第1天

宝宝的第1份体检报告

宝宝顺利娩出后，产房医生会为他清理呼吸道，擦去口鼻中的黏液，再用吸管吸出呼吸道黏液，接着刺激宝宝哭，待宝宝大声哭啼后，处理脐带。做完这些后，医生会擦净宝宝身上的胎脂，在病历上打上宝宝的足底印和妈妈的拇指印，接着会测量宝宝的身长、体重，对宝宝进行评分，宝宝的第1份体检报告就这样出来了。

宝宝体格发育指标

指标	男孩			女孩		
	下限	平均	上限	下限	平均	上限
体重（千克）	2.5	3.3	4.4	2.4	3.2	4.2
身长（厘米）	46.1	49.9	53.7	45.4	49.1	52.9
先天反射	宝宝已具备了觅食、吸吮、握持、踏步、自我保护等先天反射本领，这些反射是宝宝早期特有的，大部分先天反射在宝宝长至3~4个月即会消失，如延缓则说明宝宝大脑发育可能出现了问题。					
感官	宝宝出生后就能感觉到光的存在，在光线适度的情况下会睁开眼睛；宝宝的听觉已相当灵敏，因在子宫内已经习惯了妈妈的声音及心跳，所以哺乳时会很安静。					
呼吸	刚出生的宝宝以腹式呼吸为主，呼吸很浅，且呼吸频率忽快忽慢，呼吸时可观察到宝宝腹部的起伏，节律常不一致，每分钟大约40~60次，一般2周后会逐渐稳定。					
便尿	宝宝出生后不久即能排出墨绿色的稠糊状胎便，2~3天后转成黄便。出生后24小时内第1次排尿，颜色淡黄，有时可能会带些橘红色结晶。					
睡眠	宝宝大脑皮质兴奋性低，一昼夜有18~22小时都处于睡眠状态，只有饿了想吃奶，才会醒来哭闹一会儿，吃饱后又会安然睡着。					

开奶：出生后半小时

宝宝出生后不久便可开始母乳喂养，医生会建议在产后半小时到1小时开奶，宝宝就不会发生低血糖。同时，乳汁的产生是神经和激素调节控制的，只有早吸吮才能刺激乳头末梢神经，通知大脑快速分泌催乳素，从而泌出乳汁。

初乳：最完美的免疫药物

从现在起妈妈要开始一件以前从未做过的事情——哺乳，在很多人印象中，哺乳就是掀开衣服直接喂奶。如果这样想，那就大错特错了。事实上一开始乳房会分泌一些淡黄色稀薄的液体，千万别以为这是没用的东西，其实这是极其珍贵的初乳。初乳里包含大量的蛋白质、微量元素和免疫球蛋白，最适合新生宝宝。它不仅能提高宝宝抵抗力，还能满足宝宝尚不完善的肠道消化需要，帮助宝宝尽快排出胎便以减轻出现黄疸等现象。

剖宫产宝宝更应吃母乳

由于剖宫产宝宝没有经过产道娩出，未接触母体菌群，加之母乳喂养延迟，其肠道中的有益菌数量少，因此他们的免疫力比自然分娩的宝宝低，发生过敏、感染等的风险较高。为了预防外来细菌感染，最好的办法就是剖宫产宝宝坚持母乳喂养。

产后5天内分泌的初乳，
营养远远高于成熟乳，
最好让宝宝吃到。

第2天

哺乳：找准正确的姿势

当新妈妈怀抱着可人的小人儿，心中千丝万缕的母爱化作香甜濡热的乳汁奔涌而出。感受着宝宝急促的吸吮、听着他响亮的吞咽声、看着他的小脸流露出舒适幸福的表情，这如此美妙的哺乳时刻，应该怎样做，宝宝和妈妈才能更舒服呢？

妈妈坐舒服。全身肌肉要放松，腰后、肘下、怀中要垫好枕头。如果坐在床上，就用枕头垫在膝盖下。

宝宝躺舒服。横躺在妈妈怀里，脸对着妈妈的乳房，头枕在妈妈的肘窝里，妈妈的前臂托住宝宝的背，手则稳稳地托住宝宝的屁股或腿。

正确哺乳。将乳房托起，引导宝宝正确地衔住乳头及乳晕，宝宝真正吸吮的应该是乳晕，这才能有效地刺激乳腺分泌乳汁。

少量多餐喂养双胞胎宝宝

双胞胎宝宝宜采用少量多餐的喂养方法。出生后12小时内，要喂哺50%的糖水25~50毫升，出生后12~24小时内可喂1~3次母乳。此后，体重不足1500克的双胞胎宝宝，每2小时喂奶1次，每24小时喂奶12次；体重在1500~2000克的，夜间可减少2次，每24小时喂奶10次；体重2000克以上的，每3小时喂奶1次，每24小时喂奶8次。

喂奶时让宝宝身体处于45°倾斜状态，更利于吸吮。

第3天

生理性黄疸：出生后72小时出现

生理性黄疸在出生后第2~3天出现，4~6天达到高峰，7~10天开始一点一点消退，到第14天基本退完，早产的宝宝3周内黄疸也会消失。有研究显示，皮肤和眼睛上出现的黄疸可以提高宝宝的免疫能力，保护幼嫩的宝宝不受伤害。因此，只要宝宝吃得好、睡得香，这种生理性黄疸不用做特殊处理。但若黄疸出现早，黄染程度发展快，范围大，如扩展到四肢或手脚心，就有可能是病理性黄疸，必须及早医治。

4招判断宝宝是否吃饱

吃奶时听声音。宝宝在吃奶时，妈妈可以听到宝宝有“咕咚咕咚”的吞咽声，这说明妈妈乳汁充足。

看表情。宝宝在吃饱后能安静睡觉，有满足的表情。或者清醒时眼睛发亮、精神好、不烦躁、不哭闹，说明宝宝吃饱了。

看排便。母乳充足的宝宝，平均每天至少有6次以上的排尿；每日都有大便，呈黄色稀糊状便。如果宝宝尿量少，排绿便，则表明母乳不足。

看体重。母乳充足的宝宝体重增长良好。当宝宝第1个月时，体重应增加至少600克，或者每周体重增加110~200克；出生后2~6个月，每月体重增加450~675克；出生后6~12个月，每月体重增加350~450克。

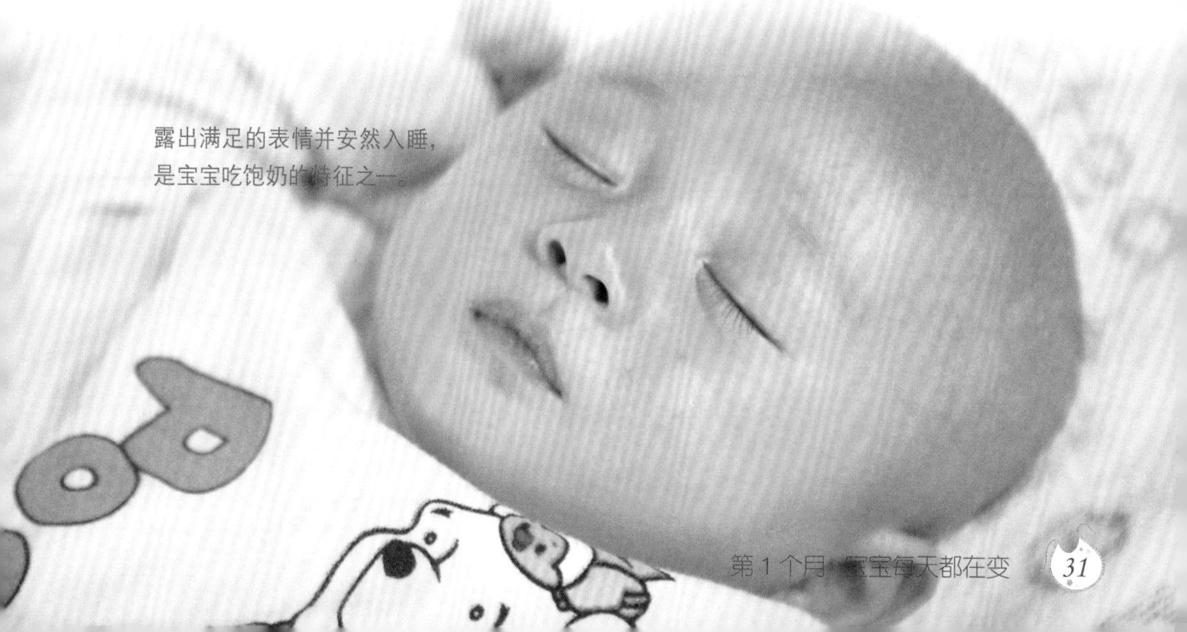

露出满足的表情并安然入睡，是宝宝吃饱奶的特征之一。

第4天

体重：出生后2~4天会减轻

带着刚出生的小天使回到了家中，离开了医生护士的庇护，总觉得不是特别踏实。怎么宝宝的体重不升反降了？不会是生病了吧？其实这种现象被称为暂时性体重下降，也叫生理性体重下降。宝宝出生后3~4天下降得最低，比出生时体重轻9%左右，属于正常现象。

新生儿出生后体重会生理性下降，这其中有多方面的原因。比如出生后新生儿排出了大小便；吐出了较多的羊水和黏液；通过呼吸及出汗排出了一些水分；妈妈最初几天的出奶量小，新生儿出生后的补充量少；妈妈在生产过程中输液过多等。生理性体重下降不必担心，只要按照科学的喂养方式及时哺乳并细心护理，新生儿的体重一般会在7~10天恢复到出生时的水平。

脐带：每天清洁并消毒

宝宝的脐带会在1周左右自行脱落，2周左右自动愈合。脐带未脱落前，要保持脐带及根部干燥，不要用纱布或其他东西覆盖脐带。还要保证宝宝穿的衣服柔软、纯棉、透气，肚脐处不要有硬物。每天早晚或洗澡后、脐部被水或尿液污染后，要用棉签蘸浓度为75%的酒精，沿一个方向轻擦脐带及根部皮肤进行消毒。值得注意的是，一支棉签只能涂擦一遍，不可来回涂擦。

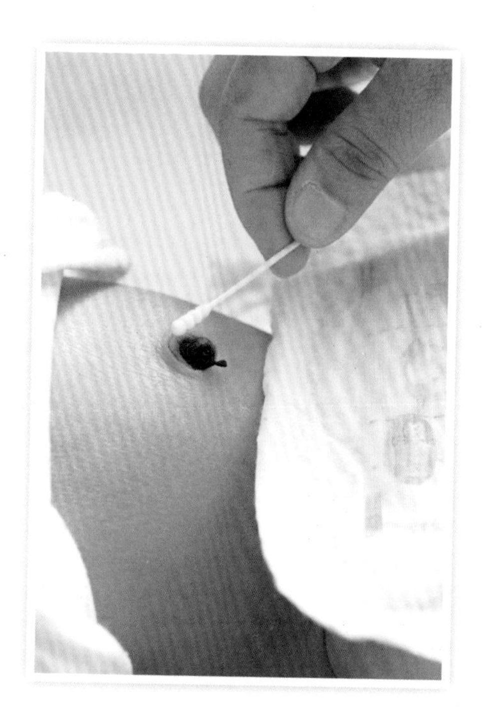

消毒时用棉签蘸浓度75%的酒精，在脐根部和周围皮肤上抹一抹。

第5天

如何判断母乳是否足够

人工喂养的宝宝，妈妈可以非常准确地掌握宝宝每天吃奶的多少。但哺乳妈妈却常常疑虑自己的奶到底够不够，能不能提供宝宝每天所需的营养，心中总是没底。哺乳妈妈不妨从以下几个方面细心观察宝宝，借此判断母乳是否足够。

喂乳次数： 新生儿每24小时哺乳8~12次，哺乳时可听见宝宝吞咽乳汁声。

排泄情况： 每天可换尿布6个以上，有少量多次或大量一次软质的大便。

神情： 宝宝在两次哺乳之间，眼睛明亮，反应灵敏，有1~2小时以上的安睡。

乳房状态： 哺乳前有充盈感，哺乳时有下乳感，哺乳后用手触摸有松软感。

母乳不足：早吸吮、勤吸吮

宝宝出生第1周，妈妈奶水通常都很少，会出现宝宝吃完奶还是哭的现象。此时若给宝宝添加配方奶，就减少了宝宝继续吸吮母乳的时间，从而导致母乳越来越少，以后想给宝宝吃奶就会变得力不从心。奶水不多，最好的办法就是让宝宝多吸吮，这是刺激母乳分泌最好的办法。

此外，妈妈要积极向医生或有经验的妈妈请教下奶方法。也可试一试下面的方法：宝宝出生后半小时就可喂奶；喂奶时，先给宝宝吃一侧乳房，后吃另一侧乳房，左右乳房轮流吸吮；不给宝宝用安抚奶嘴等。

让宝宝早吸吮、勤吸吮，是刺激母乳分泌的最好方法。

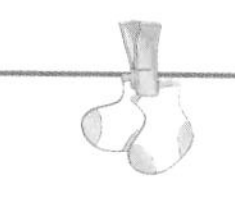

第6天

选购配方奶：摇一摇，看一看

配方奶是宝宝最好的代乳品，它是根据母乳的营养成分的比例，重新调整搭配奶粉中酪蛋白和乳清蛋白、饱和脂肪酸和不饱和脂肪酸的比例，去除了过多的矿物盐，加入了适量的营养素，包括各种维生素、乳糖、精炼植物油等物质。那么如何选购合格的配方奶粉？

注意成分表。如宝宝是过敏体质，需留意产品包装上的说明，以免误食。

带有正规包装，各类标志清楚可见。除检查包装上的标签标识、“XK”标志、“QS”标志外，还应明确标有营养成分、营养分析、制造日期、保存期限、使用方法。

选购遵循市场定价的合格产品。因各种配方奶成分多半大同小异，故对标榜特殊成分或功效而售价特别昂贵的配方奶要特别小心，以免受骗。

通过观察奶粉质地，鉴定其是否合格。一摇：用手摇一摇配方奶，仔细听声音，好的配方奶会发出“吱吱”的声音；二看：配方奶颜色一般为乳白色或乳黄色，颗粒均匀一致，细看无结晶状；冲调好以后好没有结块，液体呈乳白色。

先选购小包装的配方奶粉。配方奶粉不要一次买太多，以免造成不必要的浪费。

配方奶喂养要适量

配方奶喂养须定时定量，规律喂养。宝宝刚出生时，仅需喂10~20毫升，第1周时为30~60毫升，第2~3周时为75~90毫升。一般冲调奶粉的水温控制在40~60℃。不同品牌的奶粉会有不同的要求。

第7天

奶嘴：新生儿用圆孔S号

奶嘴有橡胶制和硅胶制两种。橡胶奶嘴富有弹性，质感近似妈妈的乳头；硅胶奶嘴没有橡胶的异味，容易被宝宝接纳，而且不易老化，抗热、抗腐蚀。细心的妈妈会发现，奶嘴也有很多不同的型号，它们主要是：

圆孔小号（S号）：适合新生宝宝。

圆孔中号（M号）：适合2~3个月的宝宝。

圆孔大号（L号）：适合用以上两种奶嘴喂奶时间太长但量不足、体重轻的宝宝。

Y字型孔：适合可以自我控制吸奶量，边喝边玩的宝宝。

十字型孔：适合吸饮果汁、菜水等饮品，也可以用来吃奶。

如果妈妈发现，宝宝喝奶时比较用力，吃完奶后比较疲惫，有时会憋红小脸甚至哭等情况，就说明要更换奶嘴了。

奶瓶：玻璃的更安全

目前市场上的奶瓶从制作材料上分主要有PC（聚碳纤维，一种无毒塑料，俗称太空玻璃）和玻璃两种。PC质轻，而且不易碎，适合外出及较大宝宝自己拿。但经受反复高温消毒的“耐力”就不如玻璃制的了。玻璃奶瓶则更安全，适合年龄小的宝宝使用。

市面上比较常见的奶瓶容量是120毫升、150毫升、200毫升、250毫升。可以根据宝宝的食量和用途来挑选。容量小的奶瓶适合小月龄的宝宝，容量大的奶瓶适合大宝宝。一般来说，150毫升和250毫升的奶瓶是使用率最高的。

最好为宝宝准备大小奶瓶各1个。

第8天

奶具：每天沸水消毒1次

出生不久的宝宝虽然有一定的免疫力，但对细菌的抵抗力还是很弱，因此特别要注意奶具的消毒。尤其在夏季，奶瓶使用之后要及时清洗、消毒。最好每天要用沸水消毒1次，注意不要使用消毒液和洗碗液，可以用奶瓶清洗液。

用温水分别冲洗一下奶嘴和瓶身，用小刷子把残留物刷净。然后将奶嘴翻转过来，看看吸孔有没有被堵塞，再用清水冲洗干净。最后将奶瓶和其他喂奶工具放入锅中，加水至没过，煮沸5分钟即可。

奶具消完毒后一定要烘干或自然晾干，盖上奶瓶盖，不要让奶嘴暴露在外以防落入灰尘，不要带水放置。有一些新妈妈给宝宝冲奶之前，总是先倒点开水涮一涮奶瓶，其实没有必要。如果奶瓶干爽清洁可直接使用；如果有灰尘或污渍，必须重新清洁消毒。

防溢乳：吃完奶后轻拍嗝

宝宝经常刚刚“美餐一顿”，嘴角就开始流出奶水，有时一打嗝就吐奶。这与宝宝的消化系统尚未发育成熟有关。通常，成人的胃是斜立着的，而宝宝的胃容积小，呈水平位，加之肌肉不发达，贲门松弛，闭合不完全，这样，当宝宝吃得过饱或吞咽的空气较多时就容易发生溢乳。如果宝宝经常溢乳，可以试试下面的方法：

- 每次喂完奶后，竖抱起宝宝轻拍后背几下，直到打嗝，再慢慢放下。

- 母乳喂养时，让宝宝吸吮大部分乳晕，以免吞咽过多的空气。配方奶喂养时，要经常检查奶嘴上的小孔是否通畅；用奶瓶喂奶时让奶嘴总是充满奶液。

- 控制好宝宝吃奶的速度，千万不要过急，如果新妈妈的奶水出得太急，可以试一试用手指轻轻夹住乳晕后部，控制住奶水流出的速度。

第9天

喂养早产宝宝须特别用心

早产宝宝吃奶慢，妈妈要有耐心。吃1分钟奶后停下来休息10秒钟，再继续喂。喂养时，最好使早产宝宝处于半卧位。除了吃母乳外，早产宝宝吃专用配方奶粉也是不错的选择。配方奶喂养的宝宝，奶嘴要选用质地软的，吸入孔的大小要适宜。

人工喂养的宝宝需要喝水

未满4个月的宝宝因为尚未添加辅食，饮食来源几乎完全靠吃奶，母乳中含有充足的水分，可满足宝宝的需要，因此吃母乳的宝宝用不着另外喂水。但是吃配方奶的宝宝，建议在2顿奶之间给宝宝补充少量的温白开水。

女宝宝有“白带”很正常

有些女宝宝刚出生，就出现少量的“白带”，甚至还会有“月经”。其实，这是女宝宝在母体内受到雌激素影响的表现。出生后的女宝宝，雌激素水平突然下降，造成子宫内膜脱落，阴道就会流出少量血及白色分泌物。这种情况一般发生在女宝宝出生后的3~7天，持续1周左右。

0~3个月的宝宝不需要用枕头

0~3个月的宝宝还不需要用枕头，因为他们的脊柱是直的，平躺时后背与后脑自然地处于同一平面上，如果垫上枕头反而容易使脖颈弯曲，影响呼吸。所以不必担心宝宝睡觉没有枕头会不舒服，也不必担心没有枕枕头会使颈部肌肉紧绷而引起落枕。

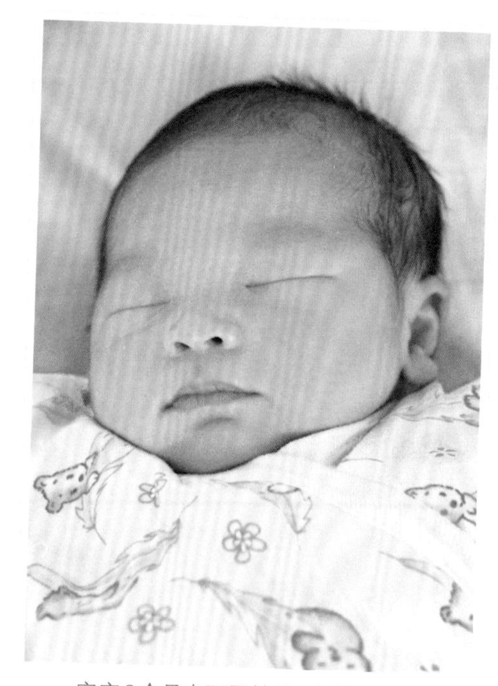

宝宝3个月内不需枕头，但若床垫过软，可用折成1厘米高的棉毛巾垫一下。

第10天

经典催乳汤：产后1周开始喝

看着嗷嗷待哺的宝宝，再看看下不来的奶水，很多妈妈的第一反应就是吃大量的补品和下奶汤。但是，产后什么时候开始喝催乳汤和喝多少催乳汤都是有讲究的。

产后妈妈过早喝催乳汤，乳汁下来过快过多，宝宝又吃不了那么多，容易造成浪费，还会使妈妈乳管堵塞而出现乳房胀痛。但若喝催乳汤过迟，乳汁下来过慢过少，也会使新妈妈因无奶而心情紧张，泌乳量会进一步减少，形成恶性循环。一般在分娩1周之后开始给妈妈喝猪蹄汤、鱼汤等下奶的汤品。

黄豆猪蹄汤　通乳下奶、补虚养身

原料：猪蹄100克，黄豆30克，葱段、姜块、盐、黄酒各适量。

做法：❶猪蹄刮洗干净，顺猪爪劈成两半；黄豆洗净，泡涨。❷砂锅上火，倒入清水，放入猪蹄、黄豆、葱段、姜块、黄酒。❸大火烧开，撇去浮沫，小火煨炖至猪蹄软烂，加入盐调味即可。

乌鱼通草汤　通乳下奶、清热消肿

原料：乌鱼1条，通草10克，葱段、盐各适量。

做法：❶乌鱼去鳞及内脏，洗净。❷锅置火上，加入适量清水，放入乌鱼，用小火炖煮15分钟。❸再放入通草、盐，炖煮10分钟，去掉通草，食鱼饮汤即可。

第11天

“罗圈腿”：不打“蜡烛包”

一朝分娩后，欣喜的妈妈会有些遗憾地看到，自己的宝宝有着两条不太直的腿：膝关节还不能完全伸直，而且两个膝盖不能完全并拢，小腿向内翻着，一副天生“罗圈腿”的样子。于是，老一辈常把宝宝的襁褓捆扎成“蜡烛包”，认为可以用捆绑的方式纠正“罗圈腿”，其实这种观念是缺乏科学依据的。

在妈妈肚子里的时候，宝宝一天天长大，子宫的空间自然变得越来越小。为适应宫内发育的需要，宝宝的四肢蜷缩在子宫内，双下肢采取类似于盘腿的姿势：两膝关节屈曲，双脚交叉，双髋关节外展。这种姿势虽然最大限度地缩小了下肢在子宫内的占位空间，但同时也出现了一个问题：双下肢为适应这种姿势，双脚尽可能地向内弯曲，由此带动小腿从膝关节起向内弯曲，膝关节会轻微变形。胎儿的骨质较软，在外力作用下小腿也可能发生变形。

在出生8~9个月后，宝宝的“罗圈腿”就会有明显改善。3~4岁以后，随着宝宝臀部和腿部肌肉力量的加强，小腿自然就会长直了，爸爸妈妈不必过虑。

“马牙”“螳螂嘴”不是病

有些宝宝的牙床上有米粒大小或绿豆大小的白色突起物，它就是人们常说的“马牙”。而宝宝两颊内侧会有明显的突起，这就是人们常说的“螳螂嘴”。“马牙”是口腔内上皮细胞的聚集，会自行脱落。“螳螂嘴”是口腔黏膜下的脂肪组织，可以帮助宝宝有力地吸吮，随着吸吮期的结束，会慢慢消退。

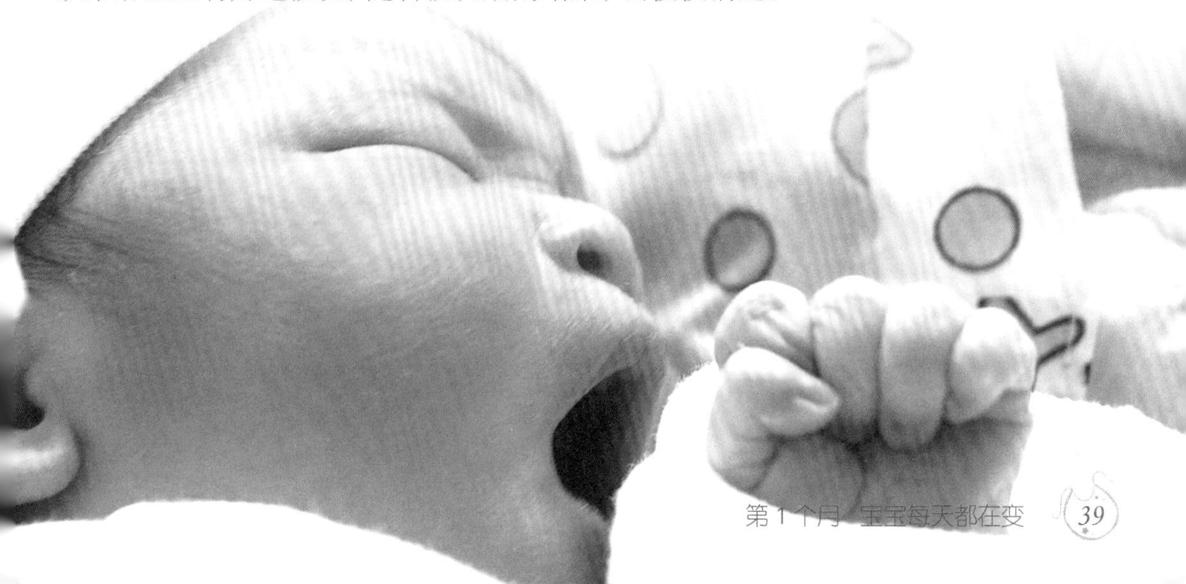

第12天

如何给新生宝宝洗澡

皮肤是保护宝宝身体的有形防线，小宝宝皮脂腺分泌旺盛，爱出汗，又经常呕奶，且大小便次数多……为避免出现皮肤疾病，需经常给宝宝洗澡。可是给娇嫩的小宝宝洗澡对于新手爸妈来说，可不是一件容易的事情。

准备工作

在宝宝吃过奶后1小时，确认宝宝没有大小便后，开始洗澡。

如果是冬天，开足暖气；如果是夏天，关上空调或电扇，室温在26~28℃为宜。

准备好洗澡盆、洗脸毛巾2~3条、浴巾、宝宝洗发液和更换的衣服、尿布等。

清洗澡盆，先倒凉水，再倒热水，用水温计测水温，37~42℃最好。

洗澡步骤

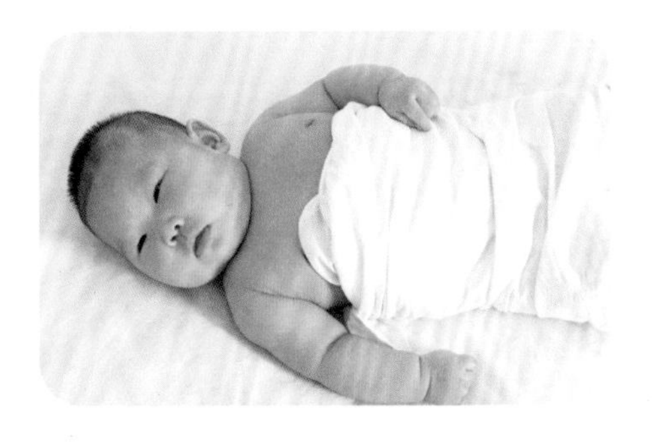

❶在宝宝的脐带未脱落之前，最好先别下水，可以上下身分开洗。洗上半身时，用大毛巾先包住宝宝的下半身。

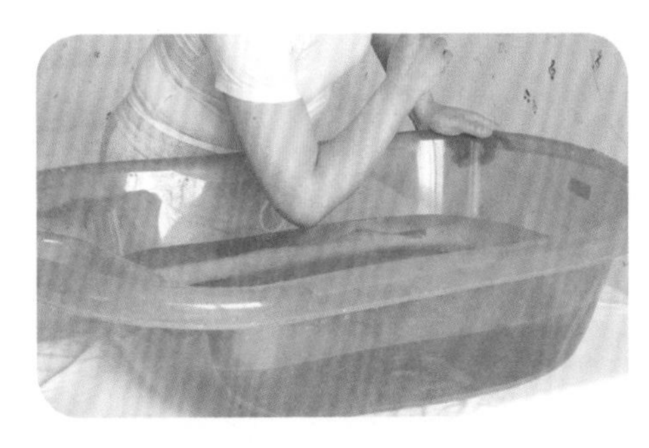

❷洗澡盆中先倒冷水，再倒热水，妈妈可用自己手臂内侧或肘部来测水温，不烫即可。

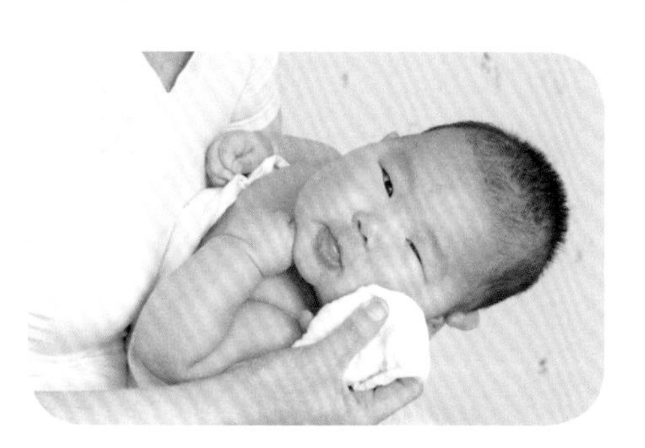

❸先清洗脸部。小毛巾蘸水，轻拭宝宝的脸颊，眼部由内而外，再由眉心向两侧轻擦前额。然后再清洗耳朵，洗耳朵时，用手指裹毛巾轻擦耳郭及耳背。

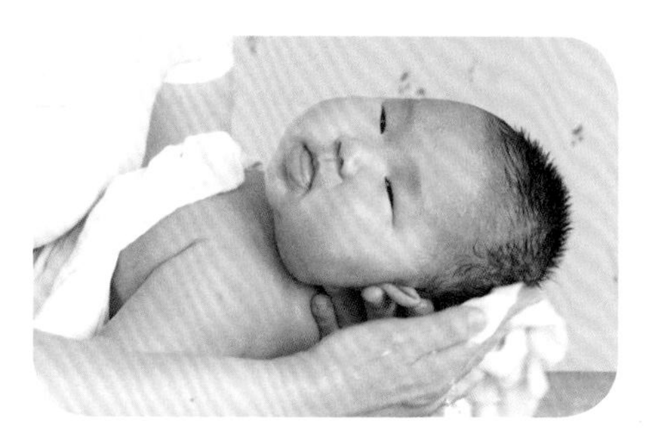

❹接下来洗头。宝宝仰卧，妈妈用左肘部托住宝宝的小屁股，左手托住宝宝的头，拇指和中指分别按住宝宝的两只耳朵贴到脸上，以防进水。

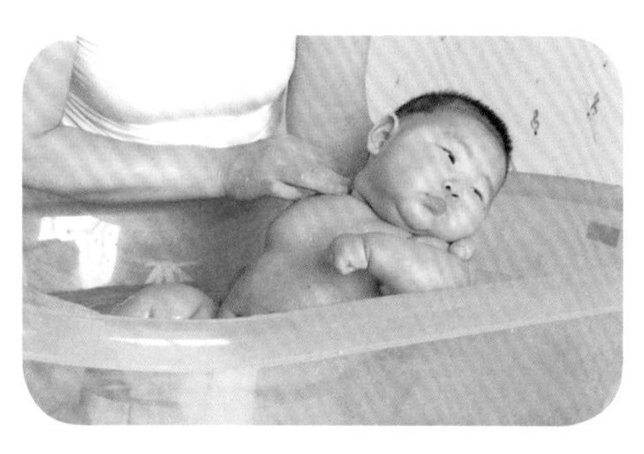

❺去掉大毛巾，左手托住宝宝颈肩部，右手托住宝宝臀部，轻轻把宝宝放入水中，左手抓住宝宝左上臂，右手轻轻清洗颈下、腋下、前胸、背、双臂和手。

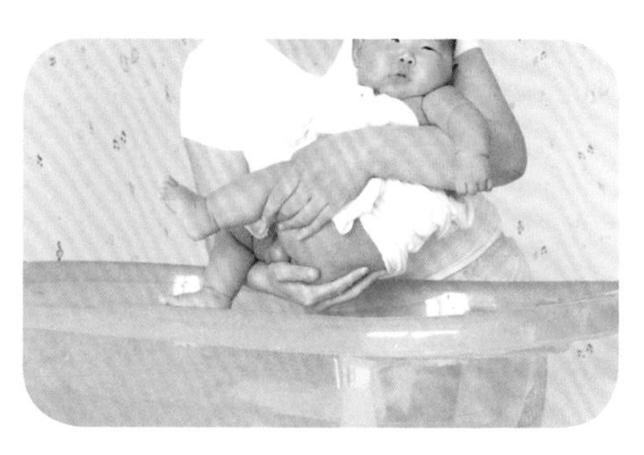

❻洗完上身后用浴巾包裹，将宝宝倒过来，头顶贴在妈妈的左胸前，用左手抓住宝宝的左大腿，右手用浸水的小毛巾洗会阴腹股沟及臀部，最后洗下肢及双脚。

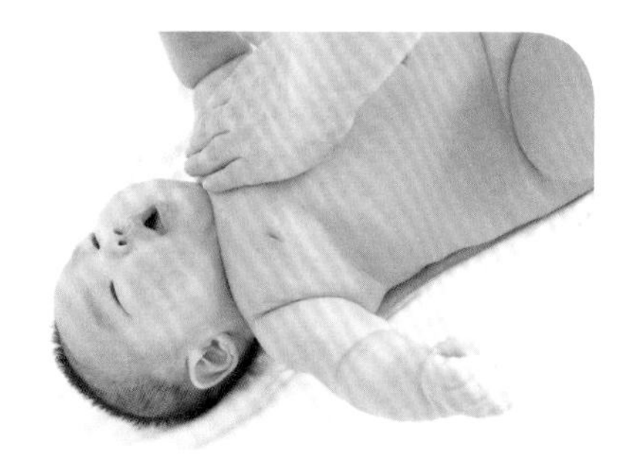

❼洗完后用浴巾把水擦干，涂润肤油。可以在此时为宝宝做抚触。

❽最后，给宝宝裹上浴巾或穿上干净的衣服。

第13天

偶尔打喷嚏并非感冒

宝宝偶尔打喷嚏并不是感冒的表现，这是由于宝宝鼻腔血液的运行较旺盛，鼻腔小且短。若遇到外界的微小物质如棉絮、绒毛或尘埃等，便会刺激鼻黏膜引起打喷嚏，这是宝宝自我保护的生理反射，也可以说是宝宝自行清理鼻腔的一种方式。宝宝突然吸入冷空气也会打喷嚏，但是除非已经流鼻涕了，否则可以不用担心，也不用让宝宝服用感冒药。

如何避免“空调病”

缩小室内外温差。气温较高时，可将温差调至6~7℃，不高时调至3~5℃。

定时通风。每4~6小时关闭空调，打开门窗通风10~20分钟。每天清晨和黄昏室外气温较低时，最好关闭空调，让宝宝呼吸新鲜空气。

避免冷风直吹。不宜将宝宝置于空调出风口处。

尿布 or 纸尿裤：白天、夜间轮换用

尿布和纸尿裤可以说各有优缺点，面对如何选择的问题，聪明的妈妈可以在夜间和宝宝外出时选用纸尿裤，白天在家用尿布。

	尿布	纸尿裤
优点	质地柔软，透气性强，环保又经济。	保持干爽，晚上不用经常更换。
缺点	需勤洗勤换，花费时间和体力。	透气性差，对皮肤有刺激。花费比较高。
适用时间	白天用，炎热夏季用。	晚上用，宝宝外出用。
注意事项	选择纯棉优质布料，及时更换。	4小时更换1次，大便后需马上更换。

第14天

预防尿布疹："小屁屁"保持透气通风

尿布疹是宝宝最常见的皮肤问题，也就是我们常说的"红屁股"。"红屁股"常发生于1岁以内的宝宝。最初会在宝宝的下腹部、臀部、生殖器和大腿根部出现发热发痒的小红疹子，然后会逐渐融合成片，甚至变红肿。

- 勤换尿布或纸尿裤。可适当减少用尿布和纸尿裤的机会，让宝宝的小屁屁多透气通风。
- 每次大小便后及时用清水冲洗臀部，再涂上薄薄的一层护臀膏。
- 洗澡或便后，不要急于给宝宝包尿布，让小屁屁在空气中适当裸露一会儿。
- 用婴儿专用洗衣液洗尿布，并充分漂洗干净，用开水浸泡后在阳光下晾晒。

一招巧裹尿布法

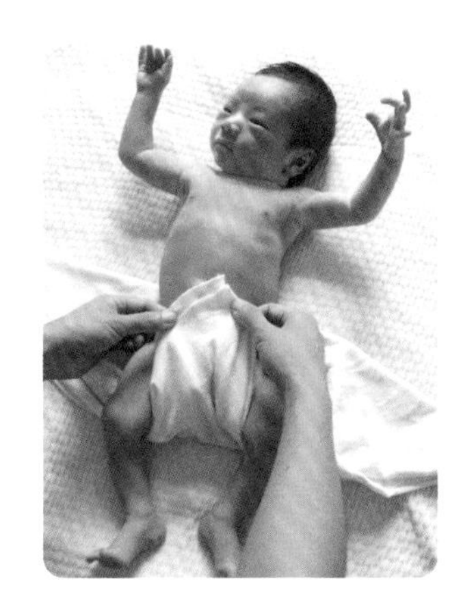

❶将尿布对折成三角形，平铺于宝宝屁股下，将一个角向上兜至腹部肚脐下。

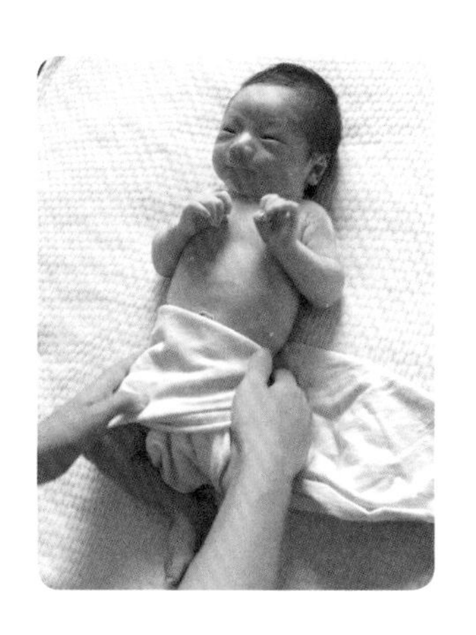

❷将尿布平行两端相叠于前面，压住向上一角。不要裹得太紧。

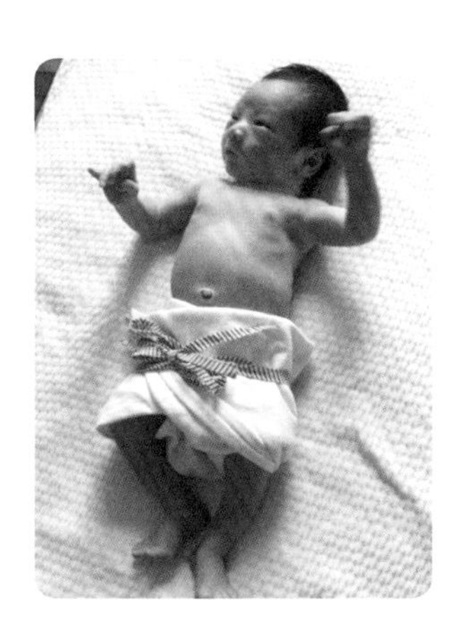

❸用带子将尿布的三个角系在一起。注意裹好的尿布不要盖住肚脐。

第15天

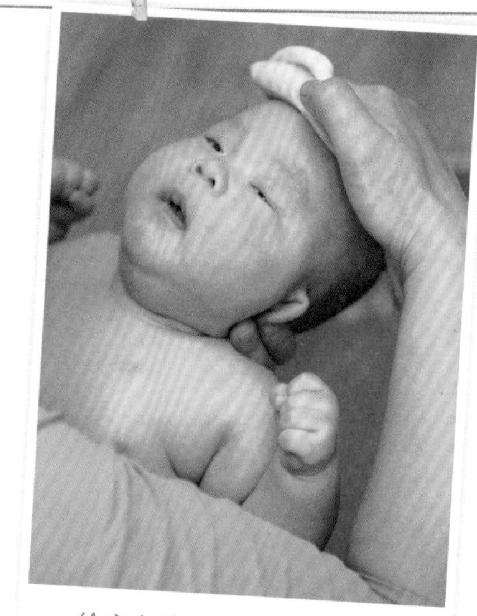

给宝宝洗头时，用棉纱布擦拭囟门，动作要轻柔。

头发：多少真的无所谓

刚出生时，宝宝头发的多与少并不能预示着以后头发的多少。有的宝宝出生时头发很少，妈妈不要担忧，过段时间自然就会长出新头发的。

慎剃"满月头"

宝宝皮脂分泌旺盛，易导致皮脂堆积于头皮，形成垢壳，堵塞毛孔，阻碍头发生长。因此，呵护小头皮对宝宝的头发生长十分重要。首先要走出剃"满月头"的误区，大可不必非要剃"满月头"，出生后3个月内也最好不理发，更不可用锋利的刀片刮宝宝头皮。

理、梳、洗三合一

宝宝出生3~4个月时，可用专门的理发工具为宝宝修剪头发。3~6个月的宝宝囟门尚未闭合，比较柔软，理发时，囟门处的头发最好保留一些，可起到保护的作用。梳理头发能刺激头皮，促进头发生长。要选择齿软而呈锯齿状的梳子，以免伤及宝宝的头发与头皮。给宝宝洗发，水温一般保持在37~38℃；轻轻用手指肚按摩宝宝的头皮，不要用力揉搓头发；天天洗发，清水就行了，既安全又清洁。

囟门：颅骨尚未愈合

刚出生的宝宝头上有2个柔软的区域——囟门。较大的囟门位于头顶前部，宽2~3厘米，长3~4厘米，会随着呼吸一起一伏，这就是前囟门。这是颅骨尚未闭合的表现，它有利于分娩中必要的头部变形，不必担心轻轻地碰一下就会伤害它，因为上面都覆盖着皮肤保护它。后囟门位于宝宝脑后方，呈三角形，一般在3个月内闭合，而前囟门也会在1岁至1岁半闭合。

第16天

鱼肝油和钙：2周后该添加啦

虽然母乳是宝宝最完美的食物，可美中不足的是，即使完美的母乳，其中维生素D的含量也很贫乏。而维生素D是宝宝成长发育所必须的营养元素，缺乏维生素D，宝宝就无法吸收钙，引起骨骼畸形，甚至得佝偻病。因此，无论哪种喂养方式的宝宝，都建议补充富含维生素D的鱼肝油和钙，这样才能保证宝宝生长发育良好。

如何补充鱼肝油和钙

中国营养学会推荐：新生儿期补充维生素D的预防量建议在每天400国际单位，钙每天200~400毫克。但是，补充鱼肝油和钙的量要根据医生对宝宝的体格检查结果而定，同时还要考虑宝宝的个体差异和季节等因素灵活调整。

一般新生儿出生1周后服维生素D。身体健康的宝宝在夏秋季可以停服维生素D，但要保证每日户外活动2小时以上。保证足够的钙摄入，每日200~400毫克(包括奶钙)。宝宝3岁前夏秋季多晒太阳，冬春季补充维生素D（400~800国际单位/天）、钙（600毫克/天）摄入。

鱼肝油和钙的选择

尽量购买独立包装的鱼肝油胶囊，方便携带，又不易氧化。最好在早晨喂服，这样宝宝在户外活动时便于吸收；吃时将胶囊小头剪掉，将里边的油挤到宝宝的嘴里，妈妈可以吃掉胶囊皮。

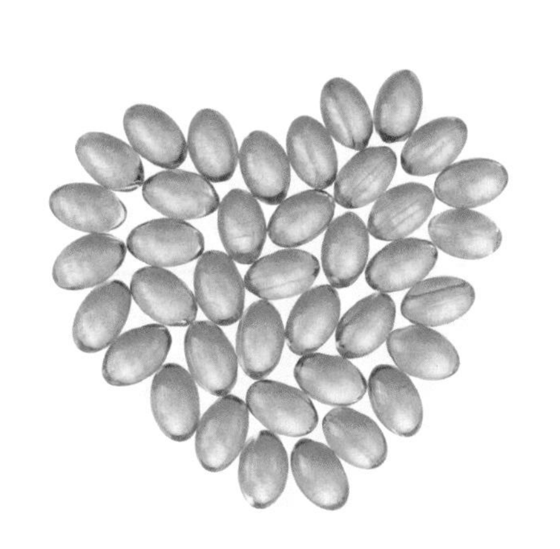

医院和大药店购买的钙均可。钙的品种很多，如：碳酸钙、醋酸钙、乳酸钙、氨基酸钙。可按医生检查后推荐的购买，碳酸钙含钙量高，不易溶解，最好在一餐后服用，也可观察宝宝服用后的接受效果考虑。特别注意：服钙一定在两次喂奶之间，千万不能放在奶里喂宝宝，否则易形成不易消化的钙块，既影响钙的吸收，又增加宝宝的胃肠道负担。

第17天

哭声：听懂宝宝的“表达”

面对宝宝时不时的啼哭，很多妈妈会束手无策，完全搞不清宝宝这是怎么了。其实，哭泣是宝宝的第一语言，通过啼哭，宝宝正在向爸爸妈妈表达各种意愿和要求呢。

生命宣言

宝宝的第一声啼哭，预示着一个新生命的诞生。此后很长一段时间内，宝宝依然会哭得抑扬顿挫，这是运动性的啼哭：不刺耳，声音响亮，节奏感强，持续时间短，常无泪液流出，但每日累计可啼哭达2小时。

我好饿呀

宝宝哭泣音调较低，有节奏，哭一会儿，停一会儿，不急不缓，很可能是饿了。此时，可以用手指轻触宝宝的脸蛋，若宝宝立即转过头来，并不由自主地伸出舌头做吸吮动作，那可以肯定他就是饿了。这个时候妈妈赶快哺喂宝宝吧！

小屁屁湿了

宝宝哭声较轻，委婉而间断，并有蹬腿、扭动身体等动作，是在表达：我尿尿了，湿乎乎的尿布贴在屁屁上，真难受啊！这种啼哭多出现在睡醒时或吃奶后，这时要及时给宝宝换上干净的尿布。

宝宝的哭闹往往在表达某种需要，妈妈要细心观察，仔细辨别。

想睡觉

宝宝闭着双眼，打哈欠，揉眼睛，把头埋在妈妈怀里，是在提醒妈妈，他想睡觉了。此时的宝宝也会哭两声，且哭声强烈，像花腔一样带着颤抖和跳跃。这种情况赶紧让宝宝尽快入睡吧。

妈妈抱抱我

宝宝的小脑袋总是转来转去、左顾右盼，哭声平和、带有颤音，当妈妈走近，啼哭就会停止，但仍有哼哼声。宝宝双眼盯着妈妈，一副着急的样子，小嘴唇翘起，这是要妈妈抱抱他了。这时就抱起宝宝，给他最温情的关爱。

生病了

宝宝看起来无精打采、食欲缺乏，甚至会呕吐、腹泻，且哭声怪异，要么高调尖叫，要么短促无力，甚至虚弱地呜咽，即便抱起来也仍在哭，就必须有所警觉：宝宝是不是病了？宝宝的体质还很弱，身体不适时，会用哭声来缓解。这种情形要及时关注，查明原因，不能耽误。

别让宝宝过分依赖“摇睡”

每当宝宝哭闹时，一些年轻妈妈便使出“看家本领”：将宝宝抱在怀中或放入摇篮里摇晃个不停，甚至宝宝哭得越凶，妈妈就摇得越起劲。殊不知这种做法对宝宝十分有害，摇晃动作使宝宝的大脑在颅骨腔内不断晃荡，未发育成熟的大脑会与较硬的颅骨相撞，对宝宝的脑小血管和视网膜造成伤害。

第18天

抱起宝宝：手心托住小脑袋

宝宝全身软绵绵的，头部抬起时不是特别稳固，颈部和背部肌肉发育还不完善，支撑无力。因此，新手爸妈抱起宝宝，一定要保护好宝宝的小脑袋，让宝宝感觉舒服，充满安全感。

横抱于臂弯中

宝宝仰卧时，妈妈用左手轻轻插到他的腰部和臀部下面，用右手轻轻揽住宝宝的头颈下方，慢慢地抱起他，这样，宝宝的身体有依托，头也不会往后垂；然后将放在宝宝头部的右手慢慢移向臂弯，将他的头小心放到臂弯中，这样将宝宝横抱在臂弯里，会使他感到很舒服。一般来讲，1~2个月的宝宝主要是横抱在臂弯中，等到宝宝头颈部越来越有力量时，再多采用竖抱姿势。

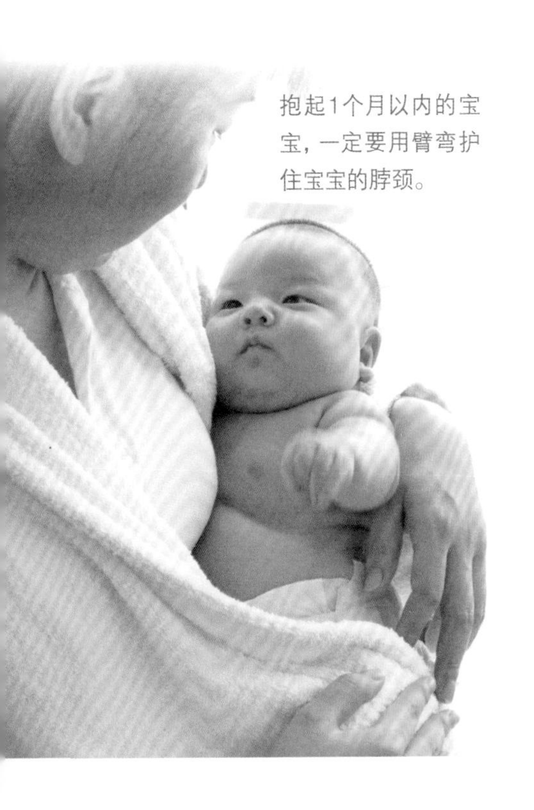

抱起1个月以内的宝宝，一定要用臂弯护住宝宝的脖颈。

趴卧于手臂上

将宝宝面向下抱着，让宝宝的小脸颊一侧靠在妈妈的前臂，双手托住他的身体，让他趴在双臂上，这个姿势还可以轻轻摇摆宝宝，会使宝宝感到非常愉悦。

心贴心抱

将宝宝抱起，面对面，心贴心，一只手托住他的臀部，护住腰部，另一手护住颈部和后背，妈妈可以轻拍宝宝后背，也可以轻轻摇动身体，让宝宝感到安全和舒服。

面向前抱

当宝宝稍大一些，可以较好地控制自己的头部时，让宝宝背靠着妈妈的胸部，用一只手托住他的臀部，另一只手围住他的胸部。这样的姿势可使他的视野更宽阔。

第19天

睡姿：侧卧、仰卧常变换

宝宝的大脑发育尚未成熟，睡眠有助于脑细胞的修复和生长。但宝宝还不能自己控制和调整睡姿，为了保证宝宝拥有良好的睡眠，新手爸妈可以帮助他选择好的睡姿。一般来讲，宝宝的睡眠姿势有三种：仰卧、侧卧、俯卧。新生儿阶段，提倡侧卧和仰卧睡姿相结合，也可短时间俯卧睡一会儿。新手爸妈要经常帮助宝宝变换睡眠姿势，这样既能提高宝宝颈部的力量，又能睡出漂亮的头形。等宝宝会翻身了，相信他一定会找到自己最喜欢的睡眠姿势。

仰卧睡姿

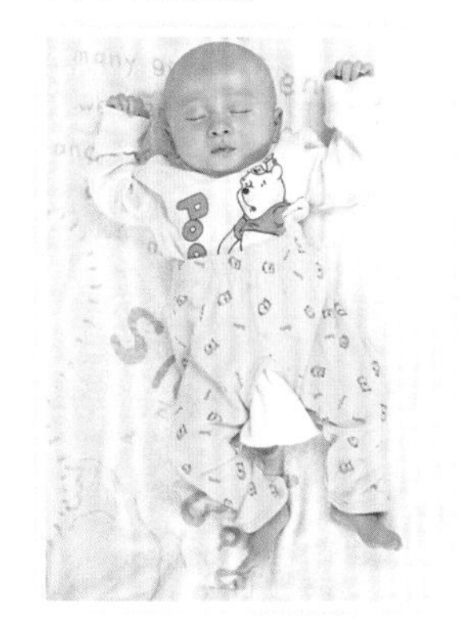

这是最常见和最被广泛使用的一种姿势，采取这种睡姿，宝宝的头部可以自由转动，呼吸也比较通畅。缺点是头颅容易变形，几个月后宝宝的头被睡得扁扁的，这与长期仰卧睡觉有着一定的关系；另一个缺点是，宝宝吐奶时容易呛到气管内。

侧卧睡姿

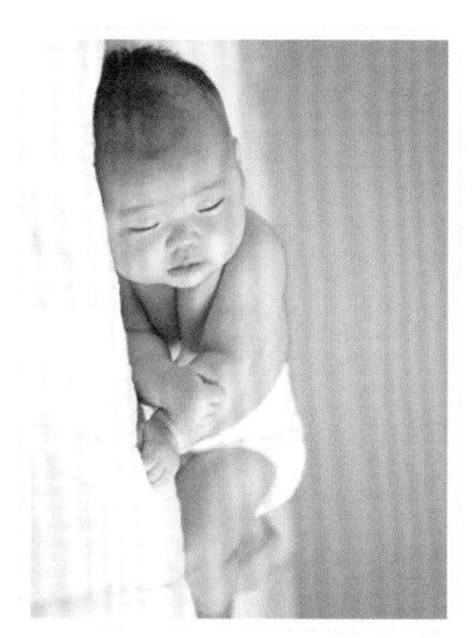

侧卧能使宝宝肌肉放松，提高睡眠的时间和质量。但由于此时宝宝头颅骨骨缝没有完全闭合，长期侧卧可能会导致宝宝头颅变形。所以在给宝宝采取侧卧时要注意左右侧卧交替，同时新手爸妈可以用小被子或毛巾等垫在宝宝后背帮助其侧卧。

俯卧睡姿

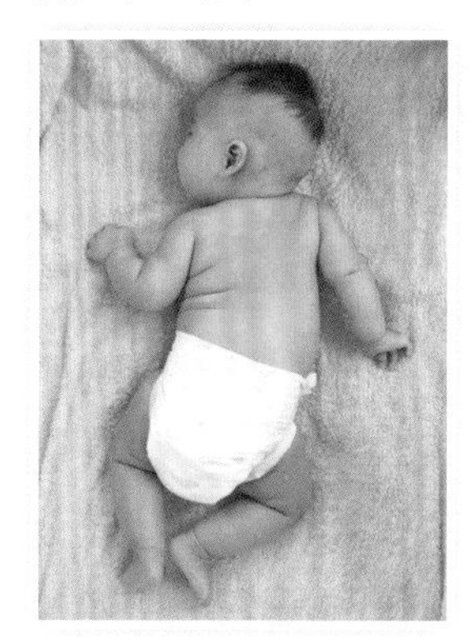

俯卧睡姿能使宝宝获得更多安全感，头形、脸形会尖、长，外形美观，还能帮助腹胀的宝宝排气。这种睡姿的缺点是容易把宝宝的口鼻堵住，影响呼吸，甚至引起窒息。一般白天可采用此种姿势，但要给宝宝更大的活动空间，新手爸妈也要随时查看情况。

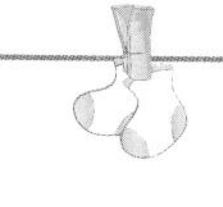

第20天

亲子：建立安全依恋很重要

产生安全依恋的宝宝：对探索外部世界有更大的好奇心和更浓厚的兴趣，对挫折有更大的承受力，能够更好地控制愤怒和攻击行为，能够更好地处理矛盾冲突，感觉更为自信，更具有合作精神，更善于寻求友谊并发展人际关系。

没有安全依恋的宝宝：在探索他的周围环境时会畏首畏尾；宁愿自己独处，也不愿意和其他人在一起；在发掘自己的智能、社交、情感方面的潜能时会有困难。

抚触：传递爱的最好方式

操作准备

环境要求：调节室温至25~28℃，环境安静。

物品准备：小毛毯、大毛巾、小毛巾、宝宝润肤露、婴儿棉签。

妈妈准备：取下所有首饰、手表，修剪指甲，洗手，用宝宝润肤露滋润手部。

宝宝准备：裸体（最好沐浴后），舒适地仰躺在床上。

抚触按摩

妈妈的按摩抚触可分为头部、胸腹部、四肢、背部和臀部五个方面的运动。

胸膛和躯干：双手自上而下反复轻抚宝宝的身体。然后两手分别从胸部的外下侧，向对侧肩部按摩，可使宝宝呼吸循环更顺畅。

臀部及背部按摩：宝宝呈俯卧位，双手四指并拢，与拇指配合，先揉按宝宝的臀部。然后向上，捏按宝宝背部，由下向上，再从上往下，反复5次左右。

上肢按摩：宝宝仰卧，妈妈正对着宝宝。两手分别握住宝宝的小手，抬起宝宝的胳膊在胸前打开再合拢。这能使宝宝放松背部，锻炼肺部功能。

下肢按摩：上下移动宝宝的双腿，模拟走路的样子，可使宝宝左右脑都得到刺激。宝宝如果不配合，可以用小玩具或者其他宝宝感兴趣的东西逗引。然后再同时向上推宝宝的小腿。妈妈抬起宝宝的腿部，四指并拢，先按摩膝盖部位。

脚部按摩：抬起宝宝一只脚，弹食指，使宝宝的脚部感受弹击力。然后用大拇指按摩宝宝的脚底。

第21天

从不同颜色的"便便"看健康

新手爸妈总是有个疑惑：为什么宝宝的大便稀糊糊的、不成形？其实，宝宝拉稀是很正常的，因为宝宝的肠道还不能很好地消化吸收食物。

宝宝正常在出生后12小时内，排泄墨绿色便便，即胎便，2~3天后逐渐变为正常的黄色便；纯母乳喂养的宝宝，大便是金黄色、稀糊糊的软膏状，一天4~6次；配方奶喂养的宝宝，大便呈浅黄色泥状，一天1~2次。

大便稀薄，米汤水样或蛋花汤样，提示宝宝可能有病毒性肠炎或致病性大肠杆菌性肠炎；如果为脓血便，则提示可能有空肠弯曲菌肠炎；大便像果酱，提示可能有肠套叠；黑色或者柏油状大便，提示可能消化道出血；白陶土样大便，提示可能有胆道梗阻。妈妈们若发现宝宝大便异常，要尽快带宝宝去医院。

给宝宝洗脸、擦身的注意事项

除去眼睛分泌物。可用专用毛巾或婴儿棉签，蘸温水从眼内角向外轻轻擦拭。

不要用力擦口腔。不要用力擦拭宝宝的口腔。要保护宝宝口腔的清洁，可以在给他喂配方奶之后再喂些白开水。

浅浅探入鼻孔。宝宝鼻孔里有鼻痂，可用消毒纱布捻成捻儿蘸温水泡软后，浅浅探入鼻孔，轻轻旋转。

不要深入耳道内部。可用干燥的婴儿棉签擦拭宝宝的外耳道和耳郭。动作要小心，千万不要深入耳道内部。

清洗之后及时擦干皮肤。宝宝皮肤皱褶较多，易积汗潮湿，尤其是夏季，勤给宝宝洗澡，及时擦干水分。

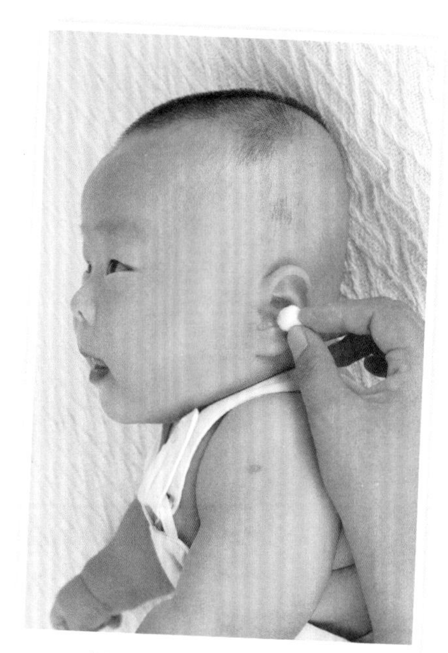

也可用棉球按顺时针方向轻擦宝宝的外耳道和耳郭。

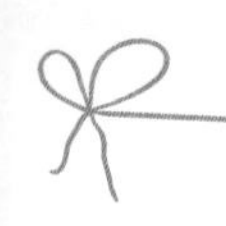

第22天

疾病：多种方法预防佝偻病

佝偻病是2岁以下宝宝最常见的营养性疾病，全称为维生素D缺乏性佝偻病。由于缺乏维生素D，宝宝吸收钙少，因此引起骨骼畸形。佝偻病虽然不直接危及生命，但它却对骨骼、神经、肌肉、造血、免疫等多个组织器官的功能有很大的影响，造成反复呼吸道感染和腹泻，生长发育受到严重影响。补充鱼肝油和钙是有效预防佝偻病的方法之一，除此之外还有哪些方法呢？

妈妈是预防佝偻病的起点。怀孕的准妈妈要经常进行户外活动，接受足量的光照；多吃含丰富的维生素D、钙和磷的食物，以及动物肝脏、牛奶、奶油、鱼子、蛋黄、大豆、豆制品、苋菜、油菜、紫菜等。应从妊娠4个月时开始补充维生素D和钙剂。

宝宝出生后要合理喂养。提倡母乳喂养，及时添加辅食。因母乳中的维生素D有利于宝宝吸收，因此尽量采用母乳喂养。

妈妈多吃富含维生素D的食物，宝宝通过吃奶也可得到补充。

加强户外活动。阳光中的紫外线可使人皮肤中的胆固醇转变为维生素D，它也是人类维生素D的主要来源。冬天也要让宝宝多晒太阳。不要在室内隔着玻璃接受阳光，这样紫外线是不能被利用的。

一吃就拉不是宝宝“直肠子”

母乳喂养的宝宝在哺乳时有这样一个现象：宝宝边吃边拉。这是由于母乳中有刺激肠蠕动的物质。这是一种生理现象，不会影响宝宝的正常生长发育。但是有时宝宝大便过稀、次数过多，则与哺乳妈妈的饮食有很大的关系，如：哺乳妈妈吃了辛辣的食物、凉拌菜、瓜果等。因此，母乳喂养期间，妈妈要适当忌口。

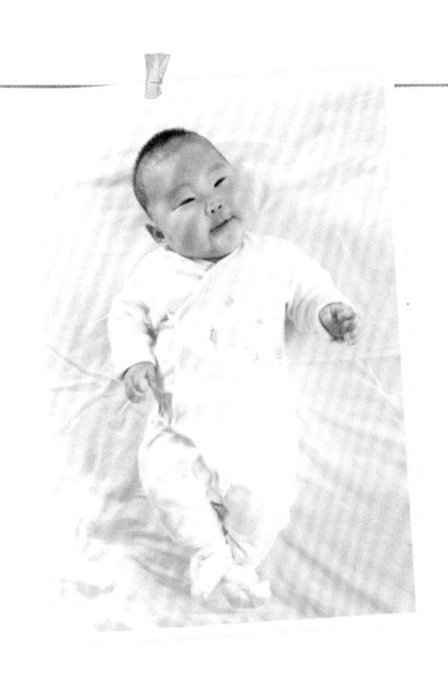

第23天

新生宝宝穿什么样的衣服好

宝宝的皮肤娇嫩，毛细血管丰富，皮脂腺分泌较多，对冷热调节的功能较差，抵抗力不强，因此，选择什么样的衣服对宝宝的保护至关重要。

选料要求

宝宝的衣服应选择纯棉或纯毛的天然纤维织品，天然纤维织品会使宝宝更好地调节体温。棉织品容易吸水，保暖性强，质地柔软，色彩浅淡，洗涤方便，最适合宝宝柔嫩的肌肤。要特别注意宝宝衣服的腋下和裆部是否柔软，这是宝宝经常活动的关键部位，面料不好会导致宝宝皮肤受损。

宝宝衣服最好不要选用化纤材料，化纤布料经过化学处理后，残存的游离甲醛虽然极微，但对宝宝娇嫩的肌肤也会造成伤害，易引起过敏。如长时间穿着，有害物质会进入宝宝体内，对宝宝肝、肾等器官造成一定影响。

衣服式样

宝宝脖子比较短，衣服式样最好选斜襟款式的。衣服要宽松、舒适、简单，易脱易穿，不要钉扣子或使用按扣，以免划伤宝宝皮肤。

冬天棉衣也可采用斜襟样式，不要太厚，以方便宝宝活动肢体。夏天衣服可以选睡裙式样的单衣，也可用棉布做成小肚兜。另外，应准备1~2件小背心，既保暖，又方便宝宝上肢的活动。

穿衣原则

宝宝穿衣的多少与大人差不多，宝宝要注意保暖，原则上比妈妈多加1件衣服。宝宝之间存在着个体差异，可依照既保暖又不出汗的原则增减衣服。宝宝的内衣、单衣、棉衣都要多准备几件，以便换洗。

第24天

给新生宝宝穿衣服的技巧

穿上衣：

❶衣服平铺，将宝宝放到衣服上。

❷轻拉宝宝胳膊，穿好一个袖子。

❸用同样方法穿好另一个袖子。

❹系上衣带。

穿连体衣：

❶连体衣展开，平放于床上，将宝宝放到衣服上。

❷妈妈从宝宝裤腿口处伸手，握住宝宝小脚丫，轻拉，穿好裤腿。

❸妈妈从宝宝衣服袖口处伸手，轻拉宝宝胳膊，穿好袖子，系好带子即可。

怎样帮宝宝脱衣服

给宝宝脱衣服时，要保持合适的室温，别让宝宝着凉了。脱衣服时，让宝宝仰卧在床上，解开宝宝衣服带，妈妈左手拉着袖口，右手拉着宝宝肘关节，顺着宝宝胳膊用力方向，将宝宝右手臂从衣袖中拉出，左臂脱法相同。然后一只手托住宝宝颈、肩部，另一只手托住宝宝臀部，将宝宝抱起，就能脱掉宝宝的衣服。

第25天

抬头：宝宝的视野扩大了

抬头，是宝宝出生后需要学习和练习的第1个大动作。学会抬头，可以使宝宝扩大视野，更好地促进其智能的全面发育。平时，新手爸妈可以在室内墙上挂一些色彩鲜艳的画或颜色明亮的玩具。当宝宝醒来时，妈妈可以把宝宝竖抱起来，让宝宝看看墙上的画及周围的环境。

竖抱抬头

妈妈在喂宝宝吃完奶后，竖抱宝宝，让宝宝将头靠在妈妈的肩膀上。为了避免宝宝吐奶，妈妈可以轻轻拍打宝宝背部，让宝宝打嗝。之后抱稳宝宝，手部稍稍离开宝宝头部，让宝宝的头部直立片刻，每天进行4~5次。

伏腹抬头

宝宝空腹时，妈妈将他抱在胸腹前(与妈妈面对面)，然后妈妈慢慢地斜躺或平躺在床上，此时宝宝便自然而然地俯卧在妈妈的腹部。扶宝宝头部至正中，两手放在两侧，逗引其短时间抬头，反复几次。

伏床抬头

宝宝空腹时，俯卧在床上，将其两手放在头两侧，妈妈扶着宝宝的头转向中线，呼唤宝宝的乳名或用拨浪鼓等玩具逗引宝宝抬头片刻，反复几次。

进行伏床抬头训练时，让宝宝把两手放在头两侧，妈妈逗引宝宝。

第26天

视觉：超级“近视眼”

宝宝清醒时可以注视20~40厘米范围内的事物，在明亮的光线下会眨眼，有时候妈妈还会发现他看起来有点对眼，这在6个月以内无需担心，是因为宝宝的眼部肌肉还没有发育好，但如果过了6个月还是这样，就需要去看眼科医生了。

听力：听到响声“吓一跳”

宝宝醒着时，近旁约10~15厘米处发出响声，他的四肢躯体活动会突然停止，好像在聆听声音。当突然有声响发生时，宝宝会出现“吓一跳”的反应，这属于惊乍反射，表明了宝宝的听力是正常的。

嗅觉：熟悉妈妈的味道

宝宝也有敏感的嗅觉和味觉，很喜欢妈妈身体的味道，因为这是他一直熟悉的。对母乳的香气感受灵敏，并显示出喜爱。

第27天

满月：不剃“小光头”

传统观念认为，剃满月头会让宝宝长出一头黑亮的好头发。其实，宝宝头发的好坏与剃头毫无关系，不但满月头不必剃，出生后3个月内也最好不理发。

剃光头损伤头皮

宝宝皮肤薄、嫩、抵抗力弱，剃刮容易损伤皮肤，引起皮肤感染。如果细菌侵入了头发根部，破坏了毛囊，不但头发长得不好，反而会导致脱发。

宝宝度炎夏

如果宝宝出生时头发浓密，而且正好是炎热的夏季，为了防止湿疹，可以把宝宝的头发剪短，但是不要剃光头；已经长了湿疹的头皮也不能剃刮，否则容易引起感染。

不洗头也不对

有些老人不给头发少的宝宝洗头，唯恐把宝宝仅有的头发洗掉。其实，在洗发时脱落的都是自然代谢的头发，不洗也会掉；相反，长期不洗头，油脂和汗液的刺激会使头皮发痒、细菌繁殖，引起继发感染，反而影响了宝宝新头发的生长。

第28~29天

测评：满月宝宝的智能发育标准

分类	项目	测试方法	通过标准	出现时间
大运动	抬头	宝宝双手在胸前交叉抬头	可以向两边转头	第__月 第__天
	坐	扶住宝宝上臂外侧	头竖直2秒以上	第__月 第__天
精细动作	抓握	给宝宝勺把或笔杆能紧握	握10秒以上	第__月 第__天
语言	喉音	和宝宝对视说话，宝宝快乐时能发出喉音	发出细小的喉音	第__月 第__天
认知	看脸谱	将脸谱放于宝宝正面20厘米处，能注视	注视7秒以上	第__月 第__天
	视听定向	用“嗒嗒”声在距离宝宝10厘米处逗引宝宝	寻找声源	第__月 第__天
情绪和社交	反射性微笑	睡眠状态下发出反射性微笑	有微笑状态	第__月 第__天
	对视	清醒时与妈妈对视	可以对视片刻	第__月 第__天

第30天

免疫：准备打疫苗了

计划内疫苗

计划内免疫所涉及的传染病，不仅各地普遍流行，无论健康宝宝还是体质虚弱的宝宝均易感染，而且传染性极强，致死率、致残率极高。如果控制不好，蔓延开来，会给家庭带来极大伤害。各地计划内疫苗的接种程序因传染病的流行情况有些不同，以下是北京市对0~1岁宝宝制定的疫苗接种程序。

年龄	卡介苗	乙肝疫苗	脊髓灰质炎疫苗	无细胞百白破疫苗	麻风二联疫苗	甲肝疫苗	麻风腮疫苗	乙脑减毒疫苗	流脑疫苗
出生	●	●							
1月龄		●							
2月龄			●						
3月龄			●	●					
4月龄			●	●					
5月龄				●					
6月龄		●							●
8月龄					●				
9月龄									●
1岁								●	

计划外疫苗

流感疫苗	对于7个月以上、患有哮喘、先天性心脏病、慢性肾炎糖尿病等抵抗疾病能力差的宝宝，一旦流感流行，容易患病并诱发旧病发作或加重，爸妈应考虑接种。
肺炎疫苗	肺炎是由多种细菌、病毒等微生物引起，单靠某种疫苗预防效果有限，一般健康宝宝不主张选用。但体弱多病的宝宝，应该考虑选用。
水痘疫苗	如果宝宝抵抗力差应该选用；对于身体好的宝宝可以不用，不用的理由是水痘是良性自限性“传染病”，即使宝宝患了水痘，产生的并发症也很少。但幼儿园一般会要求宝宝入园前接种水痘疫苗。

疫苗接种前的注意事项

带好“儿童预防接种证”，这是宝宝接种疫苗的身份证明。如果有什么禁忌症和慎用症，让医生准确地知道，以便保护好宝宝的安全。准备接种前一天为宝宝洗澡，当天穿清洁宽松的衣服，便于医生施种。

如果宝宝有不适，患有结核病、急性传染病、高热惊厥、肾炎、心脏病、湿疹、免疫缺陷病、皮肤敏感者等需要暂缓接种。

疫苗接种后的注意事项

接种疫苗后应用棉签按住针眼几分钟，血止方可拿开，不可揉搓接种部位。宝宝接种完疫苗以后要在接种场所休息30分钟左右，如果出现不良反应，可以及时请医生诊治。

接种后让宝宝适当休息，多喝水，注意保暖，防止触发其他疾病。接种疫苗的当天不要给宝宝洗澡，以避免宝宝因洗澡而受凉患病。

接种疫苗后如果出现轻微发热、食欲缺乏、烦躁、哭闹的现象，不必担心，这些反应一般几天内会自动消失。但如果反应强烈且持续时间长，应立刻就医。

宝宝免疫小贴士

脊髓灰质炎疫苗第1针

第2个月 作息慢慢规律了

宝宝不再是刚出生时的小毛孩了，模样越来越漂亮，经过一个多月的磨合，与爸爸妈妈越来越熟悉，彼此也越来越依恋对方。此时的宝宝虽然还会不时莫名其妙地哭闹而让人烦躁不安，但当逗宝宝时，他也会给出一个大大的笑容。

第31天

夜间喂奶：谨防宝宝着凉

夜间给宝宝喂奶，宝宝很容易感冒。在给宝宝喂奶前，记得把窗户关好，并用条较厚的毛毯把宝宝的四肢裹好。妈妈最好不要躺在床上哺喂，最好还是起床哺喂，以免因睡着引发宝宝吃奶窒息的危险。

白天奶水吃得很足的宝宝，夜间吃奶的需求并不大。如果宝宝的体质很好，可以引导宝宝将凌晨2点左右的那顿奶调整到晚上临睡前9~10点钟这顿奶，顺延到晚上11~12点。这样，宝宝起码可以在4~5点以后才会醒来再吃奶。

不要让宝宝整夜含着乳头

半夜，宝宝饿醒了，妈妈的第一个反应就是把乳头送进宝宝嘴里，或者干脆让宝宝整夜都含着奶，却不知犯了大错误。含着乳头睡觉，会养成宝宝不良的吃奶习惯，不仅不利于其对营养的消化吸收，还会影响睡眠。另一方面可能在妈妈熟睡翻身的时候，乳房压住宝宝的鼻子，导致宝宝呼吸困难甚至窒息。再者，宝宝整夜含着乳头还容易使乳头皲裂。

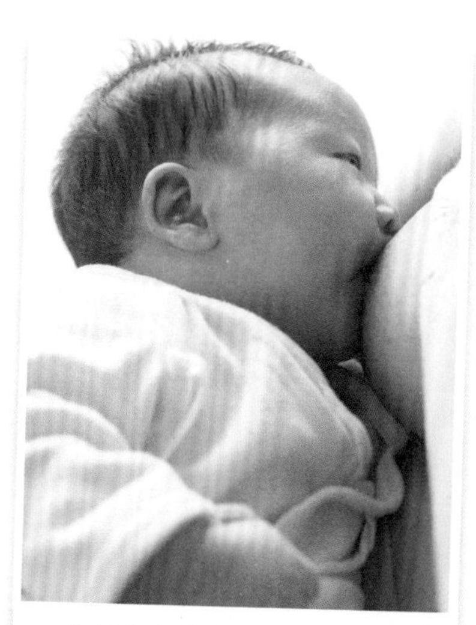

夜间宝宝吃完奶，不要让他含着乳头睡觉。

晚上睡觉不开小夜灯

很多妈妈为了夜里起来喂奶方便，会在房间里开一盏小夜灯，这其实是很不好的。让宝宝长久在灯光下睡觉，会使睡眠时间缩短，睡眠深度也会变浅，很容易惊醒。这样的睡眠质量对宝宝骨骼生长非常不利。另外，长久在灯光下睡觉，还会影响宝宝的眼部网状激活系统，对宝宝的视力发育不利。

防止醒夜：3步睡眠法则

英国的医生们总结了一套简单的3步睡眠法则，可帮助新手爸妈使宝宝享受到优质的夜间睡眠。据介绍，这套方法帮助了很多宝宝恢复正常的夜间睡眠。

第1步 让宝宝了解白天和夜晚的不同

要让宝宝意识到白天和夜晚所处的环境有明显的区别。宝宝白天醒着的时候，尽量多跟他一起玩耍，让他的房间有充足的光线。到了晚上，房间光线要暗下来，尽量少吵闹，营造一个安静的氛围，这样宝宝就会把这种环境和“睡觉”联系起来。不久，宝宝就会开始了解白天和夜晚的不同了。

第2步 让宝宝在床上睡觉

晚上宝宝有困意的时候，直接把他放到床上或者摇篮里，让他自然入睡，而不是把宝宝抱在怀里轻轻拍打或让他边吃边睡，这一点最好从出生时就培养。

第3步 晚上醒来后不要急于喂奶

宝宝夜里醒来的原因，并不一定是饿了，也可能是因为尿了不舒服，所以妈妈不要马上喂奶，而是要有意地用换尿布或者其他事情分散宝宝的进食注意力。这样，宝宝就不会认为“醒了马上就能吃奶”，慢慢地，即使夜里醒了，也能比较容易重新回到睡眠的状态。

“绝对安静”不利于宝宝成长

通常在宝宝睡觉时，新手爸妈总是轻手轻脚，不发出一点声音，生怕吵醒宝宝。其实，宝宝一般都具有适应外界环境的能力。如果从小就总是让他们在过分安静的环境中睡眠，那么以后只要有一点响动都可能把他们惊醒，这样并不利于宝宝健康成长。

第33天

亲子：认识爸爸和妈妈

宝宝渐渐能够把爸爸妈妈和其他人区别开来了，当看见爸爸妈妈时会特别兴奋，脸上马上露出笑容，而且会手脚一起舞动，另外嘴里还会发出“哦哦”“啊啊”的声音表达自己欢快的情绪。这时要多抱一抱宝宝，在宝宝6个月以前，不用担心惯坏他，身体和目光的接触对宝宝的心理发展是有益的良性刺激。

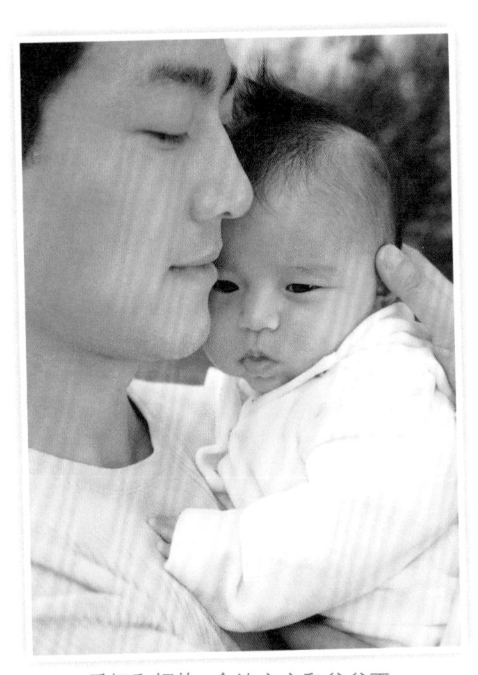

爱抚和拥抱，会让宝宝和爸爸更早地建立起亲子依恋。

学习：鼓励宝宝“探探险”

鼓励宝宝在特定范围内找出妈妈故意藏起来的东西。对于1个多月的宝宝，探险活动倾向于找声源、寻光源、找玩具、探索不同人脸等。

为宝宝提供一个丰富的语言环境，使用语言来传达信息和情感。为宝宝提供大量接受性语言。用正确、优美、标准的语音为宝宝讲故事、念儿歌，提供有关语言的独特语感，为宝宝日后的优秀语言能力做储备。

给宝宝一些东西，让宝宝尽情地看、闻、触摸、咬等。让不足3个月的宝宝一次只尝试一种感觉，避免感觉刺激过度。

尝试不同的游戏，始终让宝宝感到新鲜。宝宝常会通过反复的实验和重复来达到掌握技能的目的，新手爸妈要鼓励和赞赏他。如果宝宝喜欢看某样东西，要不厌其烦地讲给他听；适度地为他设计一些轻松的游戏，并随时观察宝宝的反应。

第34天

微笑：身心健康的标志

在离宝宝20~25厘米的地方，妈妈正娓娓道来地同宝宝说话，宝宝把这当成友好亲近的表示，所以他会眉开眼笑。他的笑让妈妈欣喜若狂，于是想出更多的办法逗他，“交谈”就这样开始了。

以后每当爸爸妈妈对宝宝说话，对宝宝微笑时，宝宝也会对爸爸妈妈微笑，而且还会手舞足蹈，表现出兴奋的样子。尤其是妈妈温柔和蔼的声音更能诱发宝宝的微笑。宝宝需要自己喜爱的人在身边，微笑着和他说话，给予充分的爱。

微笑教会宝宝两条人生经验

妈妈和宝宝之间的互相影响，可以使宝宝学到两条十分重要的人生经验：

- 他知道，他的微笑会换来别人的微笑，甚至还可能获得比赞扬和认可更实在的奖赏，如拥抱。

- 他还发现一种取悦爸爸妈妈、和爸爸妈妈沟通的方法，逐渐地他也会知道，他能引发这样的沟通，并能用这种方法与别人沟通。

第35天

逗笑：出现越早越聪明

从出院第1天起，爸爸妈妈要经常逗宝宝笑。宝宝学会在大人逗乐时报以微笑。大人逗笑是一种外界刺激，宝宝以笑来回答，是宝宝学习的第1个条件反射，美国育儿专家认为：越早出现逗笑的宝宝越聪明。

爸爸妈妈要尽早逗宝宝笑，给宝宝创造模仿学习的条件。当宝宝第1次出现逗笑时，记录下日期，作为宝宝的心理发展的重要资料。宝宝在快乐的情绪中，各感官最灵敏，接受能力也最好。

逗笑出现得越早，宝宝越聪明。

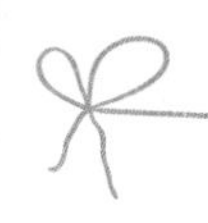

第36天

宝宝背袋：如何选购和使用

有时，妈妈需要做家务或外出的同时照顾好自己的宝宝，此时宝宝背袋就可以派上大用场，而且让宝宝紧紧贴着妈妈，感受着妈妈的体温，宝宝更感安心自在。

选购要点

宝宝背袋一般包括前抱式（面向妈妈和背向妈妈）、横抱式和使用头部保护带式等多种功能，可以根据宝宝的大小、体重来选择。购买背袋时还要注意内衬材料和搭扣的安全性和环保性。最好带着宝宝去试一试，再决定购买。

大部分背袋的肩带可调节长短，还有背袋底部有缝制拉链，可依宝宝体型大小作调整。夏季使用的背袋要选择底部设计成网状布，通风性良好，配备了置物口袋的。给6个月以内宝宝使用，最好选择有枕头或者宝宝颈部保护带的产品，可以保护宝宝颈部，睡着时不会倾斜而伤及颈部。

使用要点

宝宝背袋除了要让妈妈使用方便外，同时也要让宝宝感觉舒适。对于2个月以内的宝宝，由于颈部肌肉尚未发育成熟，暂勿使用坐姿背袋，最好选用横抱式。为了宝宝舒适，哺乳后约30分钟才宜使用。

6个月以上的宝宝对外界的好奇心和探索精神都大大增强，所以应该让他面朝外坐在背袋里，使视野变得开阔。如果宝宝体重较重，要注意背袋的承重能力。

每一次使用背袋最好不要超过2小时。

第37天

理发：不要弄伤头皮

宝宝的皮肤很娇嫩，不小心剃伤皮肤可能会引起细菌感染。如果感觉宝宝头发有些乱，可用专用宝宝理发器将头发清理干净。

指甲：每周修剪1~2次

宝宝的指甲长得很快，1~2个月大的宝宝指甲以每天0.1毫米的速度生长，10天就能长1毫米，1个月就能长3毫米，实在是速度惊人。宝宝会经常用指甲抓破脸及身体部位，因此要及时修剪。可选择洗澡后、宝宝睡着时，用专用宝宝指甲剪剪指甲，但注意不要剪得过短。

眼屎：脱脂棉球蘸水擦拭

1~2个月大的宝宝眼睛分泌物较多，很容易长眼屎。由于生理上的原因，有的宝宝还会倒长睫毛，刺激更多的眼屎产生。洗完澡或眼屎过多时，可用脱脂棉球蘸一点水，由内眼角往眼梢方向轻轻擦拭。如眼屎太多，无法擦干净，或眼白充血时，应及时就医。

鼻塞：棉签轻轻探入鼻孔

1~2个月大的宝宝鼻涕分泌得较多，由于鼻孔小，往往造成鼻塞。鼻垢或鼻涕堵塞鼻孔会影响宝宝吃奶或呼吸。处理时把宝宝的头抱稳，将婴儿专用棉签轻轻塞进宝宝鼻孔并旋转，将鼻垢掏出，注意不要将婴儿专用棉签塞得过深。

耳垢：不用刻意挖

宝宝的耳垢一般会自行移到外耳道，新手爸妈如果太过用力地挖耳垢反而会引起宝宝耳道发炎。宝宝洗完澡后，耳道外部如果有少量的水，可用婴儿专用棉签在耳道口抹净，不要探入内耳。

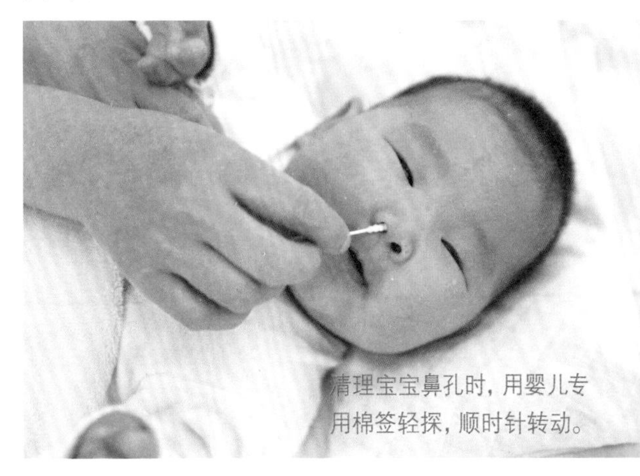

清理宝宝鼻孔时，用婴儿专用棉签轻探，顺时针转动。

第38天

给宝宝养成良好的“生活秩序”

宝宝食欲旺盛、精力充沛、心情愉悦，体格和智力每天都发生着变化。逐渐培养宝宝规律的生活，对其生长发育，养成良好生活习惯，形成秩序感，具有重要的作用，妈妈千万不可忽视。

规律生活的参考

2个月的宝宝每天喂奶7次，每次间隔3~3.5小时，活动持续时间为1~1.5小时，睡眠共计15~16个小时，白天睡3~4次，每次持续1.5~2小时。

06:00~06:30　起床、换尿布、盥洗、喂奶。
06:30~08:00　活动（视听训练、游戏、被动操等）、喂鱼肝油。
08:00~10:00　换尿布、第1次睡眠。
10:00~10:30　喂奶。
10:30~12:00　活动（视听训练、游戏、锻炼、户外活动）。
12:00~14:00　第2次睡眠。
14:00~14:30　喂奶。
14:30~16:00　活动（视听训练、游戏、锻炼、户外活动）。
16:00~18:00　第3次睡眠。
18:00~18:30　喂奶。
18:30~20:00　活动（视听训练、游戏、锻炼、盥洗）。
20:00~06:00　喂奶、夜间睡眠（夜晚22点、凌晨2点各喂奶1次）。

第39天

惊跳：只因神经不成熟

熟睡中的宝宝，如果听到大的声响，会出现双臂和双腿同时向上收缩，或肢体快速抖动的现象，有时还会睁开眼睛，身体震颤着，像一只受了惊吓的小鹿，很让妈妈心疼。

正常的神经反射

当宝宝受到突然的刺激，比如突然出现较响的声音、强光或者突然触摸宝宝都会引起惊跳反射。出现惊跳反射时，宝宝的双臂伸直、手指张开、双腿挺直、双眼圆睁。

神经系统发育不完全

宝宝的神经系统在发育中，包裹在脑细胞神经元外部的绝缘组织发育还不完善，致使神经元传递信息时不够准确、快速和灵敏，常常会四散传递。当宝宝受到外界声音和碰撞的刺激后，不能像成人那样在大脑皮层集中定位，而是使刺激同时波及由大脑控制的四肢肌肉神经纤维上，使兴奋“泛化”，因此引起胳膊、腿及全身的动作和抖动。

按摩能缓解宝宝惊跳

随着宝宝神经系统的逐渐成熟，对刺激的敏感度会减弱，一般在3~5个月内这种保护性反应就会自然消失，不需要特别处理。如果妈妈不放心，可在宝宝出现惊跳反应时，按住宝宝身体的任何一个部位，并按摩和轻声安慰，宝宝即刻会安静下来。另外，母乳的营养成分会促进大脑绝缘组织的形成，所以妈妈要坚持母乳喂养。

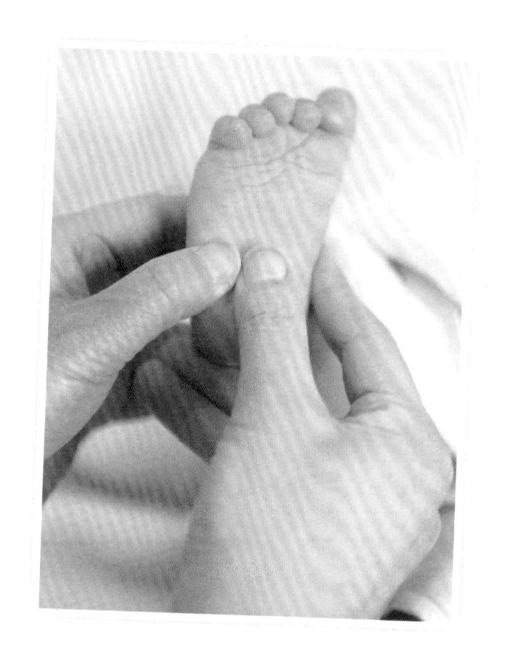

第40天

猛长期：胃口“惊人”

“猛长期”也许对新妈妈来说比较陌生，但在育儿领域里可是一个普遍概念。“猛长期”针对于半岁之前的宝宝，分别出现在3周、6周、3个月和6个月左右。

妈妈不要担心自己的奶水跟不上宝宝的吸吮，儿科专家有过这样幽默的说法：“母乳跟水井可不一样，不会因为过分抽取而干涸。事实上，恰恰相反，宝宝吃得越多，妈妈的乳房就会生产越多的奶。”

不要因为担心母乳不足而给宝宝添加配方奶，这样做似乎是满足了他的胃口，但却因为哺乳频率的降低，导致乳汁分泌量的下降。这和“猛长期”宝宝的需求恰恰相反。在“猛长期”的时候，妈妈只要坚持勤喂几天，一旦乳汁分泌量达到宝宝的要求，他的吸吮频率自然会降低。

情绪会影响妈妈乳汁的分泌

哺乳期的妈妈在愤怒、焦虑、紧张、疲劳时内分泌系统会受到影响，从而抑制催乳素的分泌，分泌的乳汁质量也会产生变化，不利于宝宝健康。因此妈妈在哺乳期要保持心情舒畅、适量的运动、丰富的饮食、充足的休息，乳汁就会分泌得多。而且哺乳期妈妈需要家人的支持，要让哺乳期妈妈感觉到愉快轻松。丈夫的作用至关重要，应当体贴妻子、关心妻子、爱护妻子。

面对胃口特别大的宝宝，妈妈一定要按需哺乳，耐心对待。

第41天

安全：摇晃、抛举太危险

宝宝的头部比较重，颈部肌肉没有长好，头骨比较薄，脑部比较软，被摇晃、抛举时可能会发生以下情况：

- 脑部可能会撞击头骨壁。
- 脑部会受伤，甚至会引起脑部出血。
- 眼睛中的毛细血管会破裂。
- 引起眼睛局部甚至全部失明。

宝宝太娇弱了，肌肉、神经组织又发育得不完善，成人没有控制地摇晃、抛举，都有可能对小宝宝造成致命的伤害。因此，新手爸妈在哄逗小宝宝时动作要轻柔。

警惕“摇晃宝宝综合征”

当宝宝被前后左右用力摇晃时，或头部被掌拍或击打时，或被反复抛在空中时，就容易发生“摇晃宝宝综合征”。“摇晃宝宝综合征”是由于宝宝脑部发育仍未稳固，当受到强力摇晃时，脑部组织容易受到撞击，而出现血管撕裂及脑神经纤维受损，严重的甚至危及宝宝的生命安全。

新手爸妈应该这样做

要对宝宝充满爱心和耐心，即使在宝宝大声哭闹无法停止的时候，也要保持镇静。不要因为情绪烦躁而失手伤害了宝宝，不用力拍打宝宝的头部，不要强烈地摇晃宝宝，不把宝宝抛向空中。如果妈妈因照顾宝宝严重缺觉而导致情绪极度烦躁时，请暂时离开宝宝并寻求家人的帮助。带宝宝外出乘车时，一定要使用安全座椅，保护好宝宝的头部，避免急刹车的剧烈震动给宝宝带来伤害。

第42天

健康：42天体检很重要

常规检查

测量身长：应该增长4~5厘米。

测量体重：应该增长1000克左右，通过体重的测量了解宝宝的喂养情况。

测量头围：应该增长2~3厘米，包括囟门的检查。

皮肤检查：看宝宝是否还有黄疸、湿疹以及其他皮肤状况。

心肺检查：看心律、心率、心音以及肺部呼吸音是否正常。

脐部：检查是否有脐疝、胀气，肝脾有无肿大。

外阴和生殖器：检查男宝宝是否有隐睾，女宝宝外阴唇和内阴唇的愈合情况。

腿部状态：检查分腿的姿势是否正常，双腿长度是否相等。

进一步进行畸形筛查：宝宝出生后会有畸形筛查，但是很多异常情况是逐渐表现出来的，比如心脏杂音、生殖器畸形、听力异常等。

神经系统检查

运动发育能力：竖头——把宝宝扶坐，拉住他的手臂，使他坐直，看他是否能够自己通过颈部的力量，将晃动的头部竖直固定住。趴抬头——让宝宝俯卧，看他是否能够依靠肩部和颈部的力量，抬起头来。

神经反应行动：行为反射的建立——看宝宝是否能够集中注意力，是否能够注视人，是否能够对喜欢的物体追视。出生反射的消失——例如拥抱反射、觅食反射、握持反射，这些反射应该在宝宝出生后3个月内消退。如果大脑没有得到继续的发育，这些反射就会存在。因此，出生反射的消失，是检测大脑发育的一个指标。

第43天

不要频繁换配方奶粉

人工喂养的宝宝如果不适合喝某种牌子的配方奶粉，可以考虑给宝宝转换品牌。但新手爸妈必须知道这样一个事实：宝宝是不适合频繁转奶的。这是由于宝宝的消化系统发育尚不完善，对于食物的消化需要一段时间来适应。有的新手爸妈以为转奶就是在不同牌子的配方奶粉间互相转换，其实，同一牌子但不同阶段的配方奶粉，或同一牌子、相同阶段但不同产地的配方奶粉的变化，也都属于转奶。

确实需要转奶时，新手爸妈要做到循序渐进地转，不要过于心急，整个过程可历时1~2星期，让宝宝有个适应的过程。如果宝宝没有拉肚子、呕吐、便秘、哭闹、过敏等不良反应，才可以继续增加，如果不能适应，就要缓慢改变。

此外，转奶应在宝宝健康情况正常时进行，没有腹泻、发热、感冒等，接种疫苗期间也最好不要转奶。

转奶的方法是“新旧混合”：要将预备替换的配方奶粉和宝宝先前饮用的配方奶粉在转奶期间掺和饮用，尽可能在原先使用的配方奶粉中适当添加新的配方奶粉，开始可以量少一点，慢慢适量增加比例。

第44天

什么时候需要用安抚奶嘴

关于安抚奶嘴的争议从未停止过，其实新手爸妈只要掌握好使用方法和度，就能让安抚奶嘴安全地陪伴宝宝成长。

妈妈给宝宝使用安抚奶嘴时一定要确定宝宝真的需要。如果宝宝吃饱、喝足、不冷不热，妈妈的拥抱和亲吻足够，可仍然日夜哭个不停，那就是对吸吮需求过于强烈，也许真的需要口腔吸吮安慰。而对早产儿或出生体重过低的宝宝，吸吮安慰可能有助于体重增长，但一旦体重追上正常儿，就应停止使用。另外妈妈一定要确保安抚奶嘴的使用不影响宝宝进食母乳或配方奶。一旦发现有影响，要立刻戒掉。

第45天

哺乳：3招改善妈妈乳头过于短小

妈妈乳头过小、过短，都会使宝宝衔不住乳头，造成喂奶困难。宝宝衔了放，放了衔，重复几次，就开始烦躁、哭闹、打挺。妈妈急，宝宝哭，母子都累得筋疲力尽。这里为妈妈介绍一些具体的解决方法。

- 每天用食指、中指、拇指3个手指捏起乳头，向外牵拉，每一下至少坚持拉1秒钟，每次拉30下左右，每天拉至少4次，在喂奶前拉更好。
- 用吸奶器吸引乳头，每次吸住乳头约半分钟，连续5~10次，每天至少重复2遍。
- 用中指和食指轻轻夹住乳晕上方，使乳头尽量突出，也防止乳房堵住宝宝鼻孔。

及早纠正宝宝的乳头错觉

有的宝宝有强烈的觅食欲望，但一触及妈妈的乳头就哭闹，拒吮或张大嘴却不含吸乳头，这种情况就是乳头错觉。只要妈妈对宝宝有爱心、耐心，乳头错觉很快就可以纠正。以下是一些具体的方法。

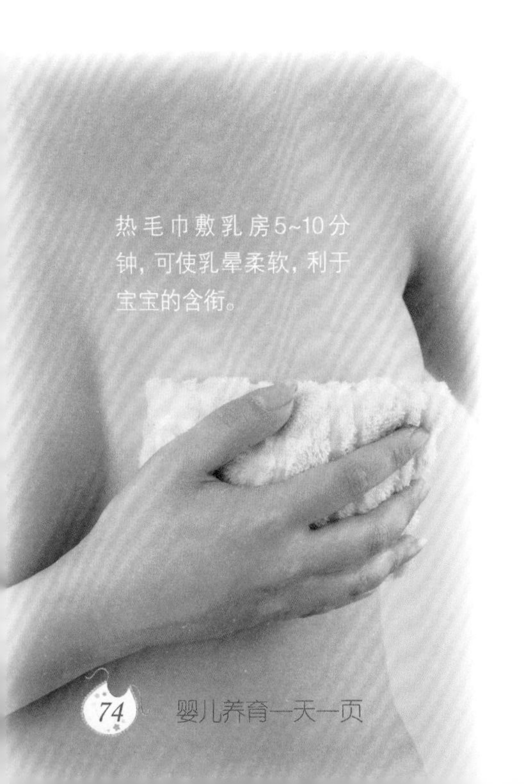
热毛巾敷乳房5~10分钟，可使乳晕柔软，利于宝宝的含衔。

- 在宝宝饿时或未哭闹前，进行母乳喂养。
- 如果喂奶时，宝宝嘴不肯张大，妈妈可采用揉他的耳郭、轻弹足底让宝宝张嘴，此时将乳头及大部分乳晕迅速送入其口中，就会引起有效吸吮。
- 乳房过度充盈的妈妈，哺乳前先用热毛巾敷乳房5~10分钟，或先挤出部分乳汁使乳晕变软，这样宝宝更容易含衔乳头和大部分乳晕。
- 触及乳头即哭闹的宝宝，可先挤出少许乳汁至宝宝口中，使他吸吮。

第46天

记忆力：脑袋里记住了“喝奶”

快2个月的宝宝，长时记忆在持续增强。长时记忆能帮助宝宝更好地“享受”生活。当感觉饿了，宝宝会蜷缩起身体，等待着美味的奶，喝奶的记忆帮助宝宝坚持；当听见妈妈泡奶的声音，热奶器发出的嘀嘀声时，宝宝知道有奶喝了。这些同准备奶有关的举动，都会唤起宝宝对上次喂奶以及以前喂奶的幸福记忆。

扁平足是正常的生理现象

细心的爸爸妈妈会发现，宝宝竟然是个天生的扁平足。其实这是正常的，因为宝宝脚底的肌肉还没有发育成熟，力量太薄弱不足以把脚掌支撑成弓形。相反，如果宝宝在头几个月里就有很高的足弓，反而是一种不良的信号，因为它预示着宝宝会有神经或肌肉方面的问题。宝宝到了4~6岁的时候足弓才会发育好。

怪表情：宝宝在“卖萌”

1个多月的宝宝常常会出现一些令新手爸妈难以理解的怪表情，如空吸吮、皱眉、咧嘴、咂嘴、偷着笑等。新手妈妈没有经验，会认为这是宝宝“有问题”，其实这是正常表情，与疾病无关。

当宝宝长时间重复出现一种表情动作时，就要及时看医生了，以排除抽搐的可能。新手爸妈要细心观察宝宝的表情，学会区别宝宝的正常和非正常面部表情，这样才能照顾好宝宝，及时发现问题，让宝宝健康成长。

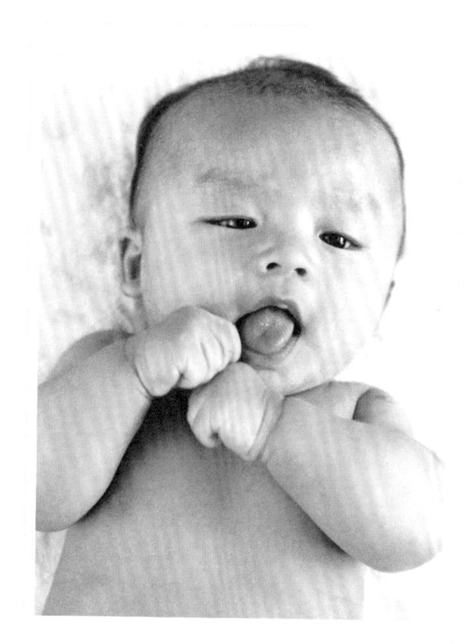

宝宝心情好时，会吐舌头“卖萌”哦！

第47天

自制拍照反光板

如果想让宝宝在拍照时获得完美的补光，不妨考虑自己动手做一块反光板，新爸爸们快行动起来吧：将一块纸板修剪成合适的形状，剪稍大的铝箔粘在纸板上，再次修剪调整；如果材料充足，可做各种形状大小的反光板若干个备用。

拍照时，将反光板立在自然光源对侧，调整反光板角度，让反射光照到宝宝脸上、身上即可。

拍照：避用闪光灯

宝宝一天比一天强壮，爸爸妈妈喜欢给宝宝拍照留念。但要注意的是，给宝宝拍照的时候一定要把相机的闪光灯关掉。

闪光灯可能有损宝宝视力

出生不久的宝宝，全身的器官、组织发育不完全，眼睛视网膜上的视觉细胞功能也处于不稳定状态，强烈的电子闪光对视觉细胞产生冲击或损伤，影响宝宝的视觉能力。这种损伤同照相机拍照时的距离有关，照相机离眼睛的距离越近，这种损伤也越大。

因此，对于5岁以内的宝宝（尤其是6个月以内的宝宝），要尽量避免用闪光灯拍照。

不闪光照样留住精彩瞬间

相机的感光度越高，相机的快门速度就越快，这样即使宝宝不是在静止状态，也能保证足够快的快门时间来定格下宝宝最生动的一刻。

也可改变闪光灯的照射角度，仰射天花板或侧射墙壁，或用慢速快门、开大光圈拍照，这样可获得很好的宝宝照片。

第48天

听音乐：左右大脑能交流

听音乐除了有利于宝宝听觉大脑皮质的发育外，对大脑的胼胝体发育也有积极影响，而胼胝体有助于脑的两个半球间的交流。听音乐的效果就是加强大脑不同部分的交流与沟通，并使所有的信息处理更为快捷、高效。

有力证据

明尼苏达大学的教授做了一次“大脑活动与音乐音调之间联系”的测试。他们的结论是，宝宝早期的音乐环境会提高大脑对听觉反应的能力。他们分别为音乐家和不懂音乐的人演奏了一段钢琴曲，然后利用磁共振成像技术测出他们随音调而出现的大脑活动。在听过音乐后，音乐家与不懂音乐的人相比，其大脑活动平均大致高出25%。更令人惊异的是，在音乐家当中，越早开始进行音乐训练的人，听钢琴曲时大脑的活跃程度越高。也就是说，音乐训练开始得越早，其大脑对音乐反应的活动就越强烈。

为宝宝选择合适的音乐

为宝宝选择的音乐作品，曲目类型可以不限，只要旋律优美、格调优雅即可。当宝宝要入睡时，可以选择安静、柔和的摇篮曲；当宝宝情绪烦躁时，可以选择愉快、活泼的音乐来转移注意力；当宝宝吃奶时，可选择优美、舒畅的音乐，使其情绪愉悦，吃得更加香甜；也可以播放宝宝在子宫内听过的胎教音乐，引起宝宝的共鸣。

一次连续给宝宝听音乐的时间不要超过15分钟；音量低一些，避免引起宝宝听觉疲劳；2个月内对2~3首曲子反复播放，便于宝宝记忆；尽量不要打扰在仔细聆听音乐的宝宝；如果宝宝出现抵触情绪，马上停止播放音乐。

第49天

语言能力：掌握母语不需要“学习”

宝宝语言能力的发展在出生时就开始了。新手爸妈对于宝宝语言能力的发展有着极其深远的影响，这是因为每个宝宝都对爸爸妈妈的交谈有着非常浓厚的兴趣，并且爸爸妈妈在宝宝出生后前几年的语言交流至关重要。

刚刚出生时，宝宝的大脑接受所有语言的语音，是真正的“世界公民”，脑细胞会根据不同语音的刺激进行相关的链接。随着宝宝的成长，如果处于某个特定的语言环境中时，他们的脑部就会发展形成特定的感知映射，这可以帮助宝宝把注意力集中在他们能够听到和体验到的语言上面。这正是不论智商高低，任何宝宝都能掌握母语的原因所在。

多交谈：增加宝宝词汇量

妈妈在哺育小宝宝时是不是经常和他交谈呢？妈妈的回答一定是：“是的，我经常和宝宝说话啊！”但是，妈妈有没有注意谈话的质量、时间、次数、方式、语调等因素？

有研究证明，宝宝获得词汇量的多少，在很大程度上取决于妈妈对宝宝说话的数量。研究者在对20个宝宝的语汇掌握调查中，得到这样的结果：比起不太能听到妈妈说话的宝宝，经常听到妈妈说话的宝宝所掌握的词汇要多（平均）131个；在对2岁的宝宝所做的同样的调查中，两组之间所掌握的词汇量的差距，竟然达到（平均）295个。

妈妈跟宝宝交流时，双眼看着宝宝，用眼神传递爱意。

第50天

★ 为宝宝创建良好的语言环境

倾听语言对语言能力的影响不是一朝一夕的，而是日复一日、点滴而成的。交谈仅有数量是不够的，还要保证交谈质量。宝宝对词语的使用和解释来自于成人，语言发展的优劣来自于家人为宝宝创造的语言环境：

- 尽可能多地和宝宝大量交谈，这是保持亲子亲密接触的好办法。
- 倾听宝宝的声音，当他发出声音时要回应、微笑。
- 积极回应咿呀学语声，不吝惜表达对宝宝的爱，这会鼓励他有更多的发声。
- 帮助宝宝集中注意力，为他指出环境中事物的名称，并帮助他观察。

★ 啼哭：宝宝希望得到回应

宝宝啼哭时要不要抱，有两种说法。一种说法认为，让他哭一下，可以培养宝宝的独立性；另一种说法是马上抱起来安慰。那么，宝宝啼哭时到底要不要抱呢？

宝宝啼哭要给予回应

宝宝啼哭就是在向妈妈传达自己的需求。如果妈妈对于宝宝的表达没有回应，久而久之，宝宝就不知道用什么方法来向外界传递自己的心情了，从而无法学习忍耐。不回应次数多了，容易让宝宝出现自闭倾向。

宝宝哭泣时，正确的做法是妈妈立即给予回应。不同的啼哭代表着不同的需求，妈妈要学会分辨，观察宝宝是渴了、饿了、拉了，还是不舒服了，并做相应的处理。宝宝会因为妈妈的及时回应感受到妈妈的爱，同时心灵得到抚慰。

宝宝啼哭，妈妈要及时回应，
找到宝宝啼哭的原因。

第51天

啼哭:有时也是一种锻炼

其实，啼哭是宝宝练习发声和呼吸配合的良好机会，可以为将来语言的发展打下基础。我们平时说话和表达时，会连续说上一段话(呼气长)，中间换口气(吸气短)再继续说。而宝宝啼哭时，恰恰就是呼气长，吸气短，与说话时的呼吸频率相同。有的宝宝学会说话之后，不会在语句中间换气，就是因为没有掌握好语言与呼吸频率的结合而造成的。这么说来，啼哭也是宝宝学习的契机。

在宝宝吃好、喝好、睡好、无病、舒舒服服的状态下哭两声无妨。

即便通过啼哭让宝宝练习发声，妈妈也不要置之不理，可以在宝宝身旁模仿宝宝的哭声来回应他，这样既让宝宝感到有趣又不会让他感到受冷落。

第52天

宝宝老爱放屁别担心

宝宝的奶量一般在出生后半个月开始逐渐增加，以满足前3个月生长发育的需求。奶量增加也使得肠道产气较多，宝宝会老爱放屁，这种现象也是体现宝宝胃肠状况的一个重要信号。

乳类中含有较高的蛋白质，经消化分解产生大量气体，加之宝宝的肠胃功能发育不成熟，肠道蠕动大多不协调，更容易出现肠胀气。这种现象多发生在宝宝出生后2~3周，一般在3~4个月后逐渐改善，随之频繁放屁的现象也就减少了。

如果是配方奶喂养的宝宝，腹胀明显，放屁多且易哭闹，还应考虑到是否对牛奶蛋白过敏。

预防痱子：勤洗澡来勤换衣

夏日炎炎，看到宝宝起了一身的痱子，又哭又闹，真让妈妈心疼，这么小心护理怎么还会长痱子呢？下面就来看一看，怎样做才能预防宝宝长痱子吧：

- 注意居室的通风，避免过热，遇到气温过高的天气，可适当使用空调。
- 注意皮肤清洁卫生，及时擦干宝宝的汗水，勤洗澡、勤换衣。
- 不要穿得过多，避免大量出汗，要穿宽松、透气性、吸湿性均较好的棉质衣服。
- 在炎热的夏天，不要一直抱着宝宝，以免长时间在大人怀中，散热不畅。
- 宝宝睡觉时宜穿轻薄透气的睡衣，睡在透气的凉席上。
- 天气太热时，避免带小宝宝出门，以免暑气引起痱子。

不要过于依赖痱子粉

夏天来了，宝宝出汗多，容易长痱子。妈妈喜欢给宝宝用痱子粉，但是，殊不知这些痱子粉对宝宝有时候也是有害处的。痱子粉的主要成分滑石粉含有铅，进入宝宝体内不能很快被排泄。另外，痱子粉含有氧化镁、硫酸镁，容易侵入宝宝的呼吸道，诱发呼吸道感染。

治痱子小妙招

如果宝宝长痱子了，但是并不严重，那么先要降低室内温度，不要怕宝宝着凉而不敢开空调。

夏天每天可以用温水给宝宝1~2次澡，可以只用清水。洗完澡后，只需擦干宝宝的身体，不要使用爽身粉或痱子粉。

不要因为宝宝长痱子了，就给他光着身子，否则皮肤受到外界刺激而再长痱子。

要给宝宝勤剪指甲，以免他抓挠生痱子部位。

如果痱子很痒，局部可以外涂炉甘石洗剂止痒。

若痱子被宝宝抓破出现脓点而糜烂，就需要看医生了。

第54天

健康：护理湿疹宝宝

宝宝湿疹也称为“奶癣”，最早见于2~3个月宝宝，大多发生在面颊、额部、眉间和头部，严重时躯干四肢也有。初期为红斑，以后为小点状丘疹、疱疹，很痒。疱疹破损后，渗出液流出，干后形成痂皮。一旦发现宝宝有湿疹，妈妈应做到以下几点：

坚持母乳喂养

在宝宝肠道不成熟期，母乳喂养可以减少接触异体蛋白的机会。母乳喂养可通过促进益生菌生长，发挥抗感染及抗过敏的作用。母乳中的特异性抗体可诱导肠黏膜耐受，从而减少过敏反应发生。母乳喂养期间，妈妈要避免食用以下食物：海鲜、牛奶、鸡蛋、辣椒、人参等，不要盲目停止母乳喂养。

选用低敏配方奶粉

喂普通配方奶粉的宝宝湿疹发生率高。国际权威组织建议，患湿疹的宝宝可使用低敏配方奶粉。低敏配方奶粉有部分水解蛋白奶粉、深度水解蛋白奶粉、游离氨基酸奶粉等。长期使用时，应在医生指导下进行。

日常护理要点

给宝宝洗澡的水温不宜过高，低于37℃为宜。不要用任何的洗浴用品，仅用清水即可。室温不宜过高，衣服不宜过多，应给宝宝穿棉质、柔软、宽松的衣服。房间保持空气新鲜，清洁卫生，避免灰尘刺激皮肤。湿疹严重时应暂缓疫苗接种。

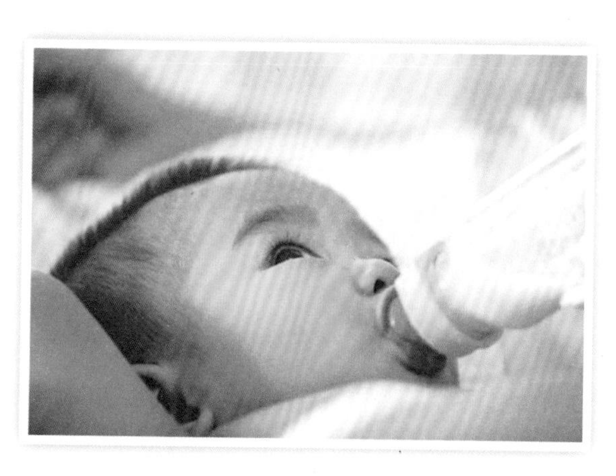

人工喂养的宝宝患湿疹，可使用低敏配方奶粉。

第55天

活动：尊重宝宝的意愿

很多妈妈都希望尽早开始宝宝的肢体锻炼，有很多专家替1岁以内的宝宝甚至是新生宝宝设计了一些锻炼手和脚的运动课程。但其实，如果锻炼不符合宝宝的生长发育特点，或者在宝宝不愿意的情形下强行进行，那将会对宝宝身心造成不良的影响。

因此，活动要出于宝宝的自愿。肢体运动应该发自宝宝内在的意愿，除非宝宝按照自己的意愿活动，否则宝宝的肌肉就不可能得到正常的发展，因为身体活动本身就是自我意愿的表达。我们只能设置情境，激发宝宝的内在意愿，然后静等宝宝自己加以安排。

亲子游戏：宝宝握握手

这样玩

把宝宝平放在床上，轻轻抚摸宝宝的小手。妈妈用食指轻触宝宝的手掌时，他的小手能握住不放。

益处多多

训练宝宝小手的抓握能力，提高小手的灵活性。

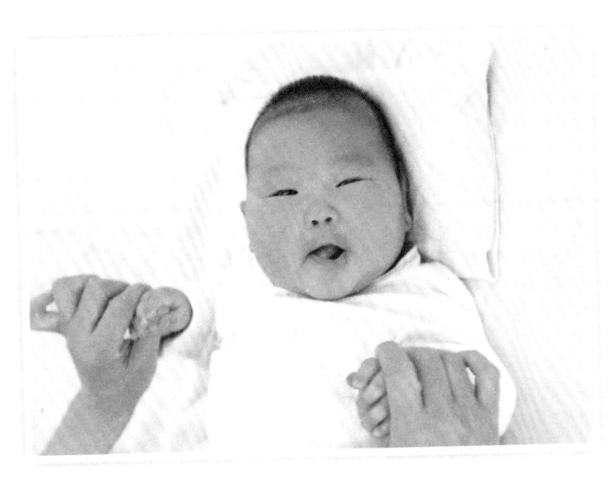

温馨小贴士

游戏之前，妈妈和宝宝都要洗净双手。

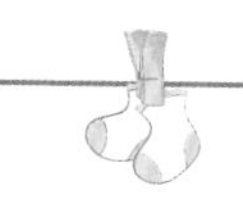

第56天

宝宝被动操：锻炼胳膊和小腿

妈妈快来帮助宝宝做被动体操，让宝宝的筋骨活动开来，长得更壮吧。时间在喂奶后1小时左右，室温保持在28℃左右。宝宝以裸体或穿少量轻便的衣服为宜，做操时妈妈的动作要轻柔而有节奏。

妈妈宝宝这样做

预备：宝宝仰卧，妈妈双手握住宝宝双腕，大拇指放在宝宝掌心，使宝宝握紧，两臂放于体侧。

第1节：双臂胸前交叉。两臂向左右分开，然后向胸前交叉，再还原，做8次。

第2节：双臂伸屈运动。弯曲宝宝肘关节，使手触肩再还原，每侧4次。

第3节：上肢回旋运动。以肩关节为轴，将上肢由内向外旋转，每侧4次。

第4节：双臂上举、前平举。两臂左右分开，向上举，前平举，还原，共做8次。

第5节：双腿伸屈运动。妈妈双手握宝宝脚腕（踝部），同时曲缩两腿到胸腹部，再还原，共做8次。

第6节：两腿轮流伸屈运动。做法同前，区分是两腿交替做，各做4次。

第7节：双腿伸直上举。妈妈双手握住宝宝伸直的双腿膝部，并上举，使之与腹部成直角，共做8次。

第8节：下肢回旋运动。以宝宝下肢髋关节为轴，由内向外旋转，左右轮流做，每侧4次。

每次练习被动操3~5分钟，时间不宜过长。

第57天

经常帮宝宝做腹部锻炼

让1个多月的宝宝俯卧趴在床上进行锻炼很重要，这样可以使宝宝的背部变得强壮，有利于宝宝今后的翻身、坐立和爬行。刚开始时，俯卧是有困难的，宝宝会感到焦躁不安甚至哭泣，每天坚持练习会让他慢慢适应。

热身活动

宝宝俯卧趴地持续3~5分钟，每天几次，每次俯卧趴地的时间都很短，但锻炼频率要高。妈妈躺在床上，把宝宝放在胸前，当宝宝看到妈妈的脸时，妈妈要和宝宝说说话，给他唱首歌。

腹部锻炼计划

当宝宝不感到疲倦时，可以进行腹部锻炼计划。首先把宝宝特别喜欢的玩具放在他身边，或者在宝宝身边展开一本色彩鲜艳、图案单一的彩色图书，宝宝会注视他感兴趣的东西，同时使腹部、颈部都得到锻炼。妈妈卷起一块小毛巾或是宝宝毛毯，把它放在宝宝的胸部底下，正好位于他的胳膊下面，使宝宝的头部和上身变得稍微高一些。

锻炼时床不要过软

腹部锻炼不要在特别柔软的床上进行，宝宝头颈的支撑能力还不完善，过软的床不仅起不到锻炼效果，宝宝趴下时还容易引起窒息。

腹部锻炼应将安全放在第一位，当宝宝俯卧趴地练习时，千万不要把他单独留在那里，妈妈要对锻炼游戏的过程进行全程的协助和监督。

铺上软垫的地面，软硬适中，更适合宝宝做腹部锻炼。

第58天

★视觉刺激：看一看

经过1个多月的哺育，宝宝对环境更为警觉，有更多、更明显的应答，会四下观看。这时，给予宝宝良好的视觉刺激，有助于宝宝感觉系统的良性发展。

静态训练法。妈妈抱起宝宝，观看墙上的画、屋里的盆栽、桌上的鲜花、新鲜的水果等摆件和物品。妈妈平时和宝宝交流的时候，眼睛要注视着宝宝，很自然的，宝宝也会看着妈妈，这既是一种注视力的锻炼，也是母子之间爱的传递和交流。

动态训练法。妈妈可以给宝宝准备可飞行旋转的动态玩具，也可以拿着玩具沿水平上下前后方向慢慢移动，鼓励宝宝用视觉追踪移动的物体。

外面的世界很精彩。在风和日丽的日子里，把宝宝抱到室外，让他看看眼前出现的人和事物，并缓慢、清晰地说给宝宝听，这时的宝宝会兴致勃勃、东看西看。

★听觉刺激：有趣的声音

宝宝对越来越多的声音表示出兴趣，新手爸妈可以制造出开门声、脚步声、流水声、唱歌声、说话声等适合宝宝聆听的任何居家生活中的声音。

- 妈妈可以用有声响的玩具在宝宝身旁摇动，让宝宝寻找声源并追视。
- 抓住宝宝的手，一起摇动能发出声响的小摇铃、小拨浪鼓，也可以给宝宝戴上手腕铃，锻炼宝宝听觉的同时，有助于激发宝宝探索声音的来源，帮助宝宝认识周围的事物。
- 听音乐也是一种良好的听觉刺激，让宝宝尽早、尽可能多地听听音乐。

第59~60天

测评：满2个月宝宝的智能发育标准

分类	项目	测试方法	通过标准	出现时间
大运动	抬头	宝宝双手交叉在胸前，爸爸妈妈用声音或玩具逗引	能够抬头45°	第__月 第__天
精细动作	看手	仰卧位时宝宝能看小手（不能穿太厚）	坚持5秒以上	第__月 第__天
语言	发音	宝宝情绪好时逗引他发a、o、u、e等元音	能发出3个以上元音	第__月 第__天
认识	追视	宝宝仰卧位，头躺正，手拿红色塑料或毛线球在他眼前30厘米处晃动	追视并转头	第__月 第__天
情绪和社交	逗笑	宝宝高兴时挠痒痒，能发出笑声	发出“咯咯”笑声	第__月 第__天
自理能力	吞咽	用勺喂宝宝喝水	可以伴随着吸吮吞咽	第__月 第__天

宝宝免疫小贴士

脊髓灰质炎疫苗第2针

无细胞百白破疫苗第1针

第3个月

宝宝更漂亮了，眼睛有神，皮肤细腻有光泽。身体也变得灵活了，可以轻而易举地吸吮到自己的小手，还喜欢用嘴巴去品尝这个世界的味道。宝宝不但会主动和爸爸妈妈“咿咿呀呀”地打招呼，也在有意无意地逗爸爸妈妈开心，俨然成了小开心果。

第61天

睡觉：开始有规律

充足且不受打扰的睡眠，对于宝宝的健康至关重要。而保证睡眠质量则是从为宝宝建立良好的睡眠习惯开始的。

了解睡眠阶段

睡眠分为两个阶段。一个是浅睡眠，这一阶段，脑部处于活跃状态，而身体则保持安静和静止。浅睡能促进宝宝智力的发展。另一个是深睡眠。这一阶段，脑部处于安静状态，但身体却在活动中，可以翻来覆去。深睡能够使脑部得到充分的休息和恢复，有利于宝宝体格的发育。

帮宝宝建立良好的睡眠仪式

帮助宝宝建立睡眠仪式有助于更好的睡眠。给宝宝建立一个睡眠仪式，如一次温水浴、浴后轻柔抚触、最后一次哺乳、唱催眠歌曲等。每天晚上都应该按相同的流程进行活动，最后把宝宝放到床上，宝宝可能会采取一些方式来帮助自己进入睡眠，比如发出咕咕声、哼哼声、快速咿呀声等。

吃奶时间缩短，并非宝宝生病了

随着宝宝月龄增加，吸吮力增强，妈妈乳量也比月子里增多了，宝宝吸吮速度就会明显增快，吃奶时间相应缩短，间隔时间延长。这是好现象，并非妈妈奶水不足或是宝宝生病了。

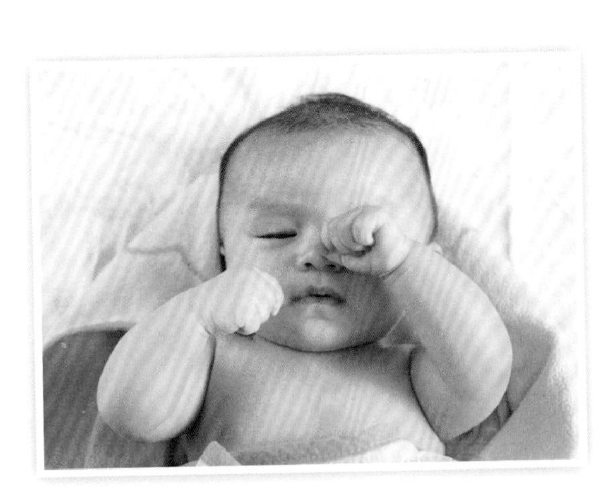

宝宝入睡前有时会揉眼睛，不久就会睡去。

让宝宝从小在婴儿床上睡觉，更有利于他尽早养成独立生活的习惯。

第62天

让宝宝改掉抱睡的不良习惯

宝宝终于在妈妈的怀抱里睡着了，刚把宝宝放到床上，他就警觉地醒过来，用哇哇大哭来抗议妈妈，没办法，只好再次抱起宝宝……可总是这样，宝宝能睡好吗？

错误做法导致坏习惯

很多时候,宝宝的坏习惯都是爸爸妈妈帮助宝宝养成的。刚出生不久的宝宝，肌肤渴望得到亲人的爱抚，躺在妈妈的怀抱中，宝宝会感到无比的宁静和安全。这是宝宝正常的心理需要，应该得到满足，而且有利于宝宝和爸爸妈妈之间建立良好的亲子依恋。但如果妈妈总是“爱不释手”，特别是睡觉时，每次都要抱着宝宝，待其熟睡后才放到床上。时间长了，宝宝形成过分依赖的心理，最后演变成只有抱着睡才能睡着的坏习惯。当妈妈发现宝宝再也放不下的时候，改掉这个坏习惯就不是那么容易的事情了。

抱睡弊大于利

抱睡的宝宝不容易进入深度睡眠，睡眠质量不高，醒后常常不精神。抱睡时，宝宝的身体不舒展，身体各个部位的活动，尤其是四肢的伸展受到限制，不灵活、不自由，全身肌肉得不到彻底的放松和休息。另外，抱睡还不利于宝宝的呼吸，影响宝宝的新陈代谢。同时，抱睡不能使宝宝尽早形成独立生活的习惯。

妈妈应该怎样做

为宝宝创造舒适、安静的睡眠环境。帮助宝宝建立睡眠仪式：洗澡——抚触——最后一次喂奶——安静活动——躺在床上。让宝宝睡着前的最后感觉是在床上，而不是在妈妈的怀抱里，有助于宝宝形成躺着睡的习惯。

第63天

夜啼：一到晚上就哭闹

夜啼原因

睡觉环境嘈杂、闷热，床铺不合适，衣服、铺盖过多过少。

疾病影响，如感冒、中耳炎、肺炎、咽喉炎等；因为上火引起的积食、消化不良、情绪焦躁等；饥饿或憋尿。

睡眠时间安排不当，白天睡得多，夜里精神足，昼夜颠倒。

睡前逗笑或惊吓宝宝，使其情绪突然亢奋，晚上无法入睡，进而哭闹。

需要妈妈爱抚，用哭来吸引注意力。

应对方法

保持室内清洁卫生，保证宝宝床铺整洁舒适，无异物；被子保暖，温度适宜。

如果宝宝是因为某种疾病而夜啼，应寻求医生的帮助。

尽量母乳喂养，调整喂养次数，避免宝宝上火、积食或消化不良。

帮助宝宝建立良好的睡眠习惯，避免睡前过度逗引或惊吓宝宝。

对于容易缺乏安全感的宝宝要给予足够的爱抚，并尽量延长白天和宝宝共处的时间。

第64天

防止宝宝踢被子的小妙招

宝宝的腿变得越来越有力，开始喜欢踢被子，常常是妈妈刚给盖上，他立刻给踢掉了。这里为妈妈推荐一些防止宝宝踢被子的小妙招：

- 选择婴儿睡袋。宝宝装进睡袋就不用担心他踢被子了。
- 给宝宝穿上厚袜子。睡觉时穿上厚袜子，让小脚露在被子外面，宝宝踢被子的次数就会大大减少了。
- 固定被子。用夹子夹住被子的角，被子就不会被踢开了。但是要留出足够的空间给宝宝活动，否则宝宝会睡得不舒服。

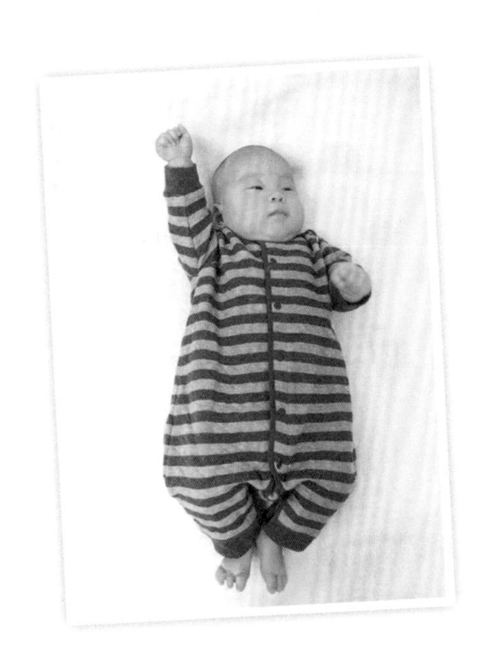

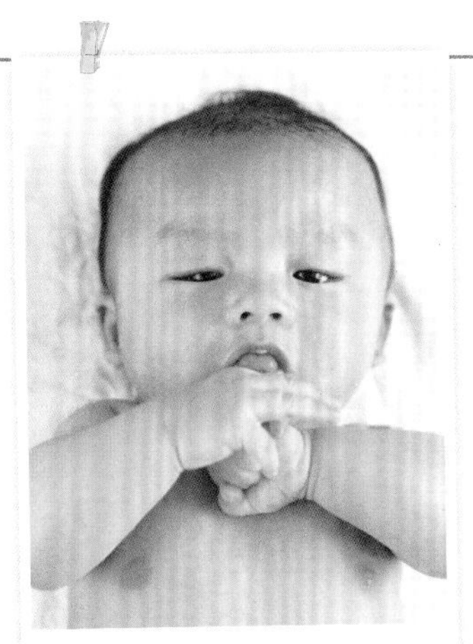
给宝宝的小手更多的自由空间，让他尽情地探索吧。

第65天

健康：怎样为宝宝剪指甲

从3个月开始，宝宝的小手变得“不安分”起来，抓这摸那，还经常放到嘴里吸吮。此时指甲缝成了细菌藏身的大本营，定期修剪指甲显得尤为重要。可是不安分的小宝宝能安静地让妈妈剪指甲吗？

心情愉悦的宝宝最配合

选择宝宝心情愉悦的时候剪指甲，宝宝一般都比较配合。不要在宝宝玩得特别开心，尤其是对小手进行探索活动时给他剪指甲。如果宝宝出现抵触情绪，可以选择在宝宝睡熟或喝奶时剪指甲。

选用宝宝专用指甲剪

使用宝宝专用指甲剪，这种指甲剪没有尖锐的剪刀头，厚度硬度、长短大小都适合宝宝的小手，带有塑料头的保护，轻便、安全、小巧。

具体方法

给宝宝洗个澡，或者用温水将宝宝的小手泡一泡，从而起到软化指甲的作用。给好动的宝宝修剪指甲时，要做到动中求稳。轻握宝宝的小手，同时分开其他手指，避免指甲剪“伤及无辜”。贴着宝宝的指甲床修剪，不要剪得太深，以免引起宝宝疼痛，动作要又快又准。

宝宝戴手套弊多利少

许多妈妈害怕宝宝乱抓，伤害到自己，就给宝宝戴上手套，其实这样做弊多利少。手的乱抓、不协调活动等探索是宝宝心理、行为能力发展的初级阶段，如果戴上了手套，可能会妨碍宝宝口腔认知和手的动作能力的发展。

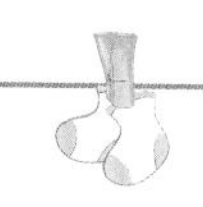

第66天

男宝宝臀部清洁与护理

宝宝的小屁屁天生就那么娇嫩，角质层薄，但又经常沾上大小便，清理起来可没有想象的那么简单。用力大，会破坏皮肤的角质层；清理不及时，又会出现“红屁股”。今天就从男宝宝小屁屁的护理知识学起吧。

- 让宝宝平躺在床上，解开纸尿裤的粘扣。若此时宝宝小便，可将纸尿裤的前半片停留在阴茎处几秒钟，等宝宝尿完。利用纸尿裤的吸水性，兜住尿液，以免弄湿和污染床垫。
- 若有大便，用相对洁净的纸尿裤内面擦去肛门周围残余的粪便。
- 用专门婴儿湿纸巾或洁净的温湿毛巾擦洗屁屁。
- 擦洗小肚皮，直到脐部。再清洁大腿根部和外生殖器的皮肤褶皱处，由里往外顺着擦拭。
- 用干净的婴儿湿巾清洁宝宝的睾丸处，包括阴茎下面，那里可能有便液残留。
- 洗完前部，再轻提起宝宝的双腿，清洁肛门及屁股后部。

不必刻意清洗包皮

清洁阴茎时要顺着离开宝宝身体的方向擦拭，不要把包皮往上推。男宝宝半岁前不必刻意清洗包皮，因为4岁左右包皮才和阴茎完全长在一起，过早地翻动柔嫩的包皮会伤害宝宝的生殖器。清洁睾丸下面时，可用手指轻轻将睾丸往上托住。给男宝宝冲洗小屁屁，水温控制宜适中，不要过烫，以免伤害男宝宝的阴囊。

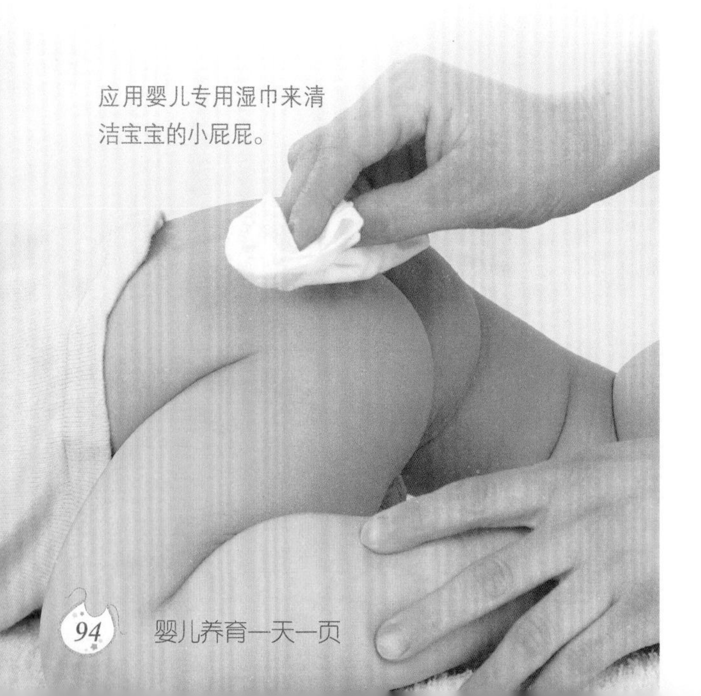

应用婴儿专用湿巾来清洁宝宝的小屁屁。

第67天

女宝宝臀部清洁与护理

宝宝的肌肤粉粉的、嫩嫩的、滑滑的，小屁屁也是如此。正是因为其娇嫩，所以更需要小心处理和保护，尤其是女宝宝的小屁屁。

- 解开纸尿裤，擦去肛门周围残余的粪便，用婴儿湿巾或洁净的温湿毛巾擦洗小肚子各处，直至脐部。

- 用干净的婴儿湿巾擦洗宝宝大腿根部所有皮肤褶皱处，由上向下、由内向外擦。

- 妈妈将一只手指置于宝宝双踝之间，轻提起宝宝的双腿，清洁其外阴部，注意由前往后擦洗，防止肛门内的细菌进入阴道和尿道。用干净的婴儿湿纸巾擦拭肛门。用干净的尿布抹干宝宝的小屁屁。

小屁屁尽量不用爽身粉

女宝宝一般不建议用爽身粉，由于爽身粉的颗粒很小，往女宝宝的腹部、臀部及大腿内侧等处涂擦时，粉尘极易通过外阴进入阴道深处，为宝宝以后的健康带来隐患。女宝宝小屁屁清洁干爽后，可涂抹些护肤膏，并按摩一会儿。

如果宝宝患有“红屁股”，可在清洗后，使小屁屁干透，并在外阴部四周、阴唇及肛门、臀部等处擦上薄薄一层护臀膏。此外，护理女宝宝时还要注意：

- 女宝宝尽量不穿开裆裤，要穿闭裆裤。

- 用纸尿裤或用尿片时，注意经常更换。

- 每次大便后，应及时清洗屁屁，避免大便污染外阴。

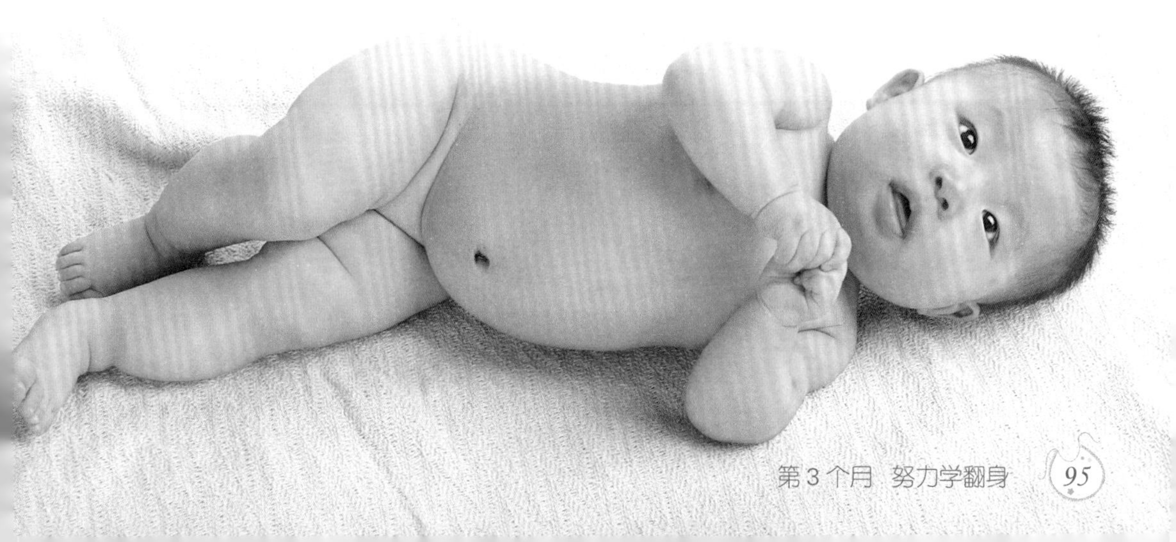

第68天

疾病：预防鹅口疮的方法

鹅口疮又称“雪口”，是周岁内的宝宝最常见的口腔疾病。多发生在口腔内舌、颊和软腭处，主要表现为牙龈、颊黏膜或口唇内侧等处出现乳白色奶块样的膜样物，呈斑点状或斑片状分布。患有此病的宝宝因喝奶时会有刺痛感，故经常哭闹不安或不愿意吃奶。

预防和护理

妈妈在怀孕期间有阴道炎，则可能会感染宝宝。另外宝宝年龄小，身体抵抗力弱，口腔黏膜娇嫩，稍有不慎，会使病菌侵入导致感染。

- 孕前有阴道霉菌病的妈妈要积极治疗，切断传染途径。

- 宝宝口腔内有类似奶瓣的斑块时，不要随便擦拭，切忌盲目用药，以免造成宝宝体内正常菌群的紊乱。
- 妈妈在喂奶前应用温水清洗乳房，常洗澡、换内衣、剪指甲，每次抱宝宝前要先洗手。
- 确认患鹅口疮后，每天用消毒药棉蘸2%的小苏打水擦洗宝宝口腔1~2次；或用制霉菌素片化成糊状，涂抹在宝宝口腔内，每日3次，连用7天。
- 宝宝每次喝完奶之后或早上起床后、晚上睡觉前，以干净纱布蘸水轻轻擦拭口腔内壁及牙床。

让宝宝学习用手抓奶瓶

大约从2个月开始，宝宝开始学习使用自己的小手来触摸和感知物体。妈妈用奶瓶给宝宝喂奶时，可以让他手扶着奶瓶；喝完奶以后，可以让他捏一捏奶嘴。10个月以后的宝宝可以尝试自己握持奶瓶。

第69天

宝宝的呼吸还不规则

宝宝在睡觉时，呼吸深度和节奏特别不规则，甚至会出现呼吸暂停的现象，心律也会随之减慢，不过马上又会呼吸增快，心律也恢复正常。这种“呼吸暂停”现象是正常的，因为宝宝的呼吸中枢发育还不够健全，不能很有节律地控制呼吸频率。随着宝宝大脑功能的逐步健全，这种现象会逐渐减少直到呼吸完全受控制。

前囟门鼓胀

宝宝正常的前囟门是平的，如果突然间鼓了起来，或逐渐变得饱满，则是疾病及其他原因发出的信号。可能是颅内感染或颅内疾病，还有可能是因为长时间给宝宝服用大剂量的鱼肝油、维生素A等药物，使宝宝的前囟门出现饱满现象。

宝宝的囟门是反映宝宝头部发育和身体健康的一个重要窗口，对周岁之内的宝宝，新手爸妈无论什么时候，都要细心观察这个“小窗口”，及早发现有无异常现象，做好相关的护理工作。

第70天

建立宝宝健康档案

给宝宝建立一个健康档案，按照一定格式详细地记下宝宝一点一滴的进步和出现过的问题，不仅能让妈妈重温宝宝的成长历程，在宝宝生病时也能给医生提供参考，方便治疗。一份完善有效的健康档案应该包括以下内容：

身体的生长、发育情况。包括身高、坐高、头围、胸围、体重等。

接种疫苗记录。包括接种疫苗的医院、医生、日期、疫苗名称及接种反应等。

病历收藏部分。包括宝宝每次生病的时间、原因、病情、持续时间以及医生的诊断结果、处方，包括各种化验单、检查报告也要保留好。

过敏史。比如食物过敏、药物过敏、季节过敏、昆虫过敏、花粉过敏等。

家族病史。包括爸爸妈妈健康状况以及家族遗传病。

心理发育记录。包括宝宝的第一次笑、第一次发声、第一次哭，还可以附上相关照片，成为真实的成长档案。

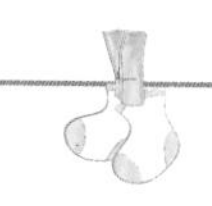

第71天

“攒肚儿”：按摩腹部来缓解

宝宝的小肚肚鼓鼓的，四五天，甚至七八天都不大便，还总爱放屁。这是宝宝便秘了吗？其实，这是由于宝宝满月后，对母乳的消化、吸收能力逐渐提高，每天产生的食物残渣很少，不足以刺激直肠形成排便而导致的。这种现象也称为“攒肚儿”。

“攒肚儿宝宝”的按摩护理

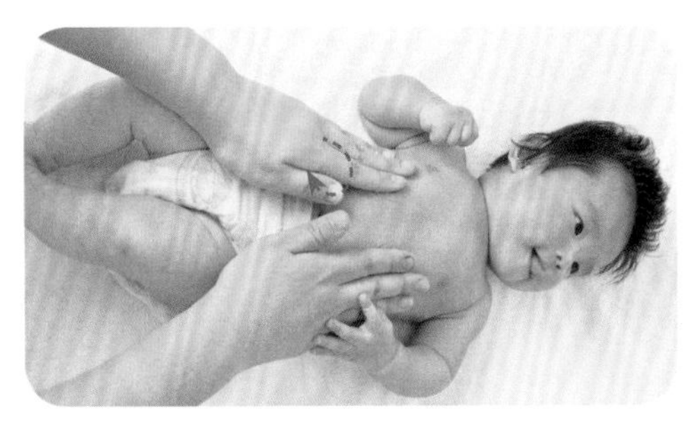

❶用手指轻轻摩擦宝宝的腹部，以肚脐为中心，由左向右旋转摩擦，按摩10次休息5分钟，再按摩10次，反复进行3次。

❷宝宝仰卧，抓住宝宝双腿做屈伸运动，即伸一下屈一下，共10次，然后单腿屈伸10次。

打呼噜：警惕腺体发生病变

爸爸妈妈如果发现宝宝入睡后经常打呼噜，并且声音较大，应及早带宝宝到医院做个检查。呼吸道周边的一些腺体发生病变，比如扁桃体或腺样体发炎，出现肿大等，往往是宝宝打呼噜的主要原因。因此，要请医生诊断一下宝宝打呼噜是否因为腺体病变所致，如有必要，是可以通过手术来治疗的，如扁桃体摘除、腺体刮除、上下颌的整形矫正、还有鼻腔手术等，都是较有效的措施。

第72天

给宝宝喂药的方法和注意事项

宝宝在出生后1~2日，就已具备分辨味道的能力了，宝宝可一点儿都不喜欢吃药，因此给宝宝喂药是件令爸妈头疼的事情。

调药

喂药水时应摇匀；喂粉剂、片剂时，可将药用温开水化开调匀后再喂。

喂药方法

抱起宝宝，取半卧位，以防止药物呛入气管内。如果宝宝一直又哭又闹，不肯吃药，只好采取灌药的方法。一人用手将宝宝的头固定，另一人左手轻捏住宝宝的下巴，右手拿一小匙，沿着宝宝的嘴角灌入，待其完全咽下后，固定的手才能放开。不要从嘴中间沿着舌头往里灌，因为舌尖是味觉最敏感的地方，宝宝容易拒绝下咽，哭闹时容易呛着；也不要捏着鼻子灌药，这样容易引起窒息。

给宝宝喂药的注意事项

- 遵医嘱用药。因为宝宝用药量的大小与年龄、体重有关，也与生理特点、病情轻重有关，所以要听医生的。
- 喂药时不要直接喂药丸或药片，应研成粉末，加水调成稀汁后才能让宝宝服下，吞药片要到4岁左右才可慢慢练习。
- 调和药物的开水一定要用温凉的，因为热水会破坏药物成分。
- 喂药时不能将药物与乳汁或果汁混合，会降低药效。

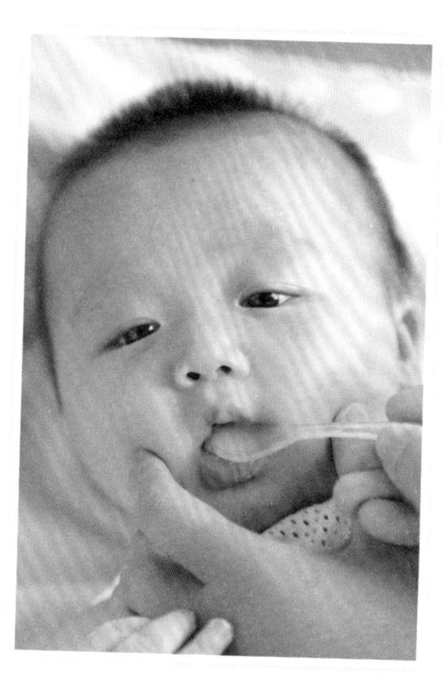

给宝宝喂药时，可用左手拇指和食指轻捏宝宝双侧面颊，用小勺慢慢喂。

第73天

色彩认知：被彩色吸引

虽然很多育儿指导早就为宝宝设计了有关色彩方面的游戏，比如拿鲜艳的气球、玩具吸引宝宝注意等，可是直到现在，色彩对宝宝才真正有了意义。因为宝宝有了颜色视觉，原来黑白灰三色交织的世界渐渐地有了各种色彩，环境越来越有吸引力。

从宝宝的目光里读出色彩

原来每日里放在身边熟视无睹的玩具，忽然有一天宝宝又重新对它感兴趣了，翻来覆去地看，目光炯炯有神。也或许是妈妈的一件鲜艳衣服，或者是花瓶里新插的花。总之，宝宝的眼神突然间格外明亮，并且对平日里毫不稀奇的东西显出格外的兴趣，有点目不暇接的感觉，这就是宝宝有了颜色视觉了。平日里看惯的东西突然变成了五颜六色，才真正让宝宝惊奇。

第74天

布置颜色和谐的环境

从一开始就培养宝宝对颜色的和谐搭配意识和美感，对宝宝的艺术审美能力非常重要。所以，妈妈要尽力给宝宝布置一个颜色和谐美观的环境。

- 宝宝的房间要使用纯正的颜色，便于宝宝日后进行颜色识别学习。
- 大环境（墙壁、家具、被褥等）颜色以一个主色、一个副色为基调，避免在同一物件上出现3种以上的颜色而显得过于斑斓（特别设计的颜色训练玩具除外）。
- 不要大面积使用同一种亮度过高的颜色，容易产生视觉疲劳。
- 绿色能使眼睛放松，舒缓紧张，因此可以多使用绿色，比如把天花板设计成绿色调的图景。

第75天

空气浴：享受大自然

推开窗，轻风拂面而过，还能闻到空气中花草的甜香，这对于妈妈和宝宝来说，真是不错的享受呢。空气浴不光能锻炼宝宝的皮肤，增强触觉感受，还能使宝宝的皮肤黏膜健康发育，促进新陈代谢，加强宝宝耐寒能力和对疾病的抵抗力。

一般没有特殊情况的宝宝，可逐渐接触室外环境。最初选择天气好、外面气温在18℃以上、风不大的日子，打开室内窗户，使宝宝接触室外空气5分钟，连续3~5天。适应之后，再逐渐延长开窗时间。

日光浴：逐渐增加到30分钟

自然界柔和的阳光不仅能促进宝宝血液循环，强化骨骼和牙齿，增加食欲，促进宝宝睡眠，防止贫血，还能杀灭宝宝皮肤上的细菌，增加皮肤的抵抗力。

可在中午日光照射好的房间打开窗户（通过玻璃的日光浴起不到作用）。开始晒4~5分钟，持续3~5天，以后逐渐增加到10分钟、20分钟、30分钟，最长不要超过30分钟。一般来说，宝宝日光浴可按下面的顺序进行：

- 最初的2~3天，可以从脚尖晒到膝盖。
- 将范围从膝盖移至大腿根部。
- 除去尿布，可连续2~3天都晒到肚脐。
- 最后，可将日光浴的范围扩大到背部，时间少于30分钟。
- 依照宝宝的情况决定是否脱去全部衣服，进行全身日光浴。

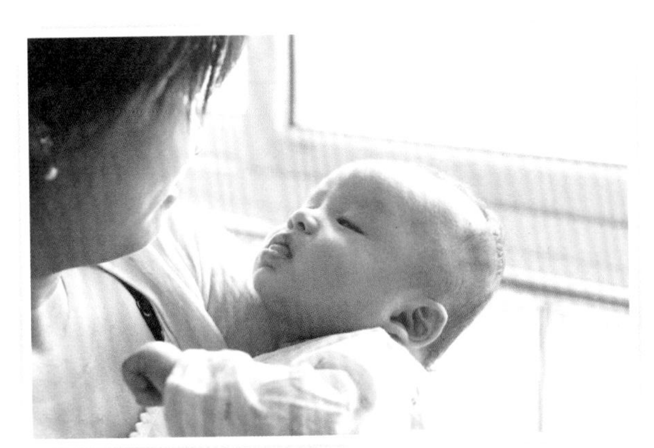

只要天晴无风，可以把宝宝抱到阳台，打开窗户晒一晒太阳。

第76天

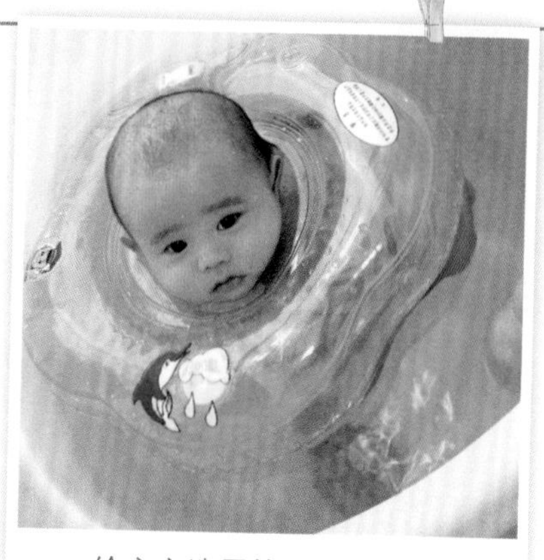

给宝宝选用的游泳圈，内径要稍大于宝宝的脖颈。

运动：宝宝游泳好处多

宝宝游泳的益处

促进宝宝骨骼的健康成长和发育；提高肺活量，增强体质；促进宝宝脑神经的发育成熟，对食物的消化吸收，提高抗病能力；促进宝宝正常睡眠规律的建立；减少宝宝的哭闹。

游泳适宜时间

可在宝宝喂奶约40分钟后进行，最好每天1次，每次7~20分钟为宜。游泳时间可根据每个宝宝具体的身体状况适当安排。游泳时室温28~30℃，水温38~40℃。

宝宝游泳需注意事项

初期可以到专业的宝宝游泳馆，在专业人士指导下进行。熟悉方法和具体指导措施后，可在家进行。爸爸妈妈必须全程监护，和宝宝的安全距离保持在一臂之内，避免意外的发生。皮肤破损或有感染、身体出现疾病或发生不适、注射防疫针24小时之内的宝宝不能进行游泳活动。

特殊胎记如何处理

宝宝常见胎记依发生率高低排列为以下几种：蒙古斑、鲑鱼色斑或葡萄酒斑、草莓色痣或血管瘤、先天性黑色素细胞母斑、太田母斑等。蒙古斑好发于亚洲人种的下背部和臀部，是宝宝常见的一种胎记，随着年龄的增长会淡化，无需处理。其他任何特殊胎记，都需要观察，最好就医，对特殊胎记做识别和确定，制定相关治疗方案，不可掉以轻心或自行解决。

第77天

亲子：爸爸和宝宝互动

爸爸对宝宝的影响远不止于智力，还涉及性别、角色、个性品质的形成，社会行为的影响等方面，与爸爸接触少的宝宝，体重、身高、动作等方面的发育速度都要落后一些。不经常与爸爸接触的宝宝会表现为忧虑、多动、有依赖性。

当宝宝经历过爸爸的触摸和语言模式后，能够更好地学习如何与不同的人相处，如何处理好各种关系，更容易在成年期建立成功的人际关系。被爸爸关怀的男孩更有自信，学习上更成功，宽容且富有同情心。被爸爸关怀的女孩会对自己更自信，并且在青春期和成年期能更好地与异性相处。

玩耍时有爸爸在身后保护，宝宝会获得大大的安全感。

第78天

陪宝宝多看、多听、多玩

3个月宝宝的世界是一个可以感知、微笑、品尝和触摸的世界。

妈妈可以在房间内的墙壁上贴上颜色鲜艳的人像、风景、动物、物品等图片，适当竖抱或横抱着宝宝看一看，观察宝宝偏爱什么样的图片。可以根据宝宝的喜好更换图片。

照料宝宝的时候，无论是喂奶、洗澡、换尿布或抱他，都要用温柔的声音、富于变化的语调，反复地和他说话，轻轻地叫他的乳名，用简洁的语句告诉他妈妈正在做什么。

怎么跟宝宝玩

摸一摸。用不同质地的布料（丝绸、丝绒、羊毛、亚麻布等）轻轻地抚摸宝宝的面颊、双脚或小肚肚，让他体验不一样的感觉。

挠一挠。笑声是培养幽默感的第一步，越早笑的宝宝越聪明，妈妈可以和宝宝玩一些小游戏，比如“挠痒痒”等。

第79天

安全感：亲子依恋是根基

2岁前是宝宝和爸爸妈妈形成依恋的最佳时期，亲子依恋形成的目的就是为了让宝宝拥有适度的安全感。宝宝脱离母体来到这个世界，处于一个被动的、完全需要照顾的状态。当宝宝饥饿或身体不适时，爸爸妈妈的出现及反应使宝宝建立起对世界的安全感和信任，成为宝宝心理健康发展和人格完善的基础。有了安全感的孩子，才会有能力与他人建立正常的人际关系，完成更多对新奇世界的探索和渴求，有安全感的宝宝才能更加健康和良性地成长。

最让宝宝没有安全感的行为

- 没有学会去明白宝宝的动作。
- 没有及时地以一种爱护的方式来安慰宝宝。
- 没有让宝宝学会相信自己的爸爸妈妈能够满足他们的需要。
- 忽视宝宝的需要，或者没有让宝宝得到经常性的满足。
- 总是制止宝宝的行为(吃手、强行把尿、制止啃玩具等)。
- 把自己的压力转移到宝宝身上，拿宝宝当出气筒。

这样做，让宝宝获得更多的安全感

- 关注宝宝的每一个行动，领会宝宝发出的每一个信号，鼓励他去探索和发现。
- 取得宝宝的信任，让宝宝相信爸爸妈妈会好好照顾他们并给他们带来舒适感。
- 每天照料宝宝，增加亲子互动接触——喂奶、换尿布、交谈、玩耍、做游戏、洗澡等。
- 与宝宝的注意力集中在同一事物上(比如，妈妈和宝宝仰躺在一起，共同观察一只可以转动眼睛的玩具小狗)。

第80天

爱“吃”小手：智力发育的进步

快满3个月的宝宝开始爱上了吃自己的小手，这是宝宝智力发育的一大进步，表明宝宝开始自主控制身体了。宝宝吃手可以满足生理和心理两方面的需要。在心理学意义上，吸吮手指可以得到心理上的满足，使宝宝获得快感。同时，吃手还可以锻炼宝宝的双手协调能力，使宝宝更聪明。

妈妈要给宝宝足够的时间让他研究和发现自己的小手，3个月宝宝不断玩手的过程正是促进其手眼协调的开始。初期宝宝的吸吮手指是手眼协调发展的一个大飞跃，新手爸妈要给予喝彩和赞赏。要常给宝宝洗手，防止细菌入侵。另外，最好把宝宝的袖子叠起来，防止口水弄湿衣袖。不过，有时吃手，也可能是宝宝肚子饿的一个表示，妈妈可以观察一下，如果饿了就喂奶吧！

快3个月的宝宝爱“吃”手是正常的，妈妈不要制止。

突然大哭：警惕肠绞痛

一些宝宝会突然大声哭叫，有时甚至能持续几个小时。宝宝哭时面部渐红，口周苍白，腹部胀而紧张，双腿向上蜷起，双足发凉，双手紧握，抱哄或喂奶都不能缓解，而最终以哭得力竭、排气或排便而停止，这种现象通常称为肠绞痛。这是由于宝宝肠壁平滑肌阵阵强烈收缩或肠胀气引起的疼痛，是小儿急性腹痛中最常见的一种，常常发生在夜间，多半发生在3个月以内的宝宝。

当宝宝肠绞痛发作时，应将宝宝竖抱头伏于肩上，轻拍背部以排出胃内过多的空气，并用手轻轻按摩宝宝腹部，亦可用布包着热水袋放置宝宝腹部，使肠痉挛缓解。如宝宝腹胀厉害，应立即就医。

第81天

妈妈多吃健脑食物，宝宝更聪明

宝宝出生时平均脑重为350克。宝宝的前3年，大脑是最先发育的，也是增长最快的器官，脑重以几乎每天1000毫克的速度增长着，3岁时就达到了成人脑重的75%（1050克左右）。宝宝1岁前只有1次脑细胞增长的高峰期，那就是出生后的第3个月，除了坚持母乳喂养之外，妈妈还需要添加健脑食物，以保证母乳能为宝宝大脑的发育提供充足的营养。

- 蔬菜类多吃菠菜、胡萝卜：菠菜是脑细胞代谢的优良营养品，所含的大量叶绿素具有健脑益智作用；胡萝卜有“小人参”之美誉，是健脑佳品。
- 肉食类多吃鱼肉和鸡肉：鱼肉含铁、磷、钙等矿物质和多种微量元素，可健脑益智；鸡肉中的蛋白质对人体，特别是大脑有特殊作用。
- 水果类多吃苹果、橘子和香蕉：苹果中含有丰富的锌，可增强记忆力，促进思维活跃；橘子属于碱性食物，可消除酸性食物对神经系统造成的危害；香蕉能帮助大脑制造血清素，刺激神经系统，促进大脑功能。
- 其他健脑食品还有：鸡蛋、大豆及豆制品、核桃、芝麻、花生、松子及各种菌类等。

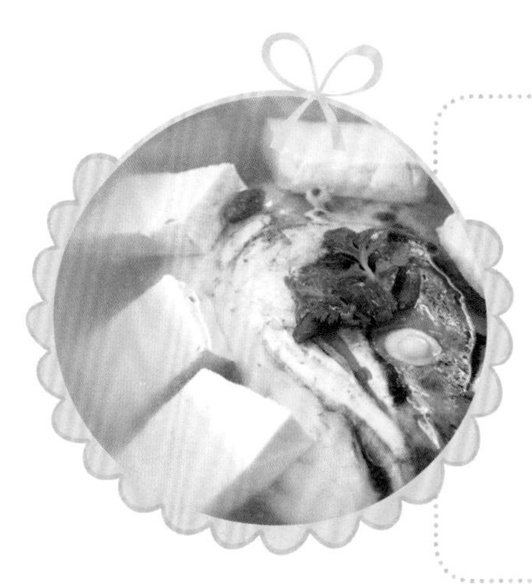

鱼头汤

益智健脑

原料：胖鱼头1个，冻豆腐、金针菇、米醋、枸杞子、香菜叶、盐各适量。

做法：❶鱼头对剖洗净，以米醋抹匀腌10分钟左右；冻豆腐切片；金针菇洗净，撕散。❷油烧热后将鱼头两面煎黄，倒入沸水，大火炖鱼头至汤色发白。❸放入金针菇、枸杞子和冻豆腐，再炖煮片刻，加盐，撒上香菜叶调味即可。

第82天

语言敏感期：对发音感兴趣

当宝宝咿呀学语，对发音感兴趣，并愿意盯着妈妈的嘴形看妈妈说话时，他的语言敏感期就开始啦。

在宝宝大约3个月大时，他们最早的“语言”就出现了。这些发音就是我们常说的咿呀学语。一般当宝宝感到舒适和平静的时候，就会喃喃自语。宝宝语言的发展会受到养育者和宝宝之间相互交流的巨大影响，因此，爸爸妈妈要经常给予宝宝正确、适度的语言刺激。

多和宝宝说话

在照顾、逗引宝宝时多与宝宝说话，会刺激宝宝调动各种感官感知爸爸妈妈的语言，促使宝宝积极地模仿成人的语言。平时照料宝宝或陪宝宝玩时，多描述一下正在做的事。例如，给宝宝换纸尿裤时，要边讲边做，让宝宝参与整个过程，熟悉日常生活用语。

让宝宝看着妈妈说话

当妈妈和宝宝说话时，宝宝通常会盯着妈妈看，让宝宝看见妈妈脸部和嘴唇的动作，有益于宝宝学习发出不同的声音。

睡前，读个故事给宝宝听

不要等宝宝能听懂大人的话了才开始给他读故事、唱儿歌，虽然小家伙对书本、儿歌等并没有什么概念，但让他听故事、给他看图画对他来说都是非常有吸引力的。尤其在睡前，给宝宝读一个小故事，不仅能帮助宝宝安眠，也有利于宝宝语言能力的发展。

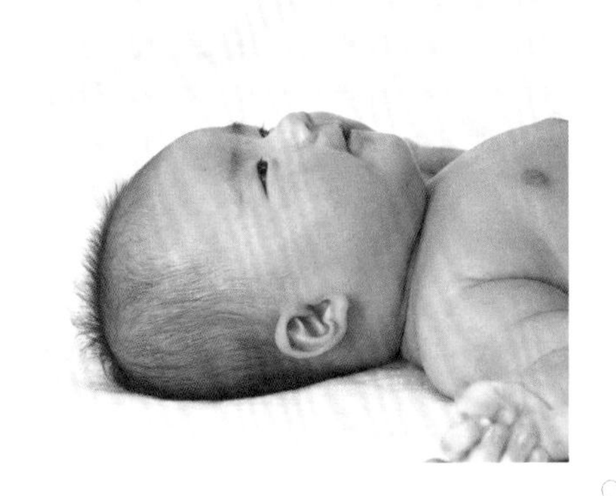

第83天

宝宝心情好时最爱“说话”

● 一般发音多的时候，常是吃饱、睡够、情绪好的时候。

● 在宝宝的视线范围之内，有一些物体或玩具使他高兴时，发音更多。

● 成人逗他的时候，宝宝更喜欢咿呀学语。

● 当妈妈对宝宝的声音报以爽朗的微笑或发出赞许声，并轻轻抚摸着他的腹部模仿他的发音或与宝宝一对一答时，宝宝会更加起劲儿。

谈话：咿呀咿呀“一对一答”

宝宝2个月时就能听出妈妈语气中的情绪了。从第3个月开始，宝宝就会有目的地用自己的咿呀声和妈妈交流，进行自己的发音训练了，有时候还会用吐唾沫发出各种新奇有趣的声音。看着宝宝咿咿呀呀的样子，妈妈是不是感觉幸福极了？

妈妈应该这样做

● 抱着宝宝，引导宝宝咿咿呀呀发出声音，并模仿宝宝的发音，提高宝宝发音的兴趣。

● 为宝宝唱有意思的歌谣，并通过模仿歌谣中动物的叫声、汽车的滴滴声等逗笑宝宝。

● 通过扮鬼脸、挠痒等手段，使宝宝发声或发笑。给宝宝充分自由的时间，允许宝宝咿呀学语、咂舌、吐泡，充分感受口腔运动的快乐。

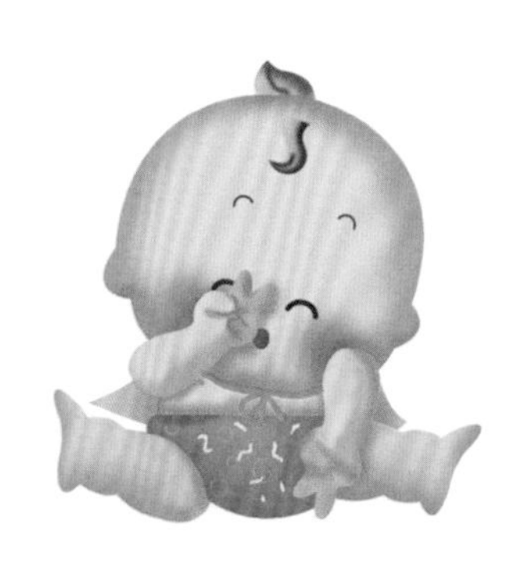

第84天

宝宝笑了：智力在萌芽

3个月的宝宝就可以通过逗引发出笑声。逗笑是宝宝的感觉系统（视、听、触）与运动系统（面部肌肉）之间建立神经联系、形成条件反射的标志；是宝宝对妈妈及养育者做出的综合性的主动回报；是宝宝最初的智力萌芽。

笑可以使宝宝产生愉悦情绪，是宝宝心理健康的重要表现；笑可以使宝宝快乐成长，在笑声中学会交往，为培养良好的性格和社会适应能力打下良好的基础。新手爸妈可以用多种办法逗笑宝宝，比如扮鬼脸、挠痒痒、发出怪声等。

3个月的宝宝，只要大人一逗就会笑了。

第85天

新手爸妈选购玩具的技巧

会动的玩具

会动的玩具有助于宝宝发展视觉能力，此类玩具应放在宝宝能看到的地方，每月变换。有的宝宝喜欢朝一边看，容易使头部变形，不断地变换位置可以调整宝宝的视觉位置。一旦宝宝大了能在床上站起来，就要拿走会动的玩具，避免发生危险。

音乐玩具

拉一下会唱歌或动物型的音乐玩具，可以挂在宝宝床的栏杆上，放在其他会动的玩具上，或放在宝宝床旁。

宝宝镜

宝宝镜是必不可少的，应放于离宝宝头部15~25厘米远的地方，镜面朝下，使宝宝更容易在镜中看到自己，有助于他慢慢认识和了解自己。

能握住的玩具

此类玩具形状各异、种类多样。准备一个宝宝床拱架，将抓握类玩具悬挂在上面，让宝宝随时都能抓握，利于宝宝感觉、抓握，促进大运动、精细动作的发展。

第86天

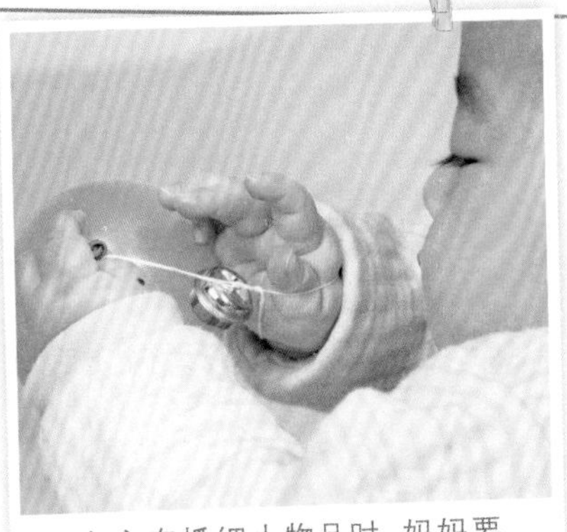

宝宝在抓细小物品时，妈妈要时时关注，以免宝宝误吞异物。

握抓：为精细动作开个好头

妈妈可以经常有意识地展开宝宝的小手，亲吻或放到自己的脸上摩擦，与妈妈的肌肤相亲会让宝宝乐此不疲地重复这些动作。

抓握训练

- 抓手指：在训练宝宝抓握力时，妈妈可以先把自己的大拇指或食指放在宝宝的手心里，让宝宝尝试自己抓握，等感觉到宝宝有了一定的握力后，再把手指从宝宝的手心向外拉，看宝宝是否能够继续抓握。
- 拉线：3个月的宝宝还不能自己拉线，妈妈可以准备一些拉线玩具，最好是那种一拉线就发出声响的玩具。妈妈把拉线放在宝宝的手心里，和宝宝一起拉动。
- 抓悬挂物：在宝宝小床的上方，悬挂一些色彩鲜艳的小玩具，高度以宝宝伸手能抓到为宜，开始是妈妈引导宝宝抓握悬挂玩具，慢慢逗引宝宝自己有意识地抓握；妈妈也可以在宝宝面前晃动一些玩具，逗引宝宝练习抓握。

触摸游戏：摇铃铛

这样玩

准备几个小铃铛和1个适当高度的支架，把铃铛系在支架上，调整支架高度，让宝宝的手刚好够到。协助宝宝舒适地躺好，摇动1个铃铛，让宝宝熟悉它的声音。不断重复触碰过程。鼓励宝宝自己伸手触摸晃动的铃铛。

益处多多

通过不断的声音刺激宝宝触碰铃铛，从而锻炼宝宝的听力和行动能力。

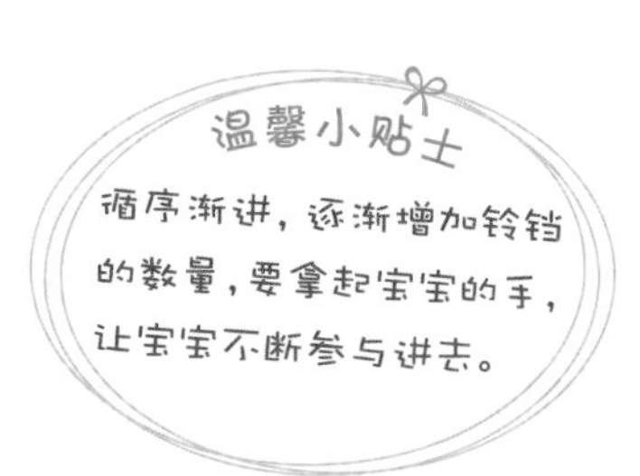

温馨小贴士

循序渐进，逐渐增加铃铛的数量，要拿起宝宝的手，让宝宝不断参与进去。

第87天

俯卧抬头：为翻身做准备

抬头是宝宝出生后需要学习和练习的第1个大动作，经过不断地练习，宝宝的颈背部肌肉得到了很大锻炼，不过还要继续练习，为翻身做准备。

颈部支撑力和转头训练

宝宝颈部的支撑力和转头的动作，是建立在第2个月竖抱基础上的。经过上个月的竖抱和腹部练习之后，3个月宝宝的颈背部支撑力增强了很多，可以使头部支撑更长的时间了。爸爸妈妈可以持颜色鲜艳的玩具或红球，离宝宝眼睛30厘米远，慢慢移动，从左至右，再从右至左训练宝宝完成180°转头的动作。

俯卧抬头的训练方法

俯卧抬头训练是建立在2个月的俯卧抬头和腹部训练的基础上的。俯卧抬头训练不仅可以锻炼宝宝颈部和背部的肌肉力量，而且对增加宝宝的肺活量很有好处。

训练时间：宝宝睡醒后，情绪良好时，喂奶前后1~1.5个小时进行比较适合。

具体方法：让宝宝俯卧在床上或地上，妈妈拿一些色彩鲜艳或带声响的玩具逗引宝宝努力抬头。

宝宝的运动发育是循序渐进的，2个月的宝宝能俯卧抬头45°，3个月的宝宝颈部肌肉力量增强的同时，双臂力量也在增强，慢慢引导宝宝抬头，逐渐达到与床面成90°的程度。

待宝宝头部稳定并能自如地向两侧张望时，妈妈慢慢移动玩具，从左到右，从上到下，让宝宝的头随着玩具移动，训练脖颈的灵活性。

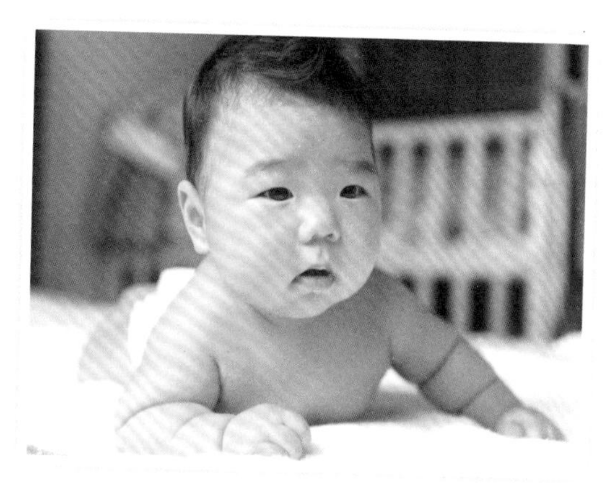

宝宝的双臂能撑起，说明他的颈部力量在增强。

第88天

翻身：加油，再努一把力

宝宝3个月时才能训练翻身。最好在洗澡之后，保证室内温度适宜，宝宝要尽量少穿些衣服，便于活动四肢。指导动作一定要轻柔，动作进展一定要循序渐进。刚吃完奶后或身体不舒服时不宜练习。学会独立翻身后，仍要继续练习。

翻身的信号

- 宝宝趴着时，能够自觉并自如地抬起头，俯卧抬头时能达到90°。
- 宝宝仰卧的时候脚向上扬，或者总是抬起脚向一侧摇晃。
- 宝宝总向一个自己感兴趣的方向侧躺着。

翻身训练的方法

摇摆法：让宝宝趴卧在大浴巾里，爸爸妈妈抓住浴巾的四角轻轻摇摆。当宝宝被摇到半空，身体倾斜时，为了保持身体的平衡，自然会努力挺胸、直腰、身体后仰。这可锻炼宝宝背部和胸部的肌肉，为翻身做准备。

转脚法：先让宝宝侧卧，在宝宝身体两侧分别放上玩具，妈妈抓住宝宝的脚踝，轻柔翻转，让宝宝的身体跟着脚的翻动翻过去，变成趴卧位。

转身法：先让宝宝仰卧，爸爸妈妈分别站在宝宝两侧，用玩具逗引宝宝从仰卧翻至侧卧位；如果宝宝自己翻身有困难，可以在宝宝平躺的情况下，妈妈一只手扶着宝宝的肩膀，把另一个胳膊垂直放平，慢慢将其肩膀抬高帮宝宝做翻身动作。

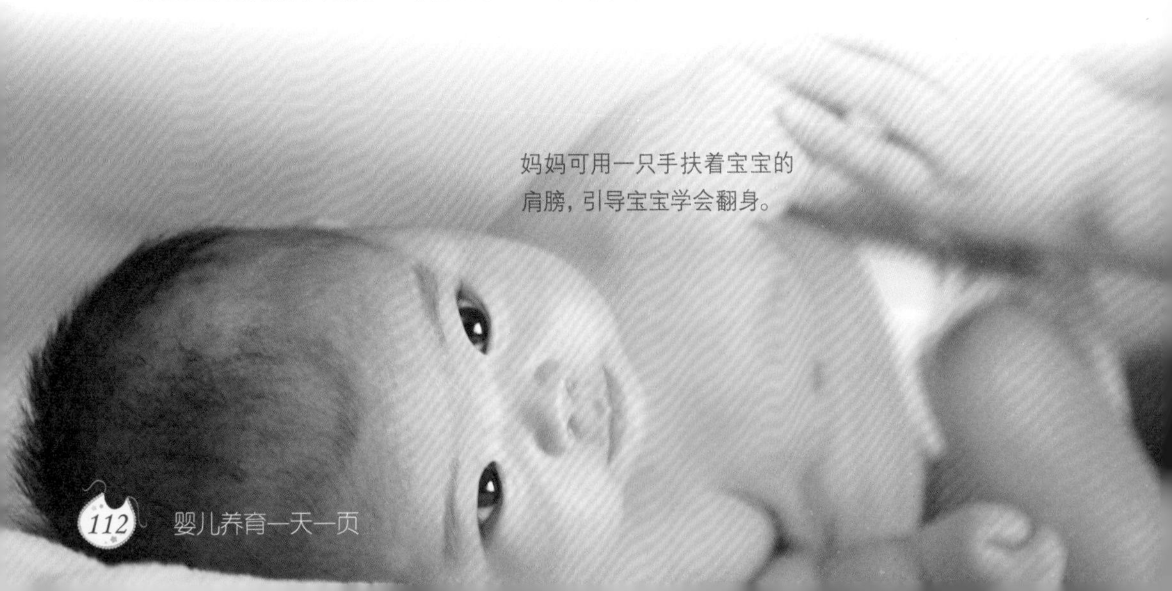

妈妈可用一只手扶着宝宝的肩膀，引导宝宝学会翻身。

第89~90天

测评：满3个月宝宝的智能发育标准

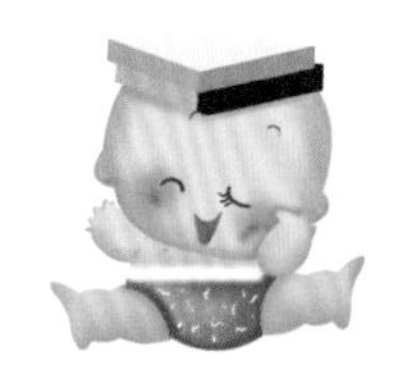

分类	项目	测试方法	通过标准	出现时间
大运动	翻身	宝宝仰卧于平板床上，用玩具在一侧逗引	能从仰卧位翻至侧卧位	第__月 第__天
	抬头	俯卧抬头	接近90°	第__月 第__天
精细动作	握手	仰卧位，上肢能自由活动，并观察两手在胸前的位置	两手在胸前互握	第__月 第__天
语言	交流	逗引宝宝咿呀学语	能喃喃自语，能做出反应	第__月 第__天
认识	认识妈妈	宝宝看妈妈时，观察宝宝的动作、表情	看到妈妈表示出高兴	第__月 第__天
情绪和社交	照镜子	宝宝俯卧抬头时，把镜子置于面前，观察宝宝的表现	对镜注视、笑、发声，有反应	第__月 第__天
自理能力	睡觉	临睡前让宝宝吃饱，计算宝宝能持续睡眠几个小时	晚上持续睡眠4~5个小时	第__月 第__天

宝宝免疫小贴士
脊髓灰质炎疫苗第3针
无细胞百白破疫苗第2针

第4个月

躺着学本领

百天左右的宝宝最招人喜爱，脖子挺得直直的，眼睛闪闪发亮，摇晃着脑袋，活像个可爱的大头娃娃。不经意间，爸爸妈妈会发现那个整天睡觉的瞌睡虫不见了，取而代之的竟是一个活泼的小捣蛋儿——不高兴就大声啼哭，挥拳踢脚，高兴时又手舞足蹈，咯咯大笑。

第91天

上班族如何母乳喂养

上班前1~2周就应开始做准备，这样可以给宝宝一个适应过程，避免对母婴产生不利影响。在正常喂养后，挤出部分奶水，让宝宝学会用奶瓶或杯子喝奶，每天1~2次。目的是让妈妈逐渐熟悉并掌握挤奶方法，让宝宝学会用奶瓶或杯子喝奶；同时教会将接替妈妈照料宝宝的家人或阿姨，也学会用奶瓶或杯子喂养宝宝。

建议上班后的妈妈每天至少能保证3次哺乳，即下班回家后、晚上临睡前和清晨起床后，这样可以有效刺激分泌足够的乳汁，并尽量延长母乳喂养的时间。

上班也要保证泌乳次数

在产后4个月左右，很多妈妈都会经历"暂时性哺乳危机"，这是由于妈妈长时间照顾宝宝导致睡眠休息不好，以及喂奶次数不足、宝宝需奶量增加、吸吮乳房的时间不够充分等原因造成的。

建议妈妈要保证一定的泌乳次数。泌乳的次数要看离开宝宝多久而定，通常2次挤奶的间隔时间不要超过3小时。上班期间妈妈要学会在适合的地方挤出母乳。妈妈每天要携带清洗干净的吸奶器、2个奶瓶、母乳保鲜袋。最好不超过3个小时挤奶一次，所有储存的母乳要注明时间，冷藏保存。同时，调整好自己的心态，逐渐适应恢复工作与照顾宝宝的双重压力，保证足够的睡眠与休息时间，合理膳食、均衡营养，尽可能延长母乳喂养的时间。最后，白天上班时，虽然可以给宝宝喂配方奶代替母乳，但不应无限制地加量，以免影响到宝宝对母乳的摄入。

妈妈下班回家要多抱抱宝宝，给宝宝更多的安抚。

第92天

母乳储存：先冷藏再冷冻

挤出来的母乳，如果准备当天或者第2天喂给宝宝，一般挤到奶瓶里，立即放入冰箱冷藏保存即可。下班后用冰盒或有冰包的保温袋尽快带回家，再放入冰箱中冷藏。

市面上许多吸奶器都附带着一些容器，可以用作储存奶。挤好的奶要先冷藏48小时，或用冰块冷藏半小时，然后再冷冻。母乳在普通冰箱冷冻室中可冷冻保鲜1~2周，在无霜冰箱中，冷冻室恒温在零下18℃左右可冷冻保鲜3~6个月。冷冻保鲜的奶每次的量要少，以减少浪费且容易解冻。储存袋中的奶最好装3/4，以留有膨胀空间，并要标明存放日期，要给宝宝先吃早存的奶。宝宝吃完奶后，多余的奶要倒掉，超过保鲜期的奶也要扔掉。

母乳加热：不用微波炉

无论是放在冰箱冷冻室还是冷藏室里的母乳，都不宜用微波炉解冻和加热，因为那样会破坏母乳里的活性成分和部分营养成分。冷藏室里的母乳取出后，可以放在40℃左右的温水里加热，也可以使用奶瓶或食物加热器，加温到40℃左右（加热器通常都有加热刻度指示线），即可喂给宝宝。

保存在冷冻室里的母乳，要先放到冷藏室里自然化冻，然后再同冷藏室保存的母乳一样温水加热。千万不要用微波炉加热母乳。提醒妈妈要特别注意的是，解冻后加热过的母乳，如果宝宝没喝完，是不可以重新放回冷藏室或冷冻室里保存，要立刻倒掉。

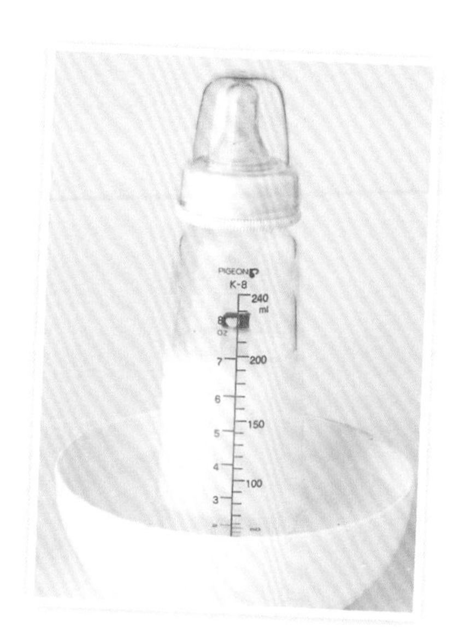

将冷藏母乳放在温水中加热，可最大限度保留其营养成分。

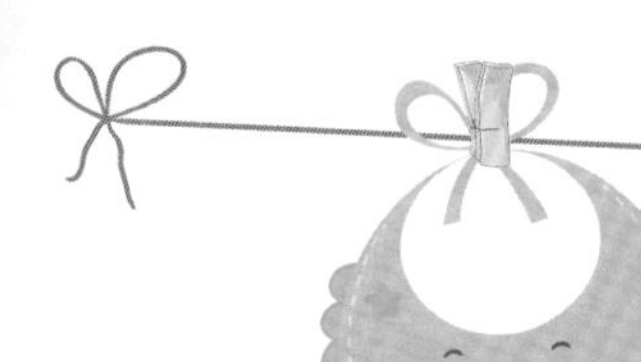
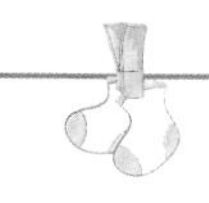

第93天

挤奶：用拇指、食指挤压乳头和乳晕

挤奶最好是妈妈亲自来做，因为如果让别人代劳可能会引起疼痛，还会抑制泌乳，如果用力过猛甚至造成乳房损伤。挤奶前洗净双手，找一个舒适的位置坐下，把盛奶的容器放在靠近乳房的地方。

- 挤奶时，妈妈把拇指放在乳头、乳晕的上方，食指放在乳头、乳晕的下方，其他手指托住乳房。拇指、食指挤压胸壁，挤压时手指一定要固定，不能再滑来滑去。最初挤几下可能奶不下来，多重复几次奶自然就会下来。

- 要注意的是挤压的部位是乳头后方。然后在各个方向上，按照同样方法压乳晕，有节奏地挤压及放松，并在乳晕周围反复转动手指位置，以便挤空乳汁。一般情况下，一侧乳房至少挤压3~5分钟，待乳汁少了，挤另一侧乳房，双手可交换挤压。每次挤奶的时间以20分钟为宜，双侧乳房轮流进行。一天挤奶6~8次，这样才能保证乳汁分泌量。

- 妈妈们都应学会用手挤奶的方法，以便在宝宝需要时能自己操作。在母乳喂养过程中，当遇到乳房发胀、乳汁淤积、母婴暂时分离等情况时，用手挤奶是行之有效的方法，也是首选的、便捷的、污染程度最低的。它不需要设备，随时随地都可以进行。

宝宝总吃一只手警惕脑瘫

4个月的宝宝已能自由地运用双手，把手或大拇指放到嘴里，并凝视、玩弄自己的双手。如果宝宝总是吃和看一只手，而另一只手很少有类似的有目的的探索运动，或宝宝似乎对另一只手没有存在的感觉，就应警惕，及时就诊，确定是否有脑瘫（偏侧瘫）的可能。

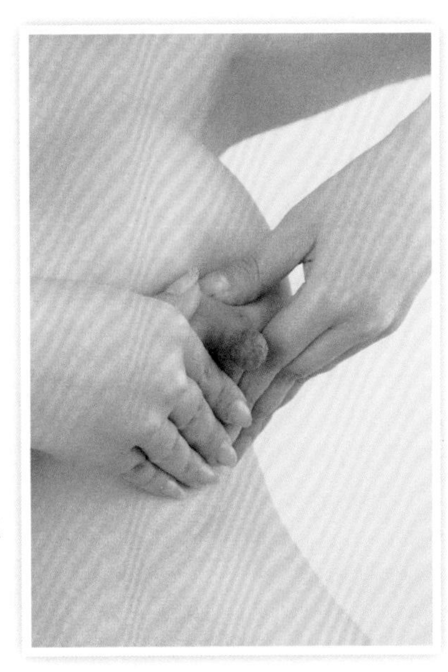

挤奶的正确手势以“心”形为准，两边乳房交替进行。

第94天

大小便还不规律

在宝宝的神经发育过程中，使膀胱能够控制尿意的连接大概在接近2岁时才能够形成。所以，由于宝宝生理特点的原因，目前还属于随意大小便的阶段，妈妈不要过早在这方面投入精力。即便有的宝宝在妈妈发出“嘘嘘”时就会排尿，也不过是建立了相关的条件反射，不是真正意义上自由地、有控制地排尿或排便。

因为不是自主控制，所以宝宝的表现就很不“稳定”，有时把尿极其配合，有时一把就打挺，越把越不尿，一放下就尿，结果就是妈妈非把不可，宝宝焦躁不安，弄得妈妈宝宝都不开心。

宝宝“便便”前的特殊表现

“把屎把尿”这件事情谁都逃不了，细心的爸爸妈妈会发现，宝宝便便前是有征兆的。宝宝大便前小脸憋得通红；玩得好好的，突然不动了；不配合妈妈的动作，小肚子硬硬的，两腿挺得直直的；突然开始哭闹。宝宝小便的征兆：正睡得香时突然哭起来；玩的时候突然不动了；莫名其妙地打冷颤；有些宝宝纸尿裤或者尿布一被打开就会尿。

把便：双手兜住小屁屁

妈妈双脚分开端坐，身子稍向后倾，双手兜住宝宝屁屁，并分开宝宝双腿抱坐到自己的腿上，宝宝的头背自然依靠到妈妈的腹部。此外，给宝宝把屎把尿时，还可以给予声音刺激，如排便时以“嗯——嗯，嗯——嗯”声为引导，排尿时以“嘘——嘘，嘘——嘘”声为引导，为以后形成条件反射做好准备。

把尿时要兜住宝宝屁屁，抓住双腿。

第95天

枕秃：多汗是主要原因

宝宝的枕部出现了一圈头发稀少或没有头发的枕秃现象。这圈小小的不毛之地将宝宝的头部分成了奇怪的“上下两半球”，这让妈妈们忧心忡忡，百思不得其解。其实，造成枕秃的原因有以下几种：

多汗。多汗是宝宝枕秃的主要原因。宝宝大部分时间躺在床上，头与床面接触的地方容易发热出汗使头部皮肤发痒，宝宝只能通过左右摇晃头部的动作，来“对付”自己后脑勺因出汗而发痒的问题，久而久之，形成枕秃。

经常活动所致。宝宝2个月后开始对外界的声音、图像出现兴趣。尤其喜欢追逐妈妈，追视妈妈要通过转头才可达到。经常左右转头，枕部的头发受到反复摩擦，就出现局部脱发。

床面较硬。宝宝平躺的床面较硬，也可对枕部头发产生压迫，造成局部头发变少。

营养摄入不够。缺钙或者佝偻病的前兆也可能出现枕秃，不过大部分的枕秃往往是因为生理性的多汗、头部与床面经常摩擦而形成的。

如何预防宝宝枕秃，不妨从以下3个方面试一试

选个好枕头。给宝宝选择透气、高度适中的枕头，发现有潮气时要及时更换，以保证宝宝头部的干爽。

调整室温。由于宝宝植物神经发育不稳定，睡觉时容易出汗，妈妈注意调整室温，温度太高易引起出汗，会让宝宝感到不舒服，同时很容易引起感冒等其他疾病的发生。

多晒太阳。每天带宝宝到户外晒晒太阳，紫外线的照射可以使人体自身合成维生素D，避免缺钙。

宝宝对枕头的要求

宝宝学会抬头之后，脊柱颈段出现了向前的生理弯曲，同时，躯干生长加快，肩部增宽。为了维持睡眠时脊柱的生理弯曲，保证体位舒适，保障良好的睡眠质量，应在3个月之后，为宝宝选择一个合适的枕头了：高低适中，外观设计活泼可爱；能吸收头部汗液，提高睡眠质量；能促进头部、颈部、肩部的血液循环，有益于宝宝生长发育和健康成长。

高度。3~4个月的宝宝为1~2厘米；6个月之后的宝宝为3~4厘米；儿童为6~9厘米。

枕芯。枕芯质地应柔软、轻便、透气、吸湿性好。可选择稗草子、灯心草、茶叶、蚕砂、荞麦作为材料充填。千万不要用薄绒、羽绒做填充物，避免引起宝宝过敏。

枕套。一般选用棉质、真丝、竹纤维、亚麻等亲肤性好、吸湿性强的面料。

软硬。过硬的枕头，睡后易使颈部肌肉疲劳，宝宝翻身或头部转动时幅度稍大，颈部软组织可能会牵拉受损，造成落枕；又因宝宝颅骨较软，囟门和颅骨缝尚未完全闭合，长期使用过硬的枕头，易造成头颅变形，使脑袋扁平，或一侧脸大，一侧脸小，影响外形美观，甚至会影响脑部发育。

太软。太软的枕头不能很好地支撑颈椎，而且由于宝宝头皮与枕头的接触面过大，不利于血液循环，甚至影响呼吸，特别是宝宝发热时更不适宜使用。

宝宝新陈代谢旺盛，出汗多，同时容易溢奶、流口水，枕套要经常清洗，枕头要经常在阳光下晾晒。要经常活动枕芯内部的填充物，保证枕头的松软、均匀。最好每3个月更换一次枕芯，或选用可以清洗的枕芯。

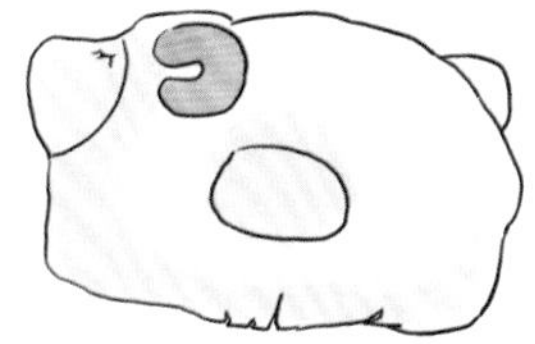

第96天

睡眠：宝宝有自己的习惯

妈妈已经了解到睡眠对于宝宝脑细胞的修复和重建、发育、成长至关重要，于是，开始想尽办法让宝宝能够一觉睡到大天亮。可结果常常不尽如人意，于是，妈妈的焦躁和宝宝的不配合展开了一场拉锯战。

不能一觉到天亮很正常

成人转入深度睡眠快，宝宝要经过一段时间的浅睡眠才可以，有时宝宝夜间醒来不一定是真正地睡醒，只要轻拍、安抚就可使宝宝转入深度睡眠。

医学上对于宝宝整宿觉的定义是连续睡眠5个小时，而不是一觉到天亮。

无论深睡眠还是浅睡眠，都会对宝宝的大脑发育提供帮助。

用不科学、不理智、不切实际的方法强迫宝宝睡眠，会给宝宝带来极大伤害。

第97天

宝宝会不会做梦

宝宝睡觉的时候虽然闭着眼睛，但有时脸上表情丰富：一会儿微笑，一会儿皱眉，一会儿又撅嘴或做怪相，有时候还会四肢伸展，发出哼哼声。这种情况说明宝宝是在做梦。做梦标志着宝宝大脑的发展和构建，对于宝宝来说是一件好事情。

如果爸爸妈妈想让自己的宝宝每夜都枕着好梦入眠，睡前可以这样呵护他：

- 保持宝宝身体状况良好，晚上不要吃得过饱。
- 适当减少对宝宝身体的刺激，洗个热水澡有利于身体放松。
- 睡觉时不要给宝宝穿太多，室内的温度要适宜。
- 不要惊吓宝宝，不要逗得宝宝过于兴奋。
- 让宝宝心情舒畅，产生安全感。
- 晚上睡觉要关灯，保持睡眠环境相对安静。

第98天

看护：频繁换人宝宝不喜欢

妈妈上班了，就要找一个理想的照料人来看护宝宝。提前让宝宝熟悉照料者，一旦确定照料人最好不要频繁更换，否则宝宝刚刚建立的秩序感又会被打破。

妈妈下班后要多陪伴宝宝，并和宝宝的照料人一起陪宝宝玩耍，以便让宝宝慢慢尝试接受另外一种、除妈妈以外的亲密关系。特别强调的是：妈妈的责任和意义是任何人都不可以取代的。

人工喂养的宝宝要定期称体重

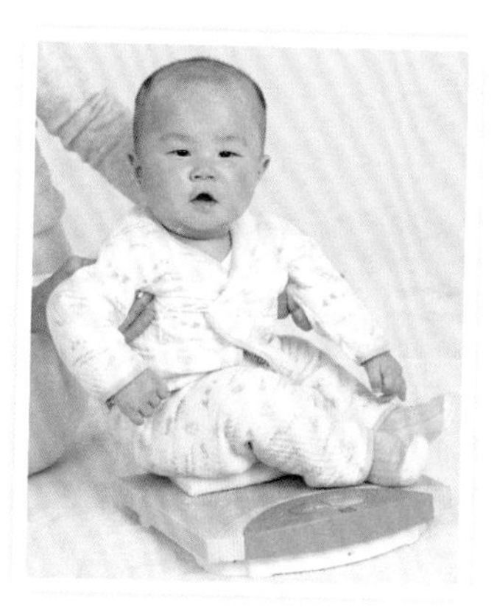

为了了解宝宝生长的情况，人工喂养的宝宝最好定期称量体重。体重增加过多，说明喂养过度；体重增加过慢，说明喂养不足。可以通过观察生长发育图来了解宝宝的体重：每月称体重后，将体重的值记在宝宝的健康档案中，进行比较。

宝宝只喝配方奶会上火吗

很多没有母乳的妈妈会担心：宝宝只喝配方奶会不会上火？因为人工喂养的宝宝大便次数比母乳喂养的宝宝少，而且也较干。其实，妈妈不必过于焦虑，人工喂养的宝宝大便次数确实少，也较干，那是因为配方奶中蛋白质、磷含量比母乳高，导致大便较干结，这是正常现象。妈妈可以在2顿奶间加喂水，或选低磷的配方奶粉。

腹泻后吃奶量减少怎么办

宝宝患腹泻后食欲下降，吃奶量减少。如果宝宝没有剧烈呕吐，应继续原来的喂养。配方奶喂养的宝宝可采用少量多次的喂养方法。2~3天后腹泻好转时，应逐渐恢复正常饮食，腹泻停止后，为弥补腹泻时丢失的营养，防止发生营养不良，每日应给宝宝加喂1次。母乳喂养的宝宝应正常喂食，母乳中的成分有助于止泻和恢复。

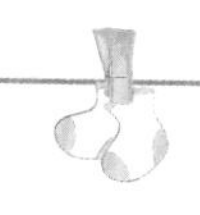

第99天

听音乐：调节情绪，培养智力

音乐的最奇妙之处在于根本无需知道任何事情，就可以享受并从中受益。在宝宝成长的过程中，他会越来越爱听音乐，还会越来越熟练地发出悦耳的声音。

音乐教育的目的

以旋律优美、生动活泼、情趣高雅的音乐去陶冶宝宝的性情和情操，调节情绪，丰富情感。

以优美动听的音乐，去影响、锻炼宝宝的听觉，促进多种智能的发展。

了解宝宝对音乐理解力的发展

月龄	音乐理解力发展的关键点
新生儿	出生两天就可以对声音做出反应
1个月	开始寻找声源，能发出三四个音调
2个月	喜欢聆听乐曲和歌声，能配合音调变化进行音乐"交流"
3个月	能从其他声音中辨出人的话音，能辨别出相距两个八音度音程的两个音调
4个月	开始对音乐做出积极反应（在此之前宝宝还只是个被动的听众）
5个月	开始对韵律和音调做出反应，能够分辨出相差只有半个音级的音调
6个月	对音乐源表现得既兴奋又惊讶，对音乐表现出肢体反应，常随旋律而摇摆或跳动；合着音乐的旋律发出"呀呀"声
7个月	旋律变化时会晃动脑袋，这些旋律变化包括音符间隔的变化与主旋律的升降
8个月	能辨别旋律中细微的节奏变化
9个月	开始发出"呀呀"声，虽不连贯，但已具备了音乐的基本要素，已经开始"有节奏地胡言乱语了"
10个月	易于从自己的角度辨认旋律，但还难以从别人的角度辨认旋律
11个月	开始唱出比以前更复杂的"呀呀"歌曲
12个月	模仿音调并能唱出自己的声调，对音乐表现出明显的喜恶

第100天

庆祝“百天”应注意什么

宝宝准备过“百天”了。为了纪念这个特殊的时刻，百日宴、百天照都必不可少，不过一些注意事项爸爸妈妈应该知道。

办百日宴注意事项

让宝宝现身接受大家祝福后就可以马上离开，不能影响宝宝正常的饮食和休息。提醒亲朋好友不要争相抱宝宝，避免感染和引起宝宝惊恐不安。为了避免宝宝情绪波动过大，妈妈要不离开宝宝左右，给宝宝安全感。

拍百天照注意事项

- 拍摄前几天避免感冒，生病会使宝宝情绪产生波动，不利于宝宝拍摄过程中的表现。
- 在拍摄前几天，妈妈尽量让宝宝接触一些新鲜事物，提高宝宝的适应力。
- 爸爸妈妈需要带好宝宝专用的纸巾、配方奶粉、奶瓶、纸尿裤、抱毯等；宝宝有特别青睐的小玩具最好一起带去，使其不会产生陌生感。
- 妈妈在家让宝宝练习的俯卧抬头、翻身等动作都有利于拍摄时宝宝各种姿势的展现。
- 拍摄一些坐的姿态时，需要妈妈托住宝宝的腰部和脖颈，时间不宜过长。
- 多数宝宝一天中最兴奋的时间在上午9:00~11:00，拍百天照可尽量选在这个时间段。

第101天

宝宝的五官“长开”了

宝宝已逐渐成熟起来，眉眼等五官已经长开了，脸色红润而有光泽，并显露出活泼、可爱的模样，但身长、体重的增长速度开始减慢。视力范围已达到几米远，喜欢照镜子，而且开始注意一些小东西。和爸爸妈妈对视时，宝宝的眼神还会流露出感情交流的喜悦。

照镜子：认识另一个自己

宝宝已经对周围的人有了些认识，当他看见镜子里又出现一个一模一样的妈妈和自己时，他会感到惊奇和迷惑。在反复的观看中，宝宝才能了解事实，并取得认识上的进补。和宝宝一起照镜子，是这个时期的一件乐事，在与宝宝同乐之际，就完成了宝宝认知和语言的练习。

- 抱着宝宝站到镜子前，让宝宝自发去触摸、寻找。妈妈可以用语言帮助宝宝表达：“咦，这是谁呀？怎么跟宝宝这么像啊？你怎么到镜子里去了？”

- 妈妈拿着宝宝的手，指着镜子里的“妈妈”说：“这是妈妈。”然后指着镜子里的“宝宝”说：“这是宝宝。”加深宝宝对自己和妈妈的整体认识。

- 让宝宝的脸凑近镜子，教宝宝认识五官。比如，当妈妈的手指触摸到宝宝的眉毛时，宝宝看见镜子里眉毛的位置，又体验到自身眉毛被触摸的感觉，就能把脸上具体位置和眉毛这个名称以及外观联系起来，获得“眉毛”这个位置、形状合一的整体概念。

- 还可以重新站远一点，搬起宝宝的腿脚或者手臂，做出较大幅度的动作，教宝宝认识四肢。

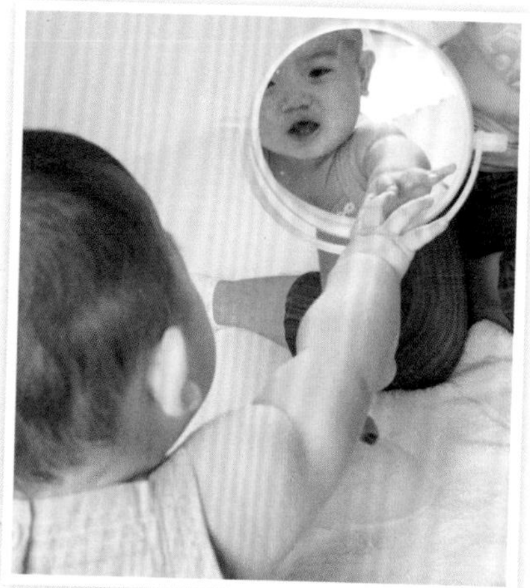

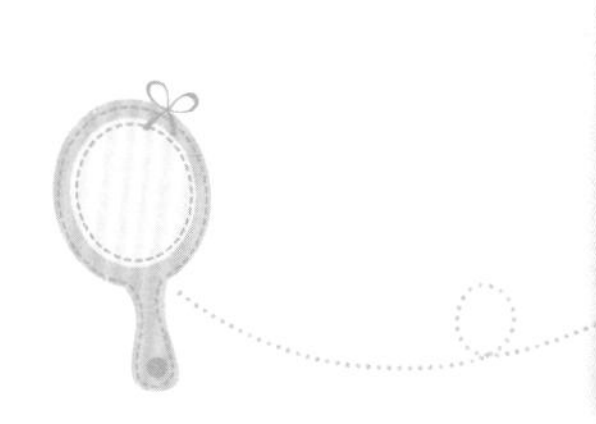

第102天

户外活动：增强宝宝体质

宝宝眼中的世界既有趣又新鲜。在蓝天白云下自由玩耍，对于宝宝身体发育和认知发展都有促进作用，远远优于室内活动。每天能在大自然中接受阳光雨露、花香鸟语的洗礼，更是一种充满乐趣的学习经验。

这个月带宝宝到户外，不再单纯是为了晒太阳、呼吸新鲜空气、增强体质。此时的宝宝视听觉能力有了很大的提高。抱着宝宝边走边看，告诉宝宝，这是红花，那是绿叶，让宝宝用小手触摸一下、感知一下，使宝宝能将看到的、听到的、触到的、闻到的，经过大脑进行整合，立体感受自然界中的事物。

宝宝嘴里发出声音时，要积极和宝宝交流，这会刺激宝宝发音的积极性，使宝宝发出更多的声音。妈妈边看边讲解，可使宝宝将听到、看到、触摸到的东西建立联系，当再看到此物时，会想起它的发音，这就是语言学习的开始。

每天晒太阳不少于1小时

宝宝从满月之后就开始晒太阳，晒太阳的时间长短随宝宝年龄的大小逐步延长，要循序渐进。

本月宝宝每日晒太阳应该不少于1小时，可以分成上午、下午共2次。夏天晒太阳时要给宝宝戴一顶带帽檐的小帽子，抵挡阳光中紫外线的伤害，并起到保护宝宝视网膜的作用；冬天则要注意保暖。

大自然中一片小小的叶子，也能给宝宝带来新鲜的触觉、视觉、嗅觉刺激。

第103天

辅食：人工喂养的宝宝该添加了

随着宝宝慢慢长大，爸爸妈妈会惊喜地发现：吃饭时，宝宝会专注地盯着看，还直咂嘴，还会伸手去够妈妈嘴里的菜；宝宝会时不时把玩具放到嘴巴里。看到宝宝的这些“小信号”，爸爸妈妈既激动又忐忑：是不是该给宝宝添加辅食了？

从米汤、菜水开始

4个月的宝宝提倡纯母乳喂养，但是对于人工喂养或混合喂养的宝宝，有些代乳品已经不能完全满足生长的需要，应适量地增加谷物类和富含铁、钙的食物，如婴儿米粉、米汤、菜水、果汁等。

大米汤

健脾消食、润肠通便

原料：大米50克

做法：❶将大米洗净，用水浸泡1小时，放入锅中加入适量水，小火煮至水减半时关火；❷用汤勺舀取上层的米汤，晾至微温即可。

青菜水

补充维生素、膳食纤维

原料：青菜50克。

做法：❶将青菜择洗干净，沥水，切碎；锅内加入适量水，大火煮沸后加入青菜碎末，煮1~2分钟后关火。❷用汤勺挤压青菜碎末，使菜汁流出，取菜水上面一层即可。

添加辅食讲原则

适龄添加：过早添加辅食，宝宝会出现呕吐和腹泻的情况；过晚添加会造成宝宝营养不良，甚至拒吃辅食。开始添加辅食时间一般在4~6个月龄。

一种到多种：开始只能给宝宝吃一种相宜的辅食，尝试1周，如果宝宝反应良好，再尝试另一种。

从稀到稠：从添加流质食物，逐渐转为半流质食物，最后发展到固体食物。

从细到粗：一开始辅食颗粒要细小，在宝宝快长牙或正长牙时，辅食的颗粒逐渐粗大，促进宝宝牙齿的生长，并锻炼他们的咀嚼能力。

从少到多：每次给宝宝添加新的辅食时，一天只能喂1次，而且量不要大，观察宝宝的接受程度，便便是否正常等情况，适应以后再逐渐增加。

新鲜、美味：给宝宝制作辅食时，不要只注重营养而忽视了口味，这样会影响宝宝的味觉发育，为日后挑食埋下隐患。

心情愉快：给宝宝喂辅食时，应该创造一个清洁、安静的用餐环境，并有固定的场所、桌椅及专用餐具，最好选在宝宝心情愉快时喂食。宝宝表示不愿吃时，千万不可强迫。

遇到不适立刻停止：等宝宝恢复正常后再重新少量添加。

辅食添加的顺序

添加谷类：从米汤开始，到米粉、米糊，接下来是稀粥、稠粥、软饭，最后到米饭。面食添加有面条、面片、疙瘩汤、饼干、面包、馒头、饼。

添加水果：从果水到果泥，从制作稀烂的果泥到用勺刮的水果泥，从切块的水果到整个水果，让宝宝自己拿着吃。

添加蔬菜：从菜汁开始，到菜泥做成的菜汤，从稀烂的菜泥，再到碎菜。做法是菜汤煮，菜泥炖，碎菜炒。

添加肉蛋类：从蛋黄泥开始，到鱼泥、肉泥、肝泥、虾泥、肉碎，再到全蛋（蒸鸡蛋羹），最后过渡到肉末，包括虾肉、鱼肉、鸡肉、牛肉等。

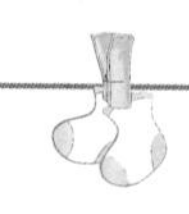

第105天

厌食：宝宝可能是缺锌

锌在人体内含量虽少，但作用很大，缺锌会影响宝宝正常的生长发育、免疫防卫、创伤愈合、生殖生育等生理功能。缺锌最常见的症状是厌食、异食、复发性口腔溃疡和生长停滞、智力发育障碍等。

易缺锌的宝宝

- 早产儿、双胞胎和营养不良的宝宝易缺锌。
- 人工喂养的宝宝吃奶量少，经常生病或经常腹泻的宝宝易缺锌。
- 偏食、挑食的宝宝易缺锌。

预防及治疗

- 早开奶，初乳中的含锌量是成熟乳的6~7倍。
- 坚持母乳喂养。虽然母乳中锌的含量比牛奶所含的低，但利用率高，纯母乳喂养的宝宝在4个月之前很少缺锌。
- 人工喂养的宝宝，要注意饮食均衡，多摄入富含锌的食物，如动物肝脏、瘦肉等，还有除鱼之外的海产品也富含锌。
- 纠正宝宝偏食、挑食的不良习惯。
- 如果有缺锌的症状，需及早就医，在医生的指导下补充含锌药物。

添加辅食不要影响母乳喂养

添加辅食并不意味着母乳喂养的结束，世界卫生组织提倡母乳喂养最好坚持到2岁，甚至更长时间。不少妈妈给宝宝添加辅食后，就把母乳断掉，这等于直接把“辅食”转“正餐”，宝宝发育不完全的肠胃，很难一下子完全消化吸收这些辅食的营养成分，甚至可能导致少食、腹泻的发生，时间长了可能导致营养不良。

第106天

健康：生理性贫血不需补铁剂

宝宝出生后，应坚持母乳喂养，因为母乳中含铁虽不多，但吸收率达50%，而配方奶中铁的吸收率仅为10%。宝宝在出生后2~4个月时，常可出现轻度至中度贫血，以轻度为多。但这种贫血是宝宝生长发育过程中会容易出现的一种正常生理现象，所以称为“婴儿生理性贫血”。由于生理性贫血属非病理性变化，可自行好转，所以不需要治疗。随着宝宝月龄增加，食物性质发生改变，含铁质的食物增多，消化吸收能力加强，贫血会自然好转。

宝宝补铁以食补为主

如果要给宝宝补铁的话，也要以食补为主，哺乳妈妈可以多吃一些富含铁的食物，或者给6个月以后的宝宝添加一些枣泥、肝泥等，或者用含铁丰富的食物做辅食，如动物肝脏、猪血、瘦肉、鱼、虾、黑木耳、菠菜、芹菜等。此外，4个月添加蛋黄，也是一种补铁的好方法。甘蔗的含铁量在水果中雄踞“冠军”宝座，是宝宝补铁的最佳选择。但是不要给宝宝直接喝甘蔗汁，可以用甘蔗煮水。

另外，维生素C可帮助铁的吸收，含维生素C较多的水果有橙子、猕猴桃等。用铁锅做菜、煮饭，一些铁质溶解于汤、饭中，也可大大补充铁质。

甘蔗荸荠水

补铁“冠军”

原料： 甘蔗适量，荸荠适量。

做法： ❶甘蔗削去外皮，洗净，剁成小块。荸荠洗净，去皮，挖掉小蒂，切成小块。❷把甘蔗块和荸荠块一起放锅里，加适量水，大火煮开后撇去浮沫，转小火至荸荠全熟，取汁即可。

第107天

宝宝从床上摔下别惊慌

4个月的宝宝会翻身了，从床上摔下是难免的一件事，妈妈不必过于惊慌，将宝宝从地上抱起时，动作不要过猛，避免导致二次伤害。

如果宝宝从床上摔下后，马上哇哇大哭，一般脑部受伤的可能性较小。小宝宝最怕摔到后脑，如果面朝下摔，一般危险性较小，只进行外伤处理即可。宝宝摔到头部后，没有出血，但有小肿包时，应立即冷敷处理。宝宝摔后一段时间内，尽量别让宝宝睡觉，多和他说话、逗逗他，并密切观察。当然，如果妈妈觉得不放心，可及时就医。

- 宝宝摔倒头部后，以下几种情况应立即去医院：
- 头部有出血性外伤。
- 宝宝摔后没有哭，出现意识不清醒、半昏迷、嗜睡的情况。
- 摔后两日内，出现鼻部或耳内流血、流水、瞳孔大小不一等情况。
- 摔后两日内，出现了反复性呕吐，并伴有睡眠多、精神差或剧烈哭闹。

宝宝为什么老打嗝

6个月以内的宝宝经常打嗝，笑、哭、受凉、吃进空气等都会引起打嗝，这是一种常见的现象。宝宝打嗝时，妈妈可以抱起宝宝，轻轻拍背，喂点热水。当打嗝让宝宝很痛苦时，可以用食指尖在宝宝的嘴边或耳边轻轻挠痒，一般到宝宝能发出哭声时，打嗝即会消失。也可让宝宝坐在妈妈的大腿上，身体前倾，用手托住他的下巴，扶着他的肩膀，用另一只手轻拍或抚摸宝宝的背部。

舌苔黄厚或白厚是病吗

宝宝的舌苔变厚主要是因为丝状乳头角化上皮持续生长而不脱落的原因。以乳类食品为主的宝宝舌面有轻微发白或发黄，如果宝宝吃奶好、大便正常，就是正常现象。但如果宝宝因患有某些疾病而引起舌苔增厚，则需要在医生指导下治疗，如感冒发热、胃炎、消化道功能紊乱等都是引起舌苔增厚的主要原因。

第108天

防止宝宝流口水淹红下巴

到了4~6个月，宝宝唾液分泌会明显增多。但宝宝口腔容积相对较小，吞咽调节功能发育还不完善，因此会出现口水外流。再过一阵赶上宝宝的出牙期，口水还会更多。宝宝的口水流得多了，有时候会把下巴淹红，爸妈应该学一学如何预防：

- 随时用质地柔软、吸水性强的手帕轻轻擦干宝宝外溢的口水。
- 常用温水洗净口水流到处，然后涂上薄薄一层婴儿护肤霜，保护皮肤。
- 给宝宝围上围嘴，防止口水弄脏衣服。
- 宝宝的上衣、枕头、被褥常常被口水污染，要勤洗勤晒，以免滋生细菌。

第109天

围嘴：5~6条换着用

宝宝的口水流个不停，又喜欢啃咬东西，妈妈忙着擦还是不能避免沾染到衣领上，这时小小围嘴就能帮上大忙了。它不仅能避免口水直接沾染衣服，而且还能在接下来宝宝添加辅食期间发挥更大的保护作用，建议多备几条小围嘴，让宝宝更卫生、更漂亮。

选款式挑面料

市场上有不少种类的围嘴，有背心式的，也有罩衫式的，有的颈部后面系带，可以调节松紧，更适合长期使用。妈妈要给宝宝买一个穿戴方便又大小合适的。而且，围嘴不要太重，四周也不需要装饰过多花边，大方实用的就可以了。

纯棉的围嘴更能吸水，而且柔软透气，如果底层能有防水层就更好了，宝宝喝水、吃饭、再多的口水也不会沾到衣服上了。

温馨小贴士

围嘴不要系得过紧，不要把围嘴当手帕使用。经常换洗，保持洁净和干燥。

第110天

衣物要易于活动和穿脱

随着宝宝一天天长大，活动量也在不断地增加，宝宝的活动能力和智力的发展是紧密相连的。4个月的宝宝有了更多手脚的探索活动，因此，为宝宝准备易于活动和穿脱的服装显得特别重要。

着装原则

4个月的宝宝生长发育比较迅速，活动量增加，所以着装的原则是简单、大方、舒适、宽松、安全，同时还要注意服装的面料和款式。

穿易于活动和穿脱的衣服

上下分身：由于学会了翻身，4个月的宝宝活动量比以前大，可以为宝宝准备上下分开的衣服。上衣可比前几个月时稍长些，也可以把原来的和尚领改为翻领，不要用手套或过长的袖口禁锢宝宝双手的探索活动。

上下一体：上下一体的衣服同样利于宝宝频繁的身体活动。着装不能限制手、四肢、头，以免影响宝宝的活动和呼吸。

第111天

倒睫毛：小脸蛋太胖了

有时爸妈发现宝宝在睡醒或早晨起床后，眼角或外眼角沾有眼屎，而且眼睛里泪汪汪的。仔细一看发现，宝宝下眼睑的睫毛倒向眼内，触到了眼球。这种现象叫倒睫毛。

造成宝宝倒睫毛的原因，主要是由于宝宝的脸蛋较胖，脂肪丰满，使下眼睑倒向眼睛的内侧而出现倒睫毛。当睫毛倒向眼内时刺激了角膜，所以导致宝宝出眼屎和流眼泪。一般情况下，过了5个月，随着宝宝的面部变得立体起来，倒睫毛也就自然痊愈了。

连体衣有利于宝宝频繁的身体活动，穿脱起来也非常方便。

第112天

学语言：从简单“名词”开始

宝宝咿咿呀呀地越来越爱出声了，妈妈迫不及待地整天守在宝宝身边，有事没事地找话说，希望能更早地教宝宝学会说话。但是，要想取得好的效果，还要了解宝宝学习语言的规律，并掌握一些技巧。

宝宝理解语言从“词”开始

不要用长句跟宝宝聊天，宝宝有限的脑力只能从理解单个的“词”开始。因此对宝宝说话要使用结构简单的短句，并且着重强调一句话中重要的词语。最先被宝宝理解的往往是名词，比如以下几类词汇：

家人的称呼：爸爸、妈妈、阿姨、奶奶等。

五官：眼睛、嘴、鼻子、耳朵、眉毛。

肢体：手、肚子、脚丫。

身边的物品：灯、小狗、挂钟等。值得一提的是，很多宝宝首先理解“灯”，这可能与灯的一亮一灭，容易吸引宝宝注意有关。

不要忽视歌谣

妈妈口中自编自创的口语旋律及歌谣，是一般音乐无法比拟的。妈妈们千万不要放弃这美好的、自然的母性歌声。用音乐和宝宝说话，不仅能提高宝宝的语言记忆能力，而且能促使宝宝的性格更加稳定成熟。

不断重复使宝宝产生发音的兴趣

妈妈可以把宝宝日常接触的物品拿给宝宝示范发音，节奏放慢些，重点词予以重复，并作适当间隔，给他学习和回应的时间。

比如：拿各种颜色的小鸭子给宝宝看，一边说：“小鸭子，小鸭子，蓝色的小鸭子，黄色的小鸭子。”然后把玩具送到宝宝手里，说：“宝宝，拿住小鸭子，看看小鸭子。”

鸭子这个词的不断重复会使宝宝产生发音的兴趣，而且重复中宝宝才有更多机会观察大人的口形，学到发音的技巧。

第113天

翻身：已经很自如

虽然人们常说宝宝是三翻、六坐、八爬，但3个月时并不是所有的宝宝都翻得顺畅和熟练，大部分宝宝在4个多月时才能自如地翻身。正确的练习可以促进宝宝这一能力的发展。

先做翻身被动操

翻身练习前，可以先带宝宝做翻身被动操：

让宝宝仰躺在平整的床上，妈妈一只手握住宝宝的上臂，另一只手托住宝宝的背部，有节奏地喊口令："一二三四，宝宝翻过去。"将宝宝从仰卧位推向俯卧位，接着喊口令："二二三四，宝宝翻过来。"再将宝宝从俯卧位拉回到仰卧位。如此反复，每次在翻身练习前做，可发展和巩固宝宝的翻身动作，促进其肢体灵活性。

翻身训练：背部刺激法

让宝宝仰躺在有一定硬度的床上，把宝宝的左腿搭放在右腿上，妈妈的手轻轻握住宝宝的左手，另一只手在宝宝的后背上轻轻抓挠、点触、轻推，加以刺激，使宝宝自己向一侧翻身，直至将身体完全翻转过来呈俯卧位为止。

第114天

防止会翻身的宝宝掉下床

宝宝会翻身之后经常从床上掉下来，这是很多妈妈担心的问题。宝宝滚下床不仅会伤害宝宝娇嫩的皮肤，更严重的还会伤害到宝宝头部，因此妈妈一定要掌握一些不让宝宝滚下床的小方法。

- 在床边的地板上铺上软垫，这样万一宝宝不小心掉下床，也不致于直接摔在地板上。
- 移除婴儿床周边的杂物，尤其是尖锐物品。如果婴儿床附近有家具的棱角（如柜子或桌角），应该在转角上加装软垫，或者用布将尖锐的角包裹起来。
- 现在的婴儿床一般都装有护栏，如果没有，可自行在婴儿床边加装护栏，以避免宝宝不小心跌落。此外，提醒爸爸妈妈，婴儿床护栏的间隔距离必须小于10厘米，才不会出现宝宝头部被卡住的危险情况。

第115天

体能训练：抓握、蹬踹、俯卧撑

此时的宝宝体能有了进一步的发展，训练重点在手、腰及腹部，训练内容侧重于手部精细动作和运动能力的训练，增强大小肌肉练习。这可为宝宝下一个体能发展台阶——坐，打下良好的基础。

够取玩具训练

在进行够取玩具之前，应巩固宝宝的抓握能力。拿一个拨浪鼓，在宝宝的上方或两侧摇响，使宝宝听到声音并看到玩具后，进行抓握，每日训练几次，每次4~8分钟。在宝宝能持续抓握5秒钟以上后，再进行够取练习。

蹬踹训练

先用一个能够一碰就响的玩具触动宝宝的脚底，引起宝宝的注意和刺激脚底的感觉。玩具的响声会刺激宝宝主动蹬脚。妈妈配合宝宝移动玩具位置，让宝宝从不同位置角度进行蹬踹练习。

俯卧支撑训练

在第3个月进行的俯卧抬头训练基础上，当宝宝俯卧时头部能挺立达90°时，妈妈蹲在距离宝宝1米左右的地方，手拿带响的玩具逗引他，训练他用前臂、胳膊肘和手掌支撑起头部和上半身，使宝宝正视前方，胸部尽可能地抬起。每日训练数次，每次3~5分钟。

妈妈一边说“拨浪鼓，咚咚咚”，一边吸引宝宝看到并用手抓取。

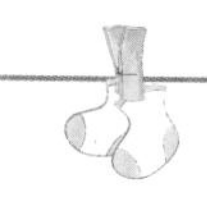

第116天

拉坐练习：为坐起来做准备

现在的宝宝翻身已经非常熟练，俯撑在床上的时候，小脖子挺挺的，不再摇摇晃晃，越来越结实了。接下来，就可以为下一个大肌肉动作的发展——坐起来，做准备了。

宝宝坐起来是大运动发展重要的里程碑，不仅有利于宝宝脊柱开始形成的第2个生理弯曲，即胸椎前突，对保持身体平衡也有着重要作用，而且开阔了宝宝的视野范围，对感知觉的发育有重要的意义。

短暂的拉坐练习

训练时，让宝宝仰躺在有一定硬度的床上，妈妈握住宝宝双手的手腕，也可用双手扶住宝宝的腋下，边逗笑宝宝边把宝宝拉坐起来。妈妈还可以边做动作边有节奏地喊些口号："一二三四，宝宝坐起来；二二三四，宝宝躺下去。"一边喊口号，一边轻轻把宝宝放回到仰躺的位置。经过多次的练习，妈妈只需让宝宝握住双手的大拇指，就可以轻松把他拉坐起来了。

妈妈逐渐减少帮助的力量，慢慢过渡到基本不用力拉，宝宝拉住妈妈的手指自己知道用力坐起来。拉坐练习时间不要过长，刚开始每次3~5分钟，以后逐渐延长到10~15分钟。

妈妈逐渐减少帮助的力量，直到宝宝能拉着手指坐起来。

第117天

随意运动：探索中成长

4个月的宝宝就像一个小小的运动员，随着中枢神经系统、骨骼和肌肉的不断发展，他的随意运动能力开始发展了。

大运动

宝宝迷恋于每个新动作技能的探索，当他仰卧第1次成功地踢到球后，就会乐此不疲地继续练习这个动作，直到把仰卧踢球做到熟练为止。接下来，他会再把这种迷恋指向下一个新动作。

精细动作

宝宝开始能有意识地抓握眼前的物品、玩手、玩衣服，开始伸手拍打面前悬挂的东西，一次又一次，边玩、边研究、边探索，不断有着更加惊奇的发现。

妈妈这样做

创造条件让宝宝衣着方便或光着身子自由地伸展身体，练习技能，最好在洗澡前配合空气浴进行。经常让宝宝俯卧，练习抬头、支撑身体、从仰卧翻到俯卧，将身体从一侧转向另一侧。

在宝宝胸腹部位悬挂一只大红气球或充气娃娃，可用松紧带做成小环松松地系在宝宝的手腕或脚踝上，另一端系在玩具上，引导宝宝运动肢体来牵动玩具，并用手抓、摸、撞击、踺起两脚踢蹬，探索不同的玩法。

温馨小贴士

经常变换宝宝小床的位置或变换宝宝睡觉的方向。

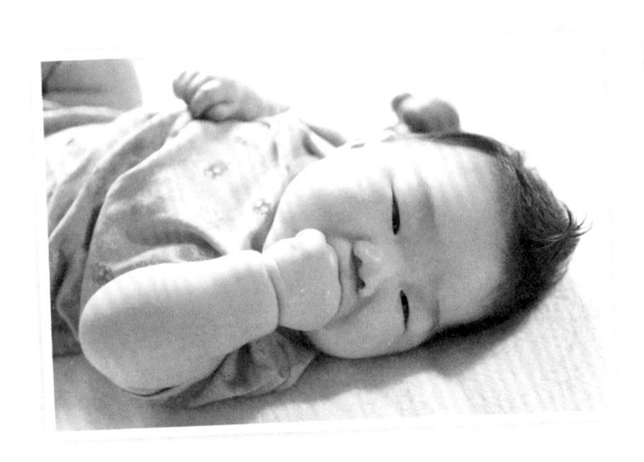

第118天

触觉游戏：多摸、多啃、多感受

触觉是宝宝最大的感觉，是最早的学习通道之一，也是宝宝认识世界的主要手段，在其认知活动和依恋关系形成的过程中占有非常重要的地位。

触觉训练的意义

让宝宝的手、脸、嘴巴、身体皮肤接触到软、硬、细、粗等不同的物品，丰富触觉感受，使宝宝在认识事物时除了看、听之外，还有用嘴啃、用手和身体皮肤触摸的感受，丰富了认知途径，就能促进其智能的进一步发展。

触觉游戏

妈妈抱着宝宝有意识地够取桌上静止的东西，如玩具车、毛绒玩具、纸质的小盒、塑料积木、软质能捏响的橡皮鸭子等。宝宝抓够的同时，妈妈将事物和相关词汇联系在一起告诉宝宝，如：软的、硬的、能捏响的等，在触觉刺激的同时丰富语言。

家中的旧东西，如奶瓶刷子、衣服架子、锅碗瓢盆、衣服手套等，都可以让宝宝摸一摸，感受一下。

洗澡时让宝宝摸摸毛巾、浴花，或用脚底蹭蹭这些东西，感受毛巾和浴花的柔软，与略硬的像皮鸭子做鲜明对比，丰富宝宝的触觉感受。

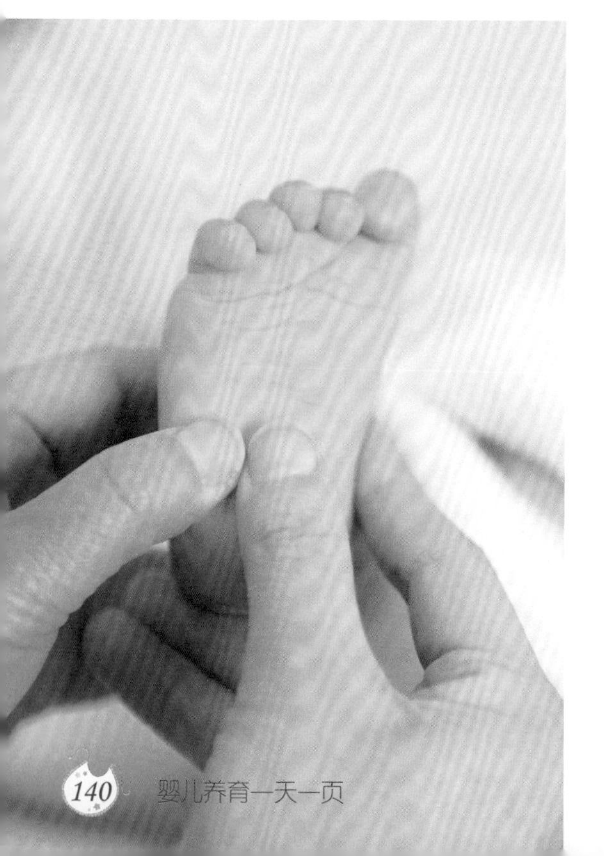

先从宝宝脚底开始做抚触，可以减少宝宝的抵触。

第119～120天

★ 测评：满4个月宝宝的智能发育标准

分类	项目	测试方法	通过标准	出现时间
大运动	翻滚	以玩具逗引	能左右翻滚	第__月 第__天
	仰卧抬腿	仰躺床上，在宝宝腿上方吊色彩鲜艳的球	能抬腿踢到球	第__月 第__天
精细动作	伸手拍	竖抱宝宝脸朝前，让宝宝伸手拍打悬吊的带响玩具	可以伸手拍打	第__月 第__天
语言	发辅音	挠痒痒使宝宝高兴，能发出辅音（ba，ma，bu，gu）	能发出2个辅音	第__月 第__天
认知	认生	家里出现陌生人或到新的环境，观察宝宝表现	注视、不笑、拒绝被陌生人抱	第__月 第__天
情绪和社交	藏猫猫	妈妈将脸蒙上，逗引宝宝："妈妈在哪儿？"观察宝宝	被逗笑，并有意识伸手拉布	第__月 第__天
自理能力	张嘴舔食	用勺喂果汁	张嘴舔食	第__月 第__天

宝宝免疫小贴士

无细胞百白破疫苗第3针

第6个月 喜欢吃“饭饭”

宝宝喜欢被亲吻、搂抱，妈妈抱着时，表现得安静和愉快，喜欢跟人玩藏猫猫、摇铃铛，还学会了用东西敲桌子。爸爸妈妈有时间要带宝宝到公园里面逛一逛，给宝宝介绍一下外面的世界，如树上的小鸟会飞，水塘里的荷花多么漂亮……

第121天

每天吃奶量不超过1000毫升

人工喂养的宝宝5~6个月大时每次吃奶量200~250毫升，每天不超过1000毫升；6~9个月间隔4小时，每次200~250毫升，由4顿奶改为3顿，辅食从代替半顿到代替1顿奶；9~12个月全天由吃3顿奶减到吃2顿，每次250毫升。

辅食：开始添加菜泥、蛋黄

这个月添加辅食的目的，是刺激宝宝吃乳类以外食物的欲望，为真正的辅食添加做好铺垫，也为宝宝出牙吃固体食物做准备。另外，添加辅食可使宝宝吞咽能力得到锻炼，促进咀嚼肌的发育。

蛋黄玉米泥

提高宝宝免疫力

原料：生鸡蛋黄1个，鲜玉米粒40克。

做法：❶用搅拌器将玉米粒打成蓉；生鸡蛋黄打散。❷将玉米蓉放入锅中，加水，大火煮沸后，转小火煮5分钟。❸鸡蛋黄液慢慢倒入锅中，转大火并不停地搅拌，直至煮沸。

青菜泥

帮助宝宝排便

原料：青菜50克。

做法：❶将青菜择洗干净，沥水，切碎。❷锅内加入适量水，待水沸后放入青菜碎末，煮15分钟捞出放碗里。❸用汤勺将青菜碎末捣成菜泥即可。

第122天

辅食添加因人而异

纯母乳喂养的宝宝，体重增加正常，说明妈妈奶水充足，宝宝没有其他食物营养的需求。遇到这样的情况，只要适当给宝宝添加含铁丰富的食品，如蛋黄，其他就不必过多添加了。纯母乳喂养的宝宝6个月才开始添加辅食也是很正常的事情。

人工喂养和混合喂养的宝宝添加辅食比较容易。一直不吃辅食，断不了母乳，这种情况根本不存在。吃辅食只是时间问题，妈妈不要因添加辅食困难而烦恼，总有一天宝宝会很高兴地吃辅食的。添加辅食晚了些时日，宝宝也不见得就会出现营养不良。如果奶水不能满足宝宝生长发育的需要，宝宝自然会吃辅食。

辅食不是练习宝宝咀嚼能力的唯一途径，吃手、吮手指、啃玩具都可达到目的，因此，5个月的宝宝即使不吃辅食也不会影响咀嚼能力的发展。

市售辅食和自制辅食哪个更好

市售辅食最大的优点就是方便，无需费时制作，而且花样繁多，有多种口味。市售辅食营养全面且易于吸收，能充分满足宝宝的营养需求。但是，市售辅食的价格往往较高，有些家庭承受较有压力。

自制辅食的最大优点是新鲜，而且爸爸妈妈在制作辅食的过程中，能够更深刻地体会到为人父母的那份幸福，也加深了亲子之间的感情。但是，自制辅食如果不注意科学搭配和合理烹调，容易出现营养素流失过多、营养搭配不合理的情况，这对宝宝的健康成长同样不利。

总之，无论是市售辅食还是自制辅食，只有营养丰富、吸收良好的辅食才能更好地促进宝宝健康成长。

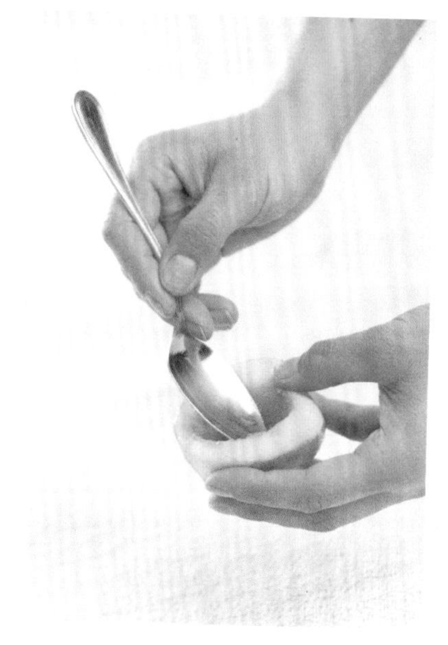

用勺子把苹果刮成泥状喂给宝宝吃，新鲜又方便。

第123天

辅食制作常见用具有哪些

小汤锅：烫熟食物或煮汤用，也可用普通汤锅，但小汤锅省时节能，会是妈妈的好帮手。

磨泥器：将食物磨成泥，是辅食添加前期的必备工具，在使用前需将磨碎棒和器皿用开水浸泡一下消毒。

榨汁机：最好选购有特细过滤网，可分离部件清洗的榨汁机。

削皮器：居家必备的小巧工具，便宜又好用，建议妈妈给宝宝专门准备1个，与平时家用的分开，以保证卫生。

果汁机：适合自制果蔬汁，使用方便，容易清洗。

搅棒：制作泥糊状辅食的常用工具，一般棍状物体甚至勺子等都可以，还想省事一点，可以使用搅拌机，同样注意清洁就可以。

吸盘碗：以防宝宝把碗弄掉地上，但要注意吸盘不能直接进入微波炉，以免导致变形，影响吸附功能。

制作辅食的小窍门

适当准备宝宝辅食制作专用工具如小汤锅、磨泥器、榨汁机等，它们的优点是可以做到宝宝专用，而且这些工具在材质、清洗方面都做得较好，是妈妈的好帮手，但价格方面稍微有点贵，大多在几十元到上百元之间。注意宝宝辅食制作中的多个小细节：

- 煮少量的汤时，可以将小锅子倾斜着烧煮。
- 避免使用微波炉制作辅食。
- 想要煮出柔软、颜色翠绿的蔬菜，水一定要充分沸腾。
- 要顺着蔬菜和肉的纤维垂直下刀。

第124天

宝宝补铁不适合多吃菠菜

婴幼儿缺铁性贫血的发生率很高，有些爸爸妈妈很容易想到让宝宝多吃些菠菜，以补充铁，防治贫血。其实，菠菜并非婴幼儿的补铁佳品。

铁是组成血红蛋白的主要物质，食用含铁量高的蔬菜，对防治缺铁性贫血是有好处的，但菠菜不是含铁量最高的蔬菜。

菠菜中含有大量的草酸，容易与铁结合成难以溶解的草酸铁，使菠菜中的铁的吸收率仅为1.3%；草酸还极易与食物中的钙质形成草酸钙，影响钙质的吸收、利用。缺钙会影响婴幼儿的生长发育，造成佝偻病，如果婴幼儿已有缺钙的症状，多吃菠菜会使佝偻病病情加重。因此，吃菠菜能“补血”的说法不科学。

不要靠多吃菠菜来改善贫血状况，但也不要绝对禁食菠菜，因为菠菜中还含有丰富的维生素B_1、维生素B_2、维生素A、维生素E和维生素C，钙、磷、钾等矿物质的含量也很高。

要使菠菜中的钙、铁吸收，就要去除草酸。若将菠菜先在沸腾的开水中焯一下，草酸就溶解到水中，然后再将菠菜给宝宝吃，就可减少草酸对钙、铁吸收的影响。

蛋黄：宝宝的补铁佳品

蛋黄是最适合宝宝开始辅食添加的营养品。它含有丰富的蛋白质、脂肪、钙、磷、铁、核黄素等营养成分，比较易于宝宝肠胃消化和吸收。蛋黄的营养有助于宝宝大脑、骨骼、肌肉和神经细胞的发育，有利于宝宝身体机能的全面发展。

蛋黄做法及喂法

将新鲜的鸡蛋洗净，入锅煮熟，去掉蛋清，取蛋黄，加入适量温开水或奶水后捣成泥状喂食宝宝。

开始每天给宝宝喂食1/8个蛋黄，密切观察宝宝的大便情况，如出现腹泻、消化不良应立刻暂停；如一切正常，可逐渐增加喂食量，从1/8到1/4，从1/4到1/2，直至1~2个月后服食整个蛋黄。

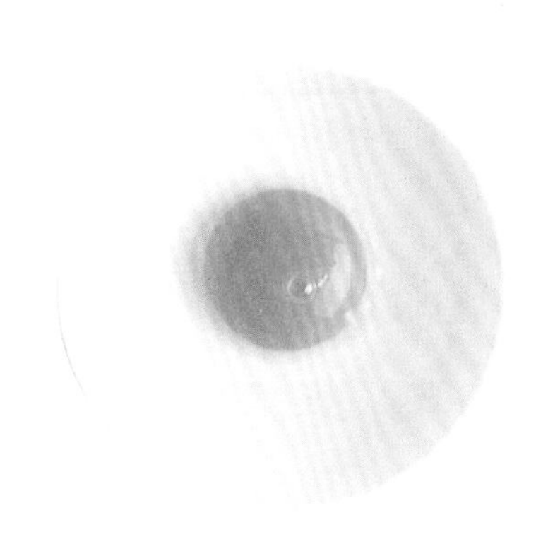

第125天

蛋黄一定要煮透

- 蛋白中的白蛋白分子很小，容易让宝宝产生过敏反应，增加患荨麻疹或哮喘的危险，因此1岁之前的宝宝尽量不吃蛋白。
- 维生素C可将铁的吸收率提高4倍，因此，可以在喂食宝宝蛋黄时加几滴橙汁。
- 蛋黄颗粒易堵塞奶嘴，因此不要把蛋黄加入奶瓶中，最好用小勺喂食。
- 能够吃整个蛋黄后，妈妈可以为宝宝蒸蛋黄羹吃。

1岁以内的宝宝不吃盐

1岁以内的宝宝通过母乳或是配方奶摄取的钠已经可以满足自身需求，不需要再加盐了。宝宝的肾脏功能发育不完全，过多的盐、糖等调料会增加肾脏负担，不利于宝宝的健康。另外宝宝的味觉正处于发育过程中，对外来调味品的刺激比较敏感，加调味品容易造成宝宝挑食或厌食。

蛋黄香蕉糊　帮助排便、促进智力发展

原料：香蕉半根，鸡蛋1个，胡萝卜半根。

做法：❶鸡蛋洗净，放在冷水中煮熟，去壳，取出1/4只蛋黄，压成泥。❷香蕉去皮，用勺子压成泥；胡萝卜洗净，用滚水煮熟，磨成胡萝卜泥。❸把蛋黄泥、香蕉泥、胡萝卜泥混合，再调成浓度适当的糊，放在锅内，略煮即成。

第126天

添加辅食注意食物过敏

宝宝对某些食物过敏是比较普遍的现象，尤其是在尝试新食物时，更容易发生。宝宝过敏的典型症状是出红疹、或腹泻，这个月宝宝添加的辅食新品种多，妈妈更要仔细观察，及时处理。

为了预防过敏，给宝宝添加辅食时，要注意先添加单一的食品，一旦发生过敏，就能准确找到过敏的食物。

一旦出现某种食物过敏，需立刻停止喂食，过敏现象可能会自动消失，因此，隔一段时间之后再少量尝试也是可以的。

另外，敏感性宝宝的过敏反应不会那么容易消失，在这个阶段，妈妈能做的就是继续喂宝宝母乳，添加辅食以米糊或菜水为主，并避免宝宝接触致敏食物，等宝宝慢慢长大一点，过敏特征会部分缓解。

第127天

冲奶：浓度不贪“高”

有些妈妈希望宝宝多吃以补充营养，冲奶往往也是按照这个思维，想着多放一勺配方奶粉宝宝就能吃得更好。可需要注意的是，配方奶粉罐上的冲调说明不只是装饰。

宝宝喝了正常浓度的配方奶后，胃肠会吸收有助生长发育的营养物质。但如果冲调出的配方奶浓度过高，会导致宝宝无法消化吸收，最终反而导致营养不良。此外，配方奶浓度过高，还会增加血管壁压力，影响宝宝健康。所以，冲奶并不是冲得越浓营养越好。

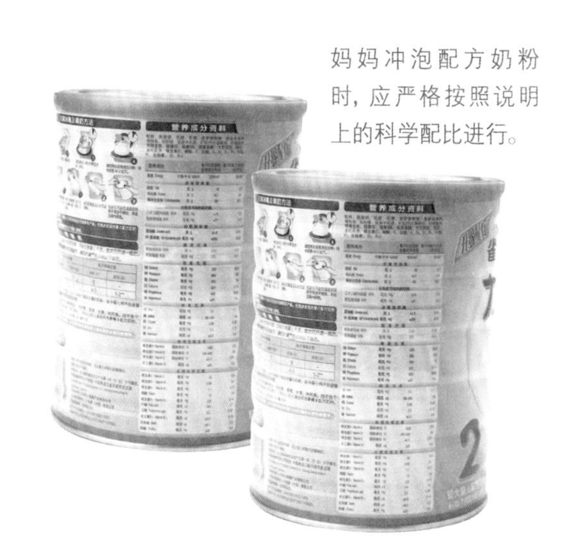

妈妈冲泡配方奶粉时，应严格按照说明上的科学配比进行。

第128天

多汗：只因代谢旺盛

宝宝生长发育特别快，代谢旺盛，加上活泼好动，体内产生的热量多，自然出汗也多，借此来散发体内的热量。有些宝宝稍微一活动就很自然地出汗，这叫做自汗。如果宝宝只是单纯的少量出汗，平时还是爱活动，饮食正常，生长发育良好，没有其他不适的症状，那么就是健康的。

白开水最适合宝宝

宝宝最好的饮料就是白开水，其他饮料都会对宝宝胃部产生刺激，破坏胃液原有的平衡。在宝宝喂奶前半小时让宝宝喝少量水，可以增加口腔内唾液的分泌，有助于消化，但马上要喂奶时，就不要再喂水了。睡前也不要让宝宝喝水，否则会增加夜尿次数，导致宝宝和妈妈都睡不好。

第129天

宝宝不爱喝水怎么办

这个月的宝宝越来越爱出汗了，尤其是夏季，动不动就出一身的汗，可是却不爱喝白开水，这可怎么办？妈妈不要着急，只要换一种方式，也许宝宝很快就会喜欢上喝水了：

- 开始喂水时可以熬一点果汁，果汁可以不必添加任何东西，维持原味。
- 宝宝想要睡觉或者刚起床时，迷迷糊糊，对什么都不会太抗拒，可以在这个时候喂宝宝喝水。
- 如果宝宝拒绝喝水，一定不要过分强迫他，引起他对水的反感，以后就更难喂了。可以更换一种方法，如：给宝宝换一只可爱的小鸭子学饮杯，或者和宝宝玩个游戏，看谁喝水多，妈妈喝一口，宝宝喝一口，慢慢宝宝就会爱上喝水的。

第130天

口欲期：什么都往嘴里放

5个月的宝宝已经不满足吃手了，只要能碰到的东西，他都会放到嘴里，舔一舔、啃一啃，就连脚丫碰到嘴巴时，也会来者不拒地尝一口。

“口欲期”的正常表现

“口欲期”是精神分析学家弗洛伊德提出的，他认为1岁以内的宝宝获得欲望满足的主要途径就是嘴巴。口欲期在宝宝出生前就开始了。通过B超检查，胎儿在子宫内也会吸吮自己的手指；初生的宝宝会吸吮母亲的乳房；他们喜欢从吐泡泡、喃喃发声、咀嚼东西中获得乐趣；更喜欢吮手指并把一切东西放进自己的嘴巴里。

用嘴巴探索世界

宝宝神经系统的各种功能开始发育，而神经发育的顺序是从中心向外围，口周神经比手的神经发育更早，因此，宝宝常常通过嘴巴来探索和体验周围的环境。

不要随意阻止宝宝“吃”东西

这时候，如果妈妈简单粗暴地制止宝宝吃小手，就等同于剥夺了宝宝探索世界的机会。宝宝吃手、吃玩具等是正常过程，在清洁卫生的前提下应充分满足。

妈妈要格外注意玩具的大小，防止宝宝意外吞进玩具卡住喉咙，注意玩具的材质要无刺激、无毒，不要购买喷漆的玩具，避免宝宝铅中毒。还可用一些安全的玩具，比如咬咬乐、磨牙环做替代品，这样既满足了口欲期宝宝的心理需求，又有助于乳牙的萌出，还有利于语言的发展。

啃咬苹果，既可满足宝宝的探索欲望，又有利于乳牙的萌出。

第131天

健康：手足口病的症状与护理

症状

先是咳嗽、流鼻涕、哭闹，有的不发热，也有低热。2~3天后，手掌、脚掌、口腔内出现直径3毫米左右的红疹，不痒不痛，不会影响宝宝的情绪和进食，但是，如果红疹转化为红疱，一旦近距离接触就会传染，特别是较小的宝宝。

家庭护理

- 此病在春夏季较为流行，最好少带宝宝到公共场所，以防被感染。
- 注意让患病的宝宝多喝水、果汁等，一般轻症在家里护理可自愈。
- 如果出现持续发热、呕吐、烦躁不安或精神萎靡等症状，需马上就医。
- 防止宝宝用手挠破水疱而感染。
- 注意卫生习惯，饭前便后洗手，餐具、玩具和生活用品定期消毒。
- 如果带宝宝去小区里玩耍，不要让宝宝随便摸公共设施，减少被传染的机会。在家里，虽然不接触外界，但家人经常外出，也会将病毒带回家里，所以家人外出回来，一定要洗手、换衣服以后，再接触宝宝。

预防“暑热症”：勤给宝宝喂水

夏季天气炎热，出汗、排泄让宝宝丧失大量水分，机体正常生理活动受阻，体温就会突然升高到39~40℃，并伴有口唇干燥、哭闹不安等表现，这就是“暑热症”。所以，夏季要切实安排好降温措施，将空调调至适宜的温度，但要注意不要将宝宝放在空调风口处。宝宝衣服要适宜，以免出汗太多造成水分流失；勤洗澡，勤喂水，预防发生脱水热。

学饮杯方便宝宝含饮，可以帮助宝宝从奶瓶过渡到水杯。

第132天

宝宝感冒了怎么办

症状

宝宝感冒轻重程度差异很大，轻者只是流清鼻涕、鼻塞、打喷嚏，或者伴有流泪、微咳、咽部不适；有时也伴有发热、咽痛、扁桃体发炎以及淋巴结肿大。一般3~4天能自愈；发热可持续2~3天至1周左右。重者体温高达39~40℃或更高，伴有畏寒、头痛、全身无力、食欲减退、睡眠不安等症状；还常常伴有呕吐、腹泻。

产生原因

引起感冒的病原体主要是病毒，病毒的种类很多，而且很容易发生变异。所以宝宝对感冒一般没有免疫力，如果宝宝体质和抵抗力弱，反复发生感冒的可能性很大。

治疗

带着宝宝去医院，经过检查后，如果是病毒性感冒，并没有特效药，主要是照顾好宝宝，减轻症状，一般3~5天就好了。如果是细菌引起的，医生往往会给宝宝开一些药，一定要按时按剂量吃药，不可自行增减药物剂量。

家庭护理

让宝宝充分休息，患病宝宝年龄越小，越需要休息。

按时服药。大多数感冒是由于病毒所致，抗生素非但无效，滥用抗生素还会引起机体菌群失调，加重病情。

在宝宝感冒发热期，应根据宝宝食欲及消化能力不同，暂时减少喂奶次数，以免发生吐泻等消化不良的症状。

家庭居室保持安静，空气新鲜，不能太湿，禁烟，温度宜恒定，不要太高或太低，伴有咽喉炎症状时更应注意，这样才能让宝宝早日康复。

如果发热持续不退，精神差，出现嗜睡或不易叫醒，甚至惊厥、呼吸加快，需要马上就医。

第133天

小心宝宝成为“复感儿”

反复感冒的宝宝，医生称他们“复感儿”。为了彻底改善这种状况，妈妈要把不正确的护理方法纠正过来，锻炼宝宝的耐寒能力。每日坚持户外活动，宝宝感冒时只要不发高热，也要到阳光下走走。另外，不要老给宝宝吃药，宝宝流点清鼻涕不要紧，如果不发热，吃喝拉撒都正常，不要急于吃药，也没必要抱宝宝去医院。适度地让宝宝的身体与感冒抗争，也能提高宝宝的抗病能力。

重视室内空气质量

宝宝的身体正在发育中，免疫系统比较脆弱，而且呼吸量按体重比成年人高50%，这就使他们更容易受到室内空气污染的危害。如要防止宝宝受到室内不健康空气的污染和危害，应该加强房间的通风换气；家庭装修时避免使用含有害物质的装修、装饰材料。注意宝宝房间的装饰设计，不要一味地追求设计效果，使用大量人造板和劣质漆，从而导致室内环境污染；宝宝房装修好后要注意室内空气的检测和治理。

第134天

多给宝宝搓搓背

无论宝宝长到几岁，依然存在皮肤接触的需要，触摸肌肤不仅是给宝宝的神经增加营养，还可以促进宝宝的大脑发育，提高心智，安抚宝宝的情绪，利于建立良好的亲子依恋。宝宝睡觉前，如果“哼哼唧唧”地撒娇，大概就是皮肤“饥饿”发作了。这时，妈妈可以轻轻搓搓宝宝的后背，帮助宝宝缓解肌肤的饥渴状态，使宝宝身心愉悦，很快，他就会舒服地睡着的。

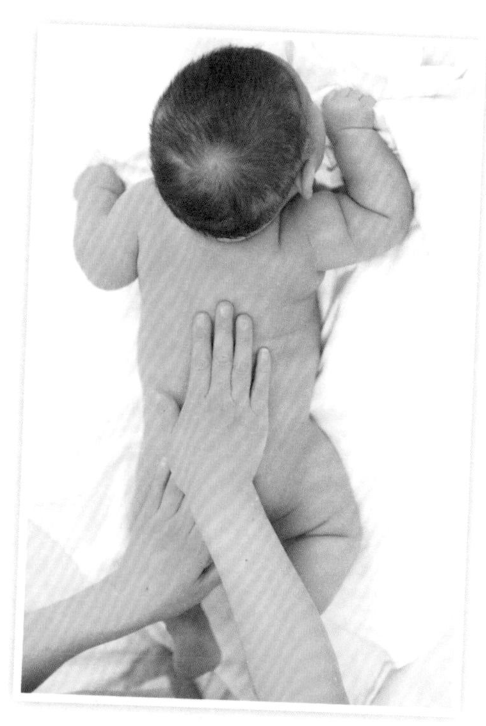

宝宝洗完澡后，妈妈由上至下给宝宝搓搓背，宝宝会睡得更香。

第135天

安全：处理宝宝烧烫伤

烧烫伤对宝宝来说是个很大的意外，比如热水、热油的烫伤，或者被酸、碱溶液造成的烫伤等。

紧急处理：

- 马上用流动水持续地冲，进行局部降温，坚持冲洗20分钟以上。
- 轻度烫伤最好延长冲水、冰敷时间，直到不痛为止。冲洗之后用纱布包好，最好不要涂药。
- 如果隔着衣服烫伤，不要撕破衣服，马上用冷水冲洗，一边用剪刀剪破衣服，千万不能用手撕扯。
- 如果脸部或额头烫伤，轮流用湿毛巾冷敷。
- 烫伤处起了水疱，敷上湿毛巾，马上送医院。
- 如果是大面积烫伤，最好别用凉水冲洗，只用湿毛巾冷敷，别用任何药物，马上就医。
- 民间认为的抹酱油等处理均不妥当，在烫伤发生后应即时就医。

第136天

户外活动小心呵护宝宝

户外活动时给宝宝戴上小帽子，夏天要注意避暑，及时给宝宝补充水分。不要带宝宝到人群聚集处，比如商场、电影院等地。推车里的宝宝一定要系上安全带，以免颠簸。

婴儿车的选用

选购婴儿车时应确保车架结实、光滑；推杆、扶手上应喷涂防腐保护层；全棉制品的布料；前轮有定向装置，后轮有刹车装置，并配有安全带、遮阳或遮雨篷；各种产品证书齐全。0~6个月的宝宝，应选择坐卧两用的婴儿车，7个月以上的宝宝可选购携带方便、适合散步使用的伞柄车。婴儿车在使用过程中应定期检查各部分的性能。

坐卧两用的婴儿车，尤其适合6个月以内的宝宝使用。

第137~138天

学语言：加强宝宝对发音的模仿

宝宝的初步语言理解阶段，最重要的影响因素就是成人是否对其讲话以及讲话的水平如何。通过倾听、发声、模仿、呼唤、发出与行为有关的声音等一系列活动，开启宝宝的语言训练计划。

模仿发音

模仿是宝宝学习语言最好的方法之一，对于5个月的宝宝来说更是如此，语言训练的第1步就是引导宝宝模仿发音。

宝宝4个月咿呀学语时就能发出ma、ba的声音了，5个月时妈妈要开始训练宝宝，模仿发出ma~ma，ba~ba的重复音节。训练时，妈妈要情绪饱满、表情愉悦，同时保持和宝宝面对面的距离，方便宝宝看到妈妈的口型，便于模仿。妈妈每发出1个重复音节，就停顿1次，给宝宝一个反应的时间，并引导模仿。

发音模仿游戏：妈妈是个口技演员

- 妈妈把宝宝抱在怀里，面对面地坐好，让宝宝可以看到妈妈的口型。
- 妈妈用嘴巴发出各种各样的声音：亲嘴、咂嘴的声音，舌头、嘴唇能发出的各种声音，如尖叫、喘气、吸气，各种笑声、吹口哨、唱歌，以及模仿动物的叫声。
- 妈妈注意观察宝宝的表情，宝宝十分喜欢妈妈这样做，他会很好奇，妈妈怎么能发出这么多的声音。
- 调动宝宝的兴趣之后，妈妈再发出重复音节，鼓励宝宝进行模仿。

第139~140天

简单认知：认识身边的事物

随着感觉的发展及对身体控制能力的提高，宝宝对世界的好奇心更强了，因此，爸爸妈妈需要付出更多的时间，引领着宝宝认识这个丰富多彩的大千世界。

认知从日常物品开始

从5个月开始，妈妈可以有计划地教宝宝认识周围的日常事物了。一般来说，宝宝最先认识的是眼前变化的东西，能发光发亮的、音调有变化或者会动的，比如灯、会动会叫的电动小狗玩具、能发出声音的手机等。

宝宝的认物一般分为两个阶段：一是听到物品名称后学会注视；二是理解语义后，学会用手指。此阶段妈妈可为宝宝准备一些方便拿取、安全结实的物品，比如球类玩具、动物玩具、能发出声音的小乐器（如小鼓、铃铛、小钢琴等）。

具体操作方法

先学会集中宝宝的注意力，经过练习，让宝宝学会在妈妈说出物品名称时知道注视。

有两种方法练习，一种是每天认识几种物品（不超过3~5件），连续重复几天，直到宝宝认识为止；另一种是每天认识一种物品，学会后再认识下一个。每天至少练习4~6次，观察宝宝的兴趣点，如果宝宝有些不耐烦，即刻停止练习。

宝宝爱和小鸭子"说话"，妈妈可以模仿小鸭子，和宝宝对话。

第141~142天

帮宝宝缓解分离焦虑

从6个月开始，宝宝就懂得分辨家人和陌生人了，并且对妈妈的依赖感日益增强。妈妈可能会因为宝宝的依赖感而有一丝小甜蜜，不过总是这样的话，妈妈几乎什么都做不成！以下建议，也许能帮宝宝顺利度过分离焦虑期。

给宝宝一段缓冲时间，可以让爸爸妈妈和接替者之间有角色的传递，一方面让接替者产生信心，另一方面可让接替者了解你照顾宝宝的方式和态度。如果接替者能充分配合，则能减少宝宝面对分离时所带来的焦虑和不适应行为。

分离焦虑的出现，是具有特殊适应意义的。它促使宝宝去寻找他所亲近的人，或者发出信号，呼唤妈妈的出现，这是宝宝寻求安全的一种有效的方法。如果爸爸妈妈给宝宝完整的照顾，让他对外在世界深具信心，那么宝宝会比较乐观，对幸福较有把握，这样就有足够的能力去面对分离。

一天中必不可少的3次拥抱

宝宝的情感表达方式很简单，也很直接，拥抱是最好的表达爱他的方式之一。通过抱一抱，告诉他爸爸妈妈的爱，他就能直接地感受到，并且给予回应。

第1次拥抱：早晨醒来。睡了长长的一夜，早晨醒来，给宝宝一个拥抱，问候宝宝早上好。

第2次拥抱：下班回家。在外工作了一整天都没有见到宝宝，妈妈的一个大大的拥抱，可以弥补这种长时间分离给宝宝带来的想念。

第3次拥抱：宝宝睡前。睡前亲亲宝宝的额头，道声晚安，宝宝带着拥抱的余温，一定能枕着好梦入眠。

第143~144天

早教：培养宝宝看书的兴趣

对于这个月龄的宝宝来说，真正意义上的看书还没有开始，但接触书籍、熟悉书籍和体会玩书游戏的乐趣对于宝宝来说非常重要。

书籍的类型

为宝宝准备布料和软塑料质地的书籍，这些书籍特别适合此月龄的宝宝。因为它们重量轻，宝宝抓握的时候比较省力。布书和软塑料质地的书籍还不容易被撕坏，重要的是可以清洁水洗。

还可选择又小又厚的卡片书。宝宝容易翻开这些书，卡片书也不容易被宝宝撕坏或咬坏，画面简单、色彩单一，宝宝很喜欢此类书籍。

培养爱书技巧

经常把宝宝抱到腿上，和宝宝一起看书，让宝宝通过抚触、翻动、抓握不同材质的书籍感受看书的乐趣。

关于动物、汽车或其他可以发出有趣声音的书籍。妈妈和宝宝边看书，边根据书中的内容玩些拟声游戏，没有什么比有趣的“喵喵”和“嘀嘀”声更能让宝宝产生好奇心了。

“定制”一本宝宝的小书

妈妈可以把宝宝最喜欢的颜色、动物、食物、人物等图片收集起来，通过塑封，制作成一本属于宝宝的小书。

妈妈每天抽出固定的时间带宝宝看书、听书、读书。每天变换不同的词汇，为宝宝丰富字、词、句。

随时增加小书的内容，把更多的内容塑封好填充进去，让宝宝拥有一本专门属于自己的、提高语言及认知发展的小书。

第145天

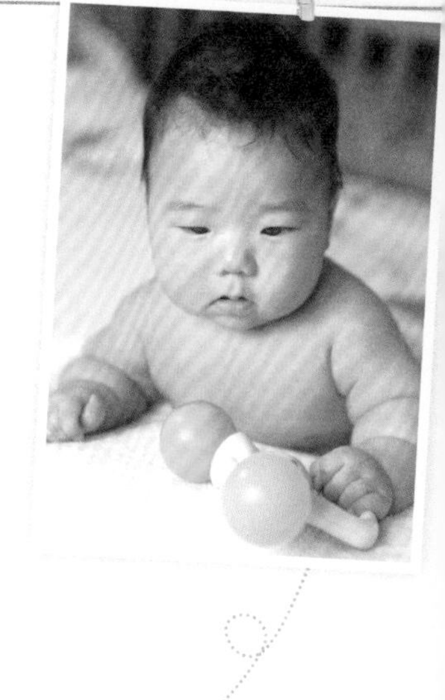

宝宝玩玩具：最爱抓和啃

玩具可以促进宝宝语言、认知、动作、社会性等各方面的均衡发展，是宝宝的心爱之物。5个多月的宝宝，手眼协调变强了，他可以准确地把手伸向玩具；喜欢一些简单而有效的动作：如抓、啃玩具，探索新玩法等；宝宝开始有意地摇动和敲打玩具，探索和记住不同的玩具有不同的玩法和功能；玩具掉了，宝宝会顺着掉的方向去寻找；并且两只手可以同时抓住2个玩具。

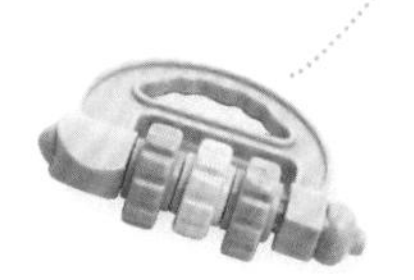

为5个月的宝宝准备玩具

名称	建议活动	所培养的技能
浴室玩具（包括沉浮玩具）	洗澡时放在澡盆或浴缸里，便于宝宝抓握，增加洗澡乐趣，同时便于宝宝建立影像，与相应词语进行联系	手眼协调能力、认知能力、语言能力
软性积木	把玩积木、抓握积木；妈妈为宝宝搭积木，做出新造型，宝宝观察	精细动作发展、认知能力、语言能力
软性球类	抓握、滚动追踪	手眼协调能力、视觉追踪
能发声会动的玩具、毛绒玩具	认识玩具的名称，如小狗、小猫、小靠枕等；能抱着的、温暖柔软的毛绒玩具；能发声、发光的电动玩具	认知能力、语言能力；触觉发展；因果关系
不倒翁	摇晃、尝试摆弄；观察、推倒	手眼协调、认知能力
适合宝宝特点的图书、挂图	读书、看图认物	语言能力、认知发展

第146天

蹦跳：跳得欢，有力气

5个月的宝宝越来越活泼可爱了，只要清醒时，就不会老老实实地躺在那里，身体总会动来动去。

如果妈妈把宝宝放到膝盖上，他就会兴奋地并拢双脚，在妈妈的辅助下奋力地上下蹦跳，越跳越有劲儿，越跳越开心。别小看了宝宝这个上下蹿跳的动作，这可标志着宝宝大运动的健康发展，在增强腿部力量和灵活性的同时，也加强着腿部和全身动作的配合能力，为宝宝今后的坐、爬、走做准备。

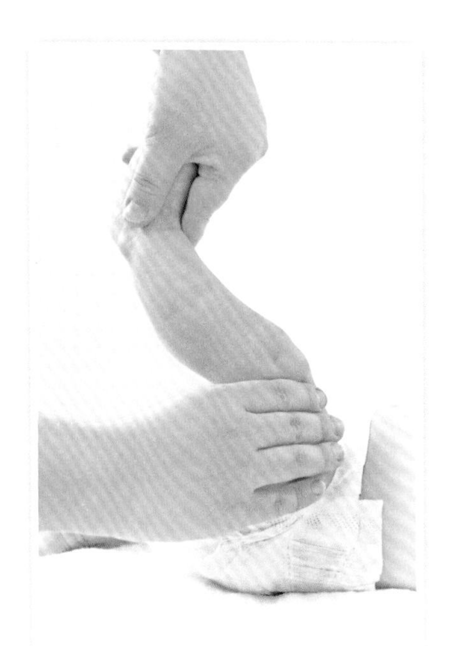

握住宝宝的脚，经常给他按摩腿部，以此来增强宝宝下肢的灵活性。

第147天

行为能力在进步

开始会认物品

现在有的宝宝会长时间地盯着颜色丰富的物体看，当爸爸妈妈拿着色彩鲜艳的玩具在宝宝面前晃动时，他的头也会随着玩具动来动去。一般来说，出生后4~5个月的宝宝可以学认第一种物品。那么，怎么确认宝宝已经认识了这个物品呢？当爸爸妈妈说到某物名时宝宝用眼去看，就表示宝宝认识了该种物品。

开始了解语言的功能

宝宝现在能够明白母语中所有的基本发音了，从现在起到宝宝6个月，他会学着发一些音节，比如“妈妈”“爸爸”，这可能是你这辈子听到最动听的声音了。不过宝宝现在还不能把“ma”、“ba”的发音与爸爸妈妈联系起来。

鼓励宝宝说话

当宝宝发出声音或尝试着说话时，爸爸妈妈要做出回应，宝宝会知道，他说的话能引起你的反应了。这会帮助他了解语言的重要性，还会帮助他更好地了解因果关系，同时，这也是帮助他树立自尊心的重要途径。

第148天

主动抓取：小手越来越灵活

在精细动作的发展过程中，宝宝最先注意到的就是自己的小手，从刚出生时小手紧紧地攥握，到无意识地抓握，最后到有意识地抓取，反映了宝宝神经发育及手眼协调的过程。

够取玩具

妈妈把玩具放在宝宝的身边，让宝宝伸手去够取，将玩具抓到手后，告诉宝宝玩具的名称、颜色，然后给予宝宝充分探索、玩耍玩具的时间，让他尝一尝、舔一舔、咬一咬、摇一摇，按照自己的方式自得其乐。第5个月末，还可以让宝宝坐着玩一会儿玩具，腾出宝宝的双手，便于他更好地对玩具进行不同方式的尝试和探索。妈妈可以准备些电动玩具，通过声、光吸引宝宝的注意，让宝宝练习够取。

抓住悬吊玩具

让宝宝舒服地仰卧在床上，妈妈将玩具悬吊在宝宝胸前的位置上，逗引宝宝够取、拍打悬吊在胸前的玩具，促进手眼协调的发展和提高。

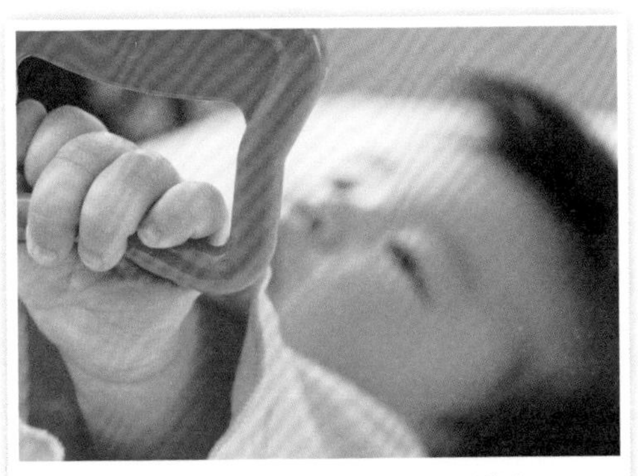

5个月的宝宝能熟练地用五个手指扣住吊环状的玩具了。

练习换手

5个月的宝宝还不会换手，平时，妈妈可以有意识地给宝宝增加练习的机会。

先让宝宝练习两只手各握一个玩具。妈妈把宝宝抱在怀里，递给宝宝一块小积木让宝宝抓住，再向另外一只手递小积木，让宝宝练习两只手都能抓握玩具。

等宝宝两只手都能抓握玩具后，再开始让宝宝练习玩具换手。

第149~150天

测评：满5个月宝宝的智能发育标准

分类	项目	测试方法	通过标准	出现时间
大运动	扶跳	在爸爸妈妈腿上蹦跳	有蹦跳动作	第__月 第__天
	扶站	双手扶宝宝腋下站立	能站立2秒以上	第__月 第__天
	靠坐	让宝宝在沙发上靠坐着玩	靠坐10分钟左右	第__月 第__天
精细动作	双手各握玩具	将积木从左右侧分别递给宝宝	两手各拿1个	第__月 第__天
	抓握悬吊玩具	宝宝仰卧，逗引宝宝够取悬吊在胸前的玩具	能主动够取、抓住玩具	第__月 第__天
语言	唤名回头	在宝宝背部或侧面呼唤宝宝的名字	转头注视并情绪愉快	第__月 第__天
	模仿发音	与宝宝面对面发重复音节：baba、mama、dada、nana	会发出2个重复辅音	第__月 第__天
认知	找掉落玩具	将带响的玩具在宝宝面前落地，发出声音	伸头转身寻找	第__月 第__天
情绪和社交	照镜子	将宝宝竖抱在穿衣镜前，逗引其看镜中人	看着镜子被逗笑	第__月 第__天

宝宝免疫小贴士

乙肝疫苗第3针

流脑疫苗第1针

第6个月
坐着看世界

恭喜恭喜，宝宝快半岁了，每天都有进步，每天都有让人惊讶和欢笑的小动作、小事情出现。睡眠明显减少了，此时会哭、会笑、会翻身、会玩耍，甚至会坐在那里煞有介事地和爸爸妈妈“咿咿呀呀”地聊天，似乎还会看大人的“脸色”了，因此，爸爸妈妈要多给宝宝以微笑。

第151~152天

防止咬乳头：哺乳前让宝宝磨磨牙

如果妈妈被咬了，可以将手指插进乳头和宝宝的牙床之间，撤掉乳头，并且坚定地对宝宝说："不可以咬妈妈。"如此几次之后，宝宝会明白，咬妈妈会导致妈妈不舒服，他就会自动停止咬了。

妈妈同时要注意观察，如果宝宝是因为长牙咬乳头，就准备一些牙胶或磨牙玩具，平时多给宝宝咬一咬，甚至在喂奶之前先让宝宝把这些东西咬个够，缓解宝宝牙床的不适感。

营养：添加辅食别影响母乳喂养

母乳仍然是宝宝这个月最佳的食物来源。对于健康、足月的宝宝来说，妈妈的乳汁能供应宝宝所需要的全部营养。

母乳依然是最完美的食物

6个月的宝宝又会进入到"猛长期"，继续频繁地吸乳，会刺激妈妈乳房分泌出足够满足6个月宝宝成长的奶量。但是，宝宝在4个月时，从母体带来的铁元素已消耗殆尽，如果母乳中的含铁量较少，宝宝可能出现缺铁性贫血，可考虑在此时添加辅食。不论怎样，1岁之前，宝宝营养的重要来源依然是母乳。

怎样保持良好的母乳喂养

- 上班的妈妈至少保证早晨、下班回家和晚上睡前3次给宝宝哺乳。
- 工作期间在隐蔽的地方，2~3个小时可挤奶1次并用有冰包的保温袋保存。
- 周末时，给宝宝按需哺乳，频繁吸乳有助于乳汁量的恢复和保证。
- "猛长期"的宝宝可能会在夜间也频繁吸乳，妈妈整晚要和宝宝睡在一起。

辅食：尝试更多的口味

4~5个月时，增加辅食的目的是为了让宝宝尝试更多母乳或配方奶以外的食物，增加味觉的刺激，为真正的辅食添加做准备。6个月的宝宝可以在之前的基础上，开始更多口味的尝试和探索了，不过，本月辅食的添加还是要看宝宝的接受程度，操之过急只会影响宝宝辅食的顺利进行。

推荐菜谱

淀粉、蛋白质的添加要循序渐进，由少到多，密切观察宝宝是否有过敏反应，随时停止或调整。辅食中不额外加盐和糖。宝宝不吃就推迟些添加，仍然遵循辅食添加看宝宝，不看月龄的原则。

蛋黄鱼泥羹

补充DHA和铁

原料：鱼肉30克，熟蛋黄半个。

做法：❶鱼肉洗净后去皮，去刺，放入盘内，上锅蒸熟。❷取出鱼肉，拌入熟蛋黄，用小勺弄成泥状。❸兑入少量凉开水，再小火煮1分钟即可。

西红柿鸡肝泥

补铁佳品

原料：鸡肝30克，米粉20克，西红柿半个。

做法：❶鸡肝洗净、浸泡后煮熟，切成碎末。❷西红柿洗净，放在水中煮沸，捞起后去皮，压成泥状，加入鸡肝末和调制好的米粉，搅拌成泥糊状，蒸5分钟即可。

第153天

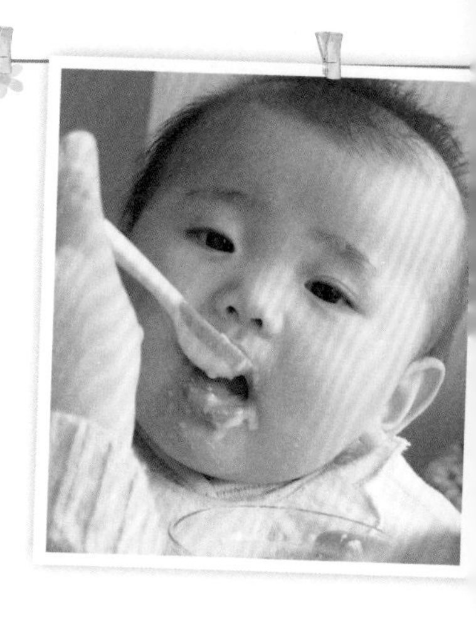

睡眠：别让宝宝睡太早

6个月大的宝宝晚上应该睡多久，并没有统一标准，只要宝宝睡得香，第二天精神好就不必担心他的睡眠问题。不过宝宝晚上也不能睡得过早，所以在晚饭前尽量不让宝宝睡觉，否则宝宝睡到半夜醒来就很难再入睡了。晚饭前是和宝宝亲子的美好时光，和宝宝做些游戏，讲讲故事，把“瞌睡虫”都赶到晚上去，逐步养成规律的睡眠习惯。

如何应对宝宝添加辅食后不喝奶

有一些宝宝自从添加辅食后就不怎么爱喝奶了，宝宝出现这种情况的原因大概有：

- 添加辅食的时间不是很恰当，可能过早或过晚。
- 添加的辅食不合理。为了使孩子爱吃辅食，口味调得比奶类鲜浓，使孩子味觉发生了改变，不再对淡而无味的奶感兴趣了。
- 添加辅食的量太大。辅食与奶的搭配不当，宝宝想吃多少就加多少，没有饥饿感，影响了宝宝对吃奶的食欲。
- 宝宝自身的原因：比如断奶后的宝宝添加辅食后，乳糖酶逐渐减少，再给奶类，会造成腹胀、腹泻，而拒吃奶类。

针对这些情况，妈妈可以在宝宝准备吃辅食时，先喂些奶再喂辅食，也可以在宝宝睡前或刚醒时喂瓶奶。如果担心蛋白质摄入不足，可以适当增加鱼、肉、蛋的摄入量。妈妈也可适当减少辅食的量，让宝宝有更多的机会喝奶。

第154天

偏食：如何促进宝宝的食欲

一般而言，越是味觉敏感的宝宝，越容易挑食，长此以往容易养成偏食的习惯，特别是当宝宝长到7~8个月时，这种对食物的偏好会表现得日趋明显。爸爸妈妈需要知道的是，对于宝宝挑食这件事，大可不必太过担心，因为大部分宝宝不爱吃的食物，到了幼儿期就可能变得爱吃，对于偏食的纠正，可以做一些努力来改善，但一定不要强制进行：

- 婴儿期就要注意培养宝宝良好的饮食习惯。及时添加辅食，使宝宝从小就具有正常良好的食欲。
- 选择正确时间断奶，有利于良好饮食习惯的培养。
- 少给宝宝吃零食、甜食及冷饮，以免打乱宝宝的饱饿规律。
- 增加宝宝的活动量，促进食欲。重视食物品种的多样化。每种菜做得少一点儿，花样多一点儿，以此来增强宝宝的进食欲望。
- 强调色、香、味俱全，并适合宝宝口味。可在宝宝胃口好、食欲旺盛的情况下纠正偏食。

第155天

怎样清洁辅食餐具

辅食餐具是宝宝的亲密小伙伴，经常装着美味的食物而容易滋生细菌，加上宝宝的肠胃很娇弱，妈妈自然要特别重视餐具的清洁和消毒。

餐具的清洗要及时，同时餐具的消毒也很重要，消毒频率一般每天1次就可以了。适合宝宝餐具消毒的方法主要有三种：一是煮沸消毒法，就是把宝宝的辅食餐具洗干净之后放到沸水中煮2~5分钟，这种消毒法最为普遍，但如果有些餐具不是陶瓷或玻璃制品，煮的时间就不宜过长；二是蒸气消毒法，把宝宝餐具洗干净之后放到蒸锅中，蒸5~10分钟；三是微波炉消毒法，只要3分钟就能完全杀死致病菌。对餐具进行杀菌消毒时，最好事先沾点水再放入微波炉，这样可大大提高杀菌效果。

第156天

喝果汁：每天5~10毫升

刚开始添加辅食的宝宝肠胃还很脆弱，最好是在中午吃奶后1小时进行，这时候宝宝较容易接受辅食，每天喂1次果汁，每次5~10毫升。可在纯果汁中加2倍分量的温开水，用小汤勺或专用的奶瓶喂给宝宝。

随着宝宝不断长大，果汁每天的频率和量都可以相应增加。果汁最好自制，可以保证新鲜度。所选的水果应该是应季的，只要新鲜就行，不必去买进口水果或反季节水果。制作过程务必注意讲究卫生，每次制作果汁要适量，剩下的果汁不能留着再次喂给宝宝。另外，即便是每天喝果汁，也应该注意给宝宝加几次白开水，量不一定多，但要让他习惯白开水的味道，不然喝惯了果汁后就不爱喝白开水了。

宝宝可以适当吃水果、糕点

儿童健康专家认为宝宝可以吃零食，但是爸爸妈妈要帮宝宝选对零食，对宝宝有益的零食有水果、奶制品、糕点等，要根据不同月龄的宝宝适当添加。

首先，掌握宝宝吃零食的时间。可在每天午饭、晚饭之间，给宝宝一些点心或水果。但量不要过多。餐前1小时内不宜让宝宝吃零食，尤其是甜食，否则易患龋齿。其次，可针对宝宝生长发育情况，选择强化食品作为孩子的零食。如缺钙的宝宝可选用钙质饼干；缺铁的加补血酥糖；缺锌、铜的，可选用锌、铜含量较高的食品。但对强化食品的选择要慎重，最好在医生的指导下进行，否则短时间内大量进食某种强化食品可能会引起中毒。

每天的零食安排以1~2次为宜，在数量上控制宝宝零食，不能吃得过多，以免影响食欲。总之，爸妈一定要有计划、有控制，不可用零食来逗哄宝宝，不能宝宝喜欢什么就给他买什么，不要养成宝宝无休止吃零食的坏习惯。

第157天

第158天

宝宝出牙的顺序

大部分宝宝从这个月开始，小乳牙相继萌出。

保持口腔卫生。妈妈在每次哺乳或宝宝吃完辅食后，用温开水给宝宝漱漱口，或早晚两次用消毒纱布裹在食指上，或用软毛手指牙刷为宝宝刷牙。

加强营养供给。出牙期，营养不足会导致出牙推迟或牙质差。因此，这一时期除全面加强营养外，还应特别注意添加维生素D及钙、磷等矿物质，最简便的方法就是多抱宝宝去户外晒太阳。母乳喂养的妈妈要特别注意补充钙质丰富的食物。

安抚宝宝出牙期的烦躁

宝宝出牙期间可能会心情烦躁、食欲下降，还可能经常在半夜时无故哭闹和磨牙床。爸爸妈妈要经常抚摸、搂抱宝宝，或者带宝宝出去散散步。

如果宝宝出牙感到疼痛，可以让宝宝咬1块干净的湿毛巾或牙胶，含水牙胶可以先放在冰箱内冷藏一下。毛巾最好事前放冰箱制冷，牙龈受到冷敷，痛感会缓解。或者把冰块包在毛巾里面，轻轻摩擦牙龈。冰块用毛巾包好，不要和宝宝的牙齿直接接触。

出牙期，如果宝宝出现发热或其他不适症状，应尽快带宝宝就医。

乳牙萌出顺序及时间

下排牙齿	长牙时间	长牙顺序
第二大臼齿	23~31个月	9
第一大臼齿	14~18个月	6
犬齿	17~23个月	8
侧面门牙	10~16个月	4
正中门牙齿	6~10个月	1

上排牙齿	长牙时间	长牙顺序
正中门牙齿	8~12个月	2
侧面门牙	9~13个月	3
犬齿	16~22个月	7
第一大臼齿	13~19个月	5
第二大臼齿	25~33个月	10

第159天

磨牙棒：缓解出牙期不适

一转眼，宝宝已经6个月了，摸摸小牙床，硬硬的，看样子要出牙了，怪不得小家伙最近总是乱咬，原来是在磨牙呢，我们能帮他做点什么呢，多给宝宝提供磨牙宝贝吧！市面上的磨牙宝贝主要有牙胶和磨牙饼干等。

牙胶由安全无毒的软塑料制成，可缓解长牙的不适，帮宝宝锻炼嚼、咬的动作，有助于牙齿的健康生长。

磨牙饼干一般有三种形式，一种是质地比较坚硬的磨牙棒饼干，一种是相对酥软的手指饼干，还有一种是做成各种形状的磨牙饼干，可根据宝宝的情况和需要进行选择。

巧手自制营养磨牙棒

营养蔬果条。把新鲜的苹果、梨、胡萝卜等蔬果切成手指粗细的小长条，清凉又脆甜，不仅可以让宝宝磨牙，同时也是尝试新食物的好办法。

香酥烤馒头。把馒头切成1厘米左右的薄片，放在平底锅里烤一下，不要加油，烤至两面微黄，略有一点硬脆。

第160天

健康：如何保护乳牙

宝宝开始长乳牙啦，小牙齿正努力地想要一颗颗地冒出来，这时候，妈妈也不能疏忽宝宝的口腔保健，看看怎样保护宝宝的乳牙吧。

- 以约45°斜卧位或半卧位为宜，尽量不要躺着喂奶。每次哺乳或喂食后喂些白开水，冲走宝宝口中食物的残渣。不要让宝宝含着乳头或奶嘴入睡，以预防龋齿。
- 用消毒纱布裹手指擦拭宝宝的口腔，经常按摩宝宝的牙床；也可以用软毛的手指牙刷为宝宝早晚刷乳牙。
- 乳牙萌出时期，适当咀嚼硬物可以促进颌骨发育，让牙齿长得更整齐。
- 给宝宝多吃一些粗糙、富含粗纤维的食物，控制糖果、甜食、果汁的摄入。
- 爸爸妈妈平时少亲吻宝宝的嘴唇，尤其是本身就有龋齿问题的。
- 如果有条件的话，在宝宝2岁前，每2个月口腔保健检查1次。

第161天

宝宝体重增长慢怎么办

宝宝体重增长过慢时，妈妈可以先带宝宝做一个身体检查，以确定是否因为疾病原因导致宝宝体重增长缓慢。如果是因为疾病的原因，对症下药后，宝宝的体重增长就会趋于正常；如果不是，妈妈就要从宝宝的营养和日常护理着手调整了。

- 保证供奶量。1岁以内宝宝尽量以奶为主，1~2岁的宝宝每日要进食母乳600毫升左右，2~3岁的宝宝每日进食母乳400毫升左右，以保证生长发育需要。需要注意的是，如果宝宝已经断奶，还应尽量选择配方奶粉。
- 营养均衡。当一日三餐从辅食变为主食后，首先要注意添加蛋黄、肝泥、肉、豆腐等含有丰富蛋白质的食物，这是宝宝身体发育所必需的营养素；米粥、面片、龙须面、小饺子、面包等主食，都是补充所需热量的来源；补充维生素和矿物质，依靠蔬菜和水果的供给，膳食纤维可以促进肠道蠕动，缩短粪便在肠内的时间。
- 养成良好的生活习惯。特别是饮食、睡眠要有规律。
- 增加活动量。这样，宝宝体重才会正常增长。

让宝宝从奶瓶过渡到水杯

给宝宝准备1个不易摔碎的塑料杯，杯子要通过安全检测，环保、无毒、无刺激，颜色要鲜艳且易拿握。可让宝宝拿着杯子玩一会儿，待熟悉后，再倒入一些奶或果汁、水，将杯子放到宝宝嘴边，然后倾斜杯子，并让杯子里的奶或水能触到宝宝嘴唇。

第162天

睡眠：从现在起，培养宝宝安睡一整晚

随着宝宝的成长发育，睡眠模式也随之改变，并且和成人的模式更为接近。等宝宝长到6个月左右时，他的身体条件就已经能够让他睡整夜觉了，妈妈不再需要晚上起床喂奶。事实上，宝宝到底能不能睡上一整夜，取决于他有没有养成良好的睡眠习惯和睡眠规律。

尊重宝宝自身的“生物钟”

宝宝的身体本身就有自己的规律性，知道何时睡觉何时醒来，这就是“生物钟”。爸爸妈妈要做的就是了解宝宝自身的规律并根据具体的季节变化，制订适合宝宝的活动日程和作息时间；然后，要和宝宝一起认真地执行这个计划。如果没有什么特别的事情，宝宝的睡觉和起床时间最好由宝宝自己决定，不要拘泥于成人的意愿或者其他权威的建议。

开始形成一套睡前程序

如果爸爸妈妈还没有这样做，那么现在也是开始建立一套睡前程序的好时机。睡前程序可以包括以下部分（或全部）内容：给宝宝洗个澡，换新尿布准备睡觉，给宝宝读1~2篇睡前故事，唱1首摇篮曲，亲吻宝宝道晚安。这套睡前程序适合大多数家庭。只要坚持每天在同一时间、以同样顺序完成。规律有序的生活有利于宝宝健康成长。

睡前别让宝宝太兴奋

睡前宝宝不能过于兴奋，不玩新玩具。在宝宝入睡前半小时，应让宝宝安静下来，更不要过分逗弄宝宝。睡前不给宝宝讲紧张的睡前故事。建议在宝宝睡前，先将室内的光线调得暗些，让宝宝知道，现在是睡觉的时间了，放点轻柔的音乐。在宝宝睡着以前，不要发出太响的声音。

熟悉自己的床

所有的宝宝，特别是在出生后的头几个月，都会在夜间醒来几次。很多时候，他们都是在经过几段浅睡状态后醒来。通常，宝宝自己能够重新进入熟睡状态。但是，如果每天晚上宝宝完全入睡前都需要喂奶或者摇晃，那么他将很难在没有这些帮助时自己重新入睡。所以，妈妈在宝宝完全入睡前就应该把他放到床上，这样宝宝入睡前的最后回忆是睡觉的床，而不是妈妈或奶瓶。当然，宝宝可能会采取一些方式来帮助自己入睡，比如发出咕咕声、咿咿呀呀声、哼哼声、在婴儿床上摇晃或者连续啼哭几分钟等。

夜间的安抚

如果宝宝晚上醒来，可能会有5~10分钟才能使自己重新入睡。如果超过这段时间宝宝还没有睡着，妈妈可以去看看他，但不用把他抱起来，轻声和宝宝说话或者拍拍背部就可以了，这样能给宝宝安全感。如果妈妈不等宝宝花时间从不同睡眠状态中进行自然转换，宝宝很有可能会依赖上他人晚上给予的爱抚和关心。这种过多的干涉实际上会影响宝宝的午夜睡眠方式，会误以为又到了游戏的时间，而给宝宝提供不必要的饮食则可能导致睡眠障碍的发生。

打“持久战”

大多数宝宝睡眠习惯的建立需要很长一段时间，可能表现得时好时坏，爸爸妈妈千万不要奢望宝宝马上就能整夜地独自睡觉，不再烦扰。特别是在一些特殊的时期，如长牙、疾病、环境及看护人的改变等，很有可能打乱宝宝的睡眠规律。妈妈对此要有充分的思想准备。

第163天

怎样保持良好的母乳喂养

如果妈妈开始上班，至少保证早晨、下班回家和晚上睡前三次给宝宝哺乳。

工作期间在隐蔽的地方，两三个小时可挤奶一次。

周末休息时，让宝宝按需哺乳，频繁吸乳有助于乳汁量的恢复和保证。

6个月进入到宝宝的“猛长期”，多挤奶、频吸吮可以促进乳汁的分泌，满足宝宝的成长需求。

“猛长期”的宝宝可能会在夜间也频繁吸乳，妈妈整晚要和宝宝睡在一起。

妈妈每天多喝些有营养的汤水、果汁或牛奶，哺乳期的妈妈最好忌口，少吃或不吃含有咖啡因的食物，如咖啡、茶、可乐、巧克力、可可等，避免引起宝宝的不良反应。

第164天

疾病：怎样发现宝宝生病了

宝宝生病早期很难发现，只有靠爸爸妈妈细心地观察来发现异常。如果宝宝的饮食、睡眠、大小便和精神情绪突然发生变化，则应猜测他是否生病了。

- 宝宝吃奶不好，有时伴有呕吐甚至进食、进水均困难。
- 大便次数增加，带有不消化食物，并有酸味、泡沫或有脓血便。
- 体温升高，并伴有感冒、呕吐或腹泻症状。
- 易惊醒、烦躁，或入睡后不易被叫醒。
- 宝宝病了就会啼哭，不论用什么方式引逗都效果不大。
- 抽风、颈部僵硬、鼻塞、流涕，严重者气喘、口周围发青。

如果宝宝的啼哭伴随着呕吐、腹泻、睡眠不好等，一定要警惕。

第165天

秋季腹泻：炒米、苹果能止泻

每年9月中旬到12月，是婴幼儿腹泻的高发季节，原因是造成腹泻的轮状病毒在秋天最为活跃。而6个月至2岁的宝宝特别容易感染轮状病毒，妈妈要特别注意。

认识秋季腹泻

秋季腹泻属于病毒性腹泻，以2岁以下宝宝居多。开始多有发热、咳嗽、流涕等上呼吸道感染症状，大便呈水样或蛋花汤样，为白色或浅黄色，常有黏液，无腥臭味。由于这种腹泻为病毒感染，使用抗生素药物基本起不到作用，应对症治疗或服用中药。病程一般为4~7天，最长可达3周。

食物止泻

炒米汤：将普通大米洗净，晾干，用大锅炒至金黄色，加水煮粥，给宝宝喝粥水，有止泻作用。

苹果泥：苹果含有果胶和鞣酸，有吸附、收敛、止泻的作用。取一个新鲜、质地酥软的苹果切成两半蒸熟，让宝宝连同果皮处聚集的一层浅黄色果胶一同吃完。

如何预防宝宝秋季腹泻

坚持母乳喂养。母乳中的免疫性物质可以抵御病原微生物的侵入，使宝宝不易发生腹泻及消化道疾病等。

添加辅食有讲究，特别是秋季添加辅食时，切忌几种辅食一起加。注意宝宝食物及餐具的清洁卫生，餐具最好每天煮沸消毒1次。

给宝宝吃新鲜食物，放置冰箱的冷藏奶停电后必须扔掉，不给宝宝吃变质奶或食物。注意家中桌面、地面、宝宝玩具、用具的消毒。不要嚼饭给宝宝吃，他人口腔中的正常细菌都有可能成为伤害宝宝的致病菌。

炒米汤

腹泻脱水的宝宝，喝点炒米汤能起到止泻补水的效果。

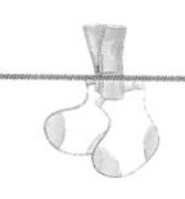

第166天

如何护理得肺炎的宝宝

肺炎是婴幼儿时期的多发病，以病毒和细菌引起最为常见。病毒性肺炎会让宝宝持续高热3~4天，也会导致咳嗽与流鼻涕，其症状与感冒类似。

家庭护理

● 给宝宝布置一个安静整洁的环境，让他充分休息。

● 以易于消化、清淡食物为主，多吃水果、蔬菜，不宜多吃瘦肉、鱼和鸡蛋等。如果宝宝呼吸急促，可用枕头将背部垫高，以利于呼吸畅通。

● 卧床不起的宝宝应勤翻身，可以防止肺部瘀血，也可使痰液容易咳出。多开窗通风，保持屋内空气畅通，避免过堂风。

用纯棉纸巾给宝宝擦鼻涕，不要太用力。

幼儿急疹的家庭护理

急疹几乎每个宝宝都出现过，常发于春秋两季，以6个月到1岁的宝宝最为多见。

家庭护理

● 适当进行物理降温，体温超过38.5℃时，要服退热药，以免发生高热惊厥。

● 多喝白开水、果汁等，以补充水分，可促进毒物随汗液或尿液排出。以流质和半流质的食物为主。

● 经常用温水擦身，保持皮肤的清洁。卧床休息，尽量少去户外活动，注意隔离，避免交叉感染。当宝宝高热不退，精神差，出现惊厥、频繁呕吐、脱水等表现时，要及时到医院就诊。

第167天

如何预防宝宝斜视

斜视是指宝宝的眼睛因多种原因无法相互配合，不能同时注视同一物体的情况。斜视有外斜和内斜之分，外斜就是通常所说的“斜白眼”，内斜就是通常所说的“斗鸡眼”，宝宝斜视以内斜居多。

- 经常变换宝宝的体位。有时向左有时向右，可以使光线投射的方向经常改变，使宝宝的眼球不再只转向一侧。
- 玩具多角度悬挂。宝宝小床上的玩具不能挂得太近，应该在40厘米以上从多个方向悬挂。
- 增加宝宝眼球转动的频率。将宝宝放在摇篮内的时间不能太长，不时将宝宝抱起来，使宝宝对周围的事物产生好奇，从而增加眼球的转动。
- 如果发现宝宝的头在看物体时总习惯偏向一侧，应考虑是否出现了斜颈症状。因为只有将头侧向一边才能看清物体，久而久之，就会造成斜颈现象。

营养：秋冬季补充维生素A和维生素D

秋冬季妈妈们要及时给宝宝补充维生素A、维生素D。天气好的中午带宝宝出去转转，晒晒太阳；饮食上，给宝宝多吃一些富含维生素A、维生素D的食物，如把牛肉、鱼、虾、鸡等肉类食物或豆制品制成泥状；给宝宝适量补充鱼肝油制剂，最好选择维生素A、维生素D的比例为3:1的。

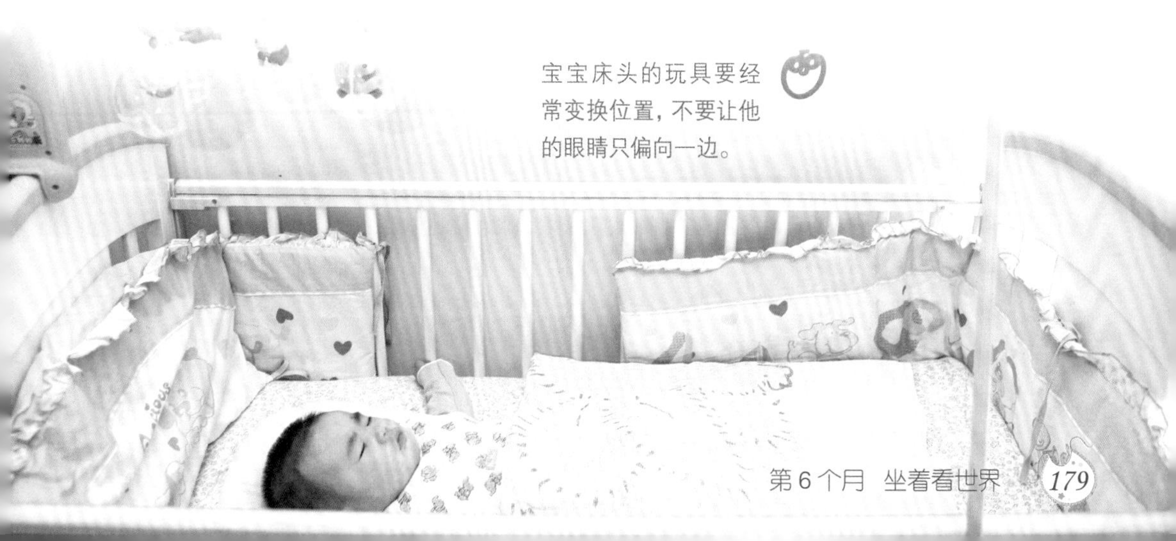

宝宝床头的玩具要经常变换位置，不要让他的眼睛只偏向一边。

第168天

妈妈给的免疫到期啦

进入到第6个月，宝宝从母体里带来的天然免疫因子已经基本耗尽了，所以，很多宝宝一过6个月就开始生病，发热、出疹子、感冒等，俗称“幼儿急疹”。有哪些方法可以增强宝宝的免疫力，帮助宝宝更好地抗病、防病、健身呢？

坚持母乳喂养

母乳中含有大量的免疫物质，能增强宝宝机体免疫力及抗病能力，可防止宝宝因病毒的侵入而生病，条件允许的情况下，母乳喂养到1.5~2岁，为宝宝打下坚实的健康基础。

辅食添加营养均衡

宝宝辅食的添加要科学，严格执行辅食添加原则和顺序，同时保障营养均衡，饮食营养的不均衡会导致宝宝免疫力下降。

饮食作息有规律

妈妈在细致照顾宝宝生活的同时，帮助宝宝建立生活规律，并努力保持。饮食作息越有规律的宝宝，身体会越健康。

抚触按摩要坚持

皮肤的抚触和按摩可以为宝宝的神经系统加强营养，改善宝宝的血液循环，提高宝宝免疫力；妈妈的亲密接触利于宝宝形成安全感、良好情绪，这都可有效抵挡疾病的侵袭。

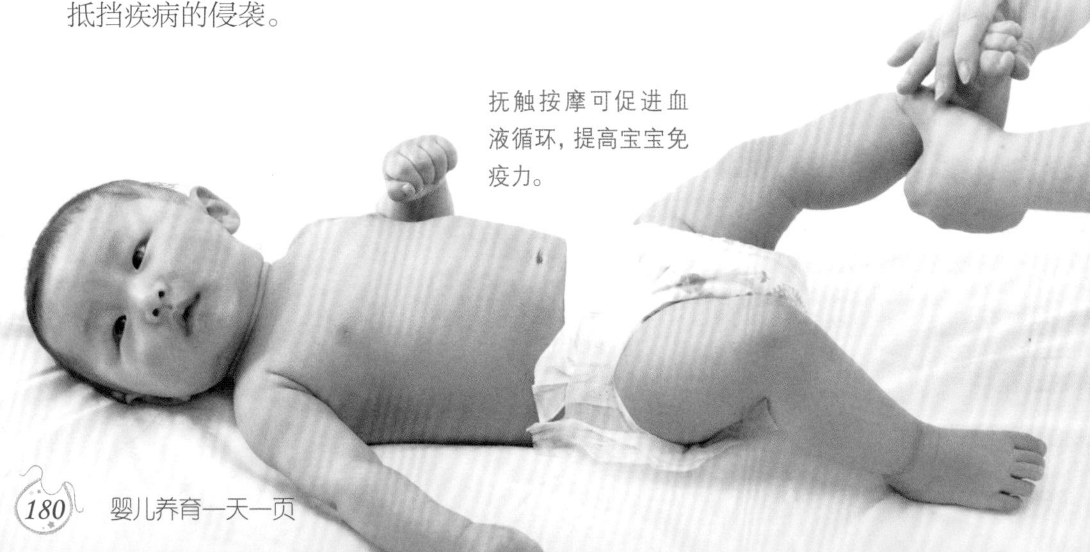

抚触按摩可促进血液循环，提高宝宝免疫力。

第169天

认生期：宝宝“害怕”陌生人

原本见了谁都会笑脸相迎的宝宝，在陌生人面前突然拘谨起来：先是表情凝重地盯着生人看，接着笑脸变哭脸，扭动身子想逃跑……

懂得了分离和亲疏

宝宝在妈妈和家人的照料下，产生了一种依恋之情，只有在妈妈或家人身旁才觉得安全。陌生人的出现打破了原有格局，宝宝就会出现焦虑，甚至恐惧。由于长时间的接触，宝宝会记住妈妈和家人的面孔，而陌生人的面孔宝宝接触比较少，与宝宝存留在脑子里熟悉的人的形象差别太大，就会拒绝接受。

走走逛逛少认生

在宝宝3~4个月尚未认生时，多带他到更广阔的地方去活动，接触各式各样的人群和丰富多彩的世界。对已经认生的宝宝，既不要回避与陌生人的接触，也不要强制他与陌生人交往，而要为他创造一个慢慢适应陌生环境和陌生人的过程：经常带宝宝到亲朋好友家串门，或邀请他们来自己家做客。让宝宝喜欢的玩具和食物与陌生人同时出现，减缓他的恐惧心理。

社交游戏：笑一笑

这样玩

妈妈要为宝宝创设与人交往的机会，比如：家里来了客人，妈妈可以抱着宝宝边说儿歌边逗引宝宝注视客人：“谁来了，谁来了，爷爷奶奶都来了，叔叔阿姨也来了，笑一个吧，笑一笑，大家都爱小宝宝。”

益处多多

帮助宝宝减缓陌生人焦虑；与人对视，培养宝宝关注他人的社会行为；让宝宝从小喜欢与人交往，促进社会性的提高和发展；形成有益的语言刺激。

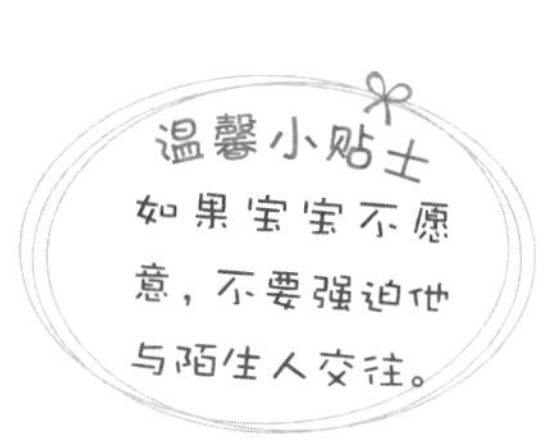

第170天

判断力：会"察言观色"

6个月的宝宝有了初步的观察和理解能力，他已经可以从周围的环境，成人的语言、动作、表情，来观察和判断大人的情绪和喜好了。

宝宝变成"小可人儿"

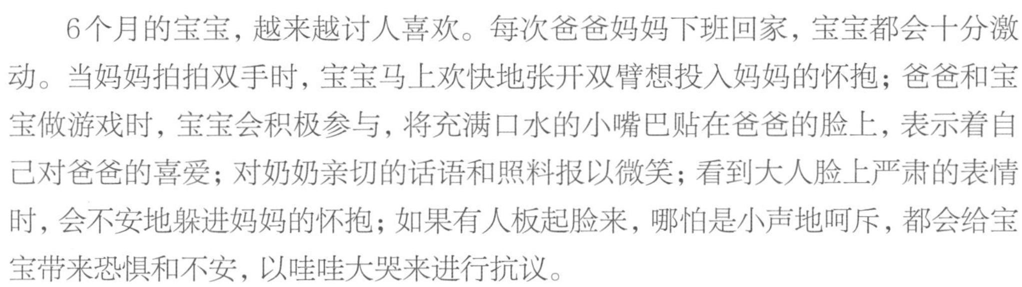

6个月的宝宝，越来越讨人喜欢。每次爸爸妈妈下班回家，宝宝都会十分激动。当妈妈拍拍双手时，宝宝马上欢快地张开双臂想投入妈妈的怀抱；爸爸和宝宝做游戏时，宝宝会积极参与，将充满口水的小嘴巴贴在爸爸的脸上，表示着自己对爸爸的喜爱；对奶奶亲切的话语和照料报以微笑；看到大人脸上严肃的表情时，会不安地躲进妈妈的怀抱；如果有人板起脸来，哪怕是小声地呵斥，都会给宝宝带来恐惧和不安，以哇哇大哭来进行抗议。

"察言观色"提高宝宝社会性

能察言观色，说明宝宝已具备了初步的观察、理解及判断能力，是智能提高的一种表现。宝宝通过观察大人的表情，进行判断和分辨，理解大人传达的是赞成还是批评，宝宝会有意做妈妈喜欢的事情。因此，"察言观色"有助于宝宝社会性的提高，让宝宝学会善解人意，与人配合，为宝宝今后建立更多、更丰富的社会关系打下基础。

给爸爸妈妈的建议

认生期的宝宝最爱的人就是妈妈，妈妈的教养方式决定了宝宝的发展方向。平时，妈妈的态度要明朗，表现出爱憎分明，用不同的表情让宝宝知道怎样做会使妈妈高兴，让宝宝通过察言观色来调整自己的行为。

比如，妈妈辛苦做的辅食宝宝一口气吃光了，妈妈不要吝啬，赞赏地给个拥抱和微笑，信息被宝宝接收到，宝宝的食欲就被大大地调动啦，为了让妈妈高兴，每次吃辅食都会很给妈妈"面子"的。

第171天

假哭、爱表演：宝宝的“小把戏”

别小看了6个月的宝宝，他们已经开始会玩些“小把戏”了。假哭是宝宝最早出现的“把戏”之一，即使一切正常，宝宝也特别想通过这种方法来博取爸爸妈妈的注意。宝宝会哭哭停停、看看、再哭，直到他们能分辨出哪种行为奏效，并在不断地“磨合”中把这种小把戏发展到极致。

爱表演是宝宝的另一个小把戏。如果喂宝宝喝白开水，奶嘴放在嘴里，只见咕嘟咕嘟地冒泡泡，一点不见水下去。原来宝宝不爱喝，看似喝水，其实既没吸也没咽。

用“小把戏”与大人“斗智斗勇”

只有经过观察、分析、判断后，宝宝才会生出小把戏，这标志着宝宝认知、语言、运动、社会性等不同层面的提高和成长，是一件值得恭喜的事情。这时，爸爸妈妈应该学会分辨宝宝的“小诡计”，解读宝宝行为背后的意义，要做的是用正确的方法处理和引导，帮助宝宝建立正确的行为和方式，让宝宝自然而健康地成长。

光脚有利于宝宝足弓的形成

在宝宝尚未走路前，没有必要给他穿鞋，虽然有时小脚丫摸起来凉凉的，但是光脚对他没有影响。当宝宝能站立和行走后，光脚同样有很多好处。宝宝生来是平足，随着大运动的不断发展，腿部及脚掌部位肌肉的力量就会相应得到加强，这样足弓就自然而然地形成了。如果让宝宝光脚在室外，比如温和的海滨、沙滩或其他安全的地方行走，脚底得到丰富的刺激，更有利于健康发展。

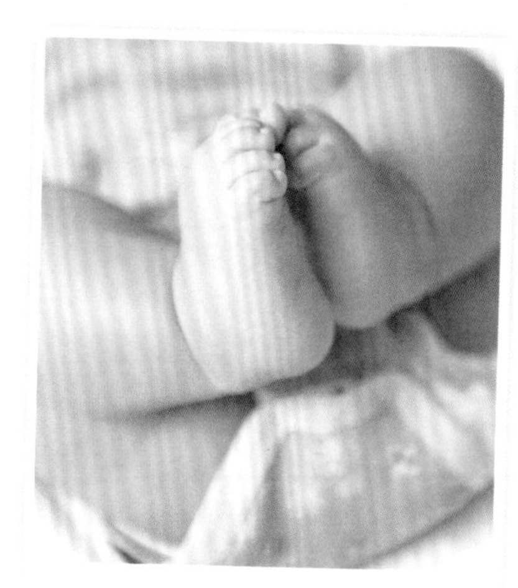

宝宝学着小青蛙的样子将脚丫合起来，这也算是“小把戏”之一呢。

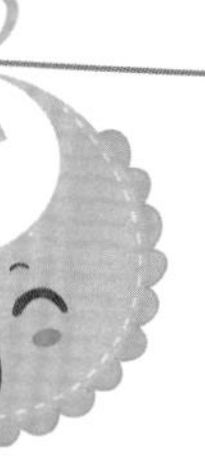

第172天

照镜子、看照片：让宝宝认识自己

对于宝宝来说，提高认知不仅仅从认识身边的日常事物开始，让宝宝认知和了解自己也是启发智能的一种好方法。6个月的宝宝如何来认识自己呢？

照镜子

妈妈把宝宝抱到镜子前，宝宝会对镜中的自己非常感兴趣，让宝宝和镜子里的宝宝玩一会儿，妈妈带宝宝边照镜子边感知认识五官和身体部位。

看照片

宝宝虽然才6个月大，妈妈一定为宝宝照了不少照片，拍了不少录像，让宝宝通过看照片、看录像来认识自己，也是一种不错的形式。

认知游戏：虫虫歌

这样玩

把宝宝抱在腿上，妈妈和宝宝面对面坐好，边说儿歌边用手指触摸宝宝相应身体部位：

有条小虫虫，爬上你的腿（食指和中指交替触摸宝宝的腿）。
爬上你的腿，爬上你的腿（同上）。有条小虫虫，爬上你的腿（同上）。
要咬你的胳膊咬你的嘴（拇指和食指轻轻地夹一下宝宝的胳膊和嘴，还可以把胳膊和嘴巴换成脚丫、脖子、耳朵、鼻子等）。

益处多多

教宝宝被动认识五官及身体部位，增强自我意识；培养节奏感，加强语言刺激，利于语言发展；增进母子关系。

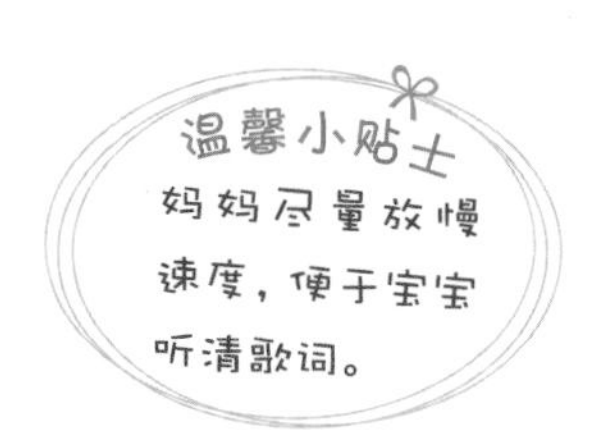

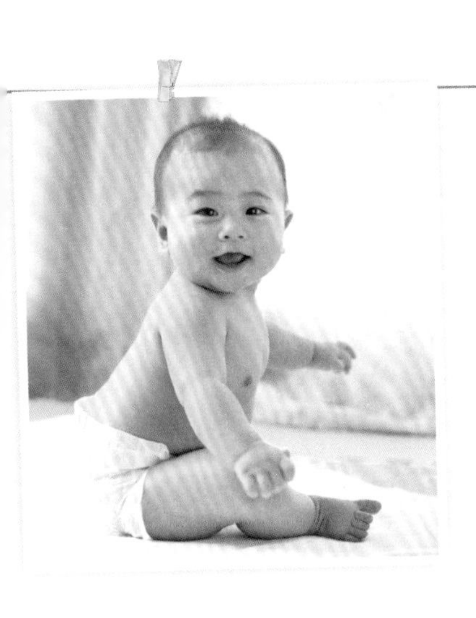

第173天

6个月的宝宝能独坐片刻

6个月的宝宝已经能独坐片刻了,6个半月左右的宝宝大都能不需要任何支持就坐得很稳。“坐”是宝宝大运动发展中一个重要的里程碑，对于宝宝的发展意义重大。

坐的重要意义之一就是将宝宝的双手解放出来，宝宝坐起来时，双手在视线的控制下，可以发展更多的动作，对于宝宝手眼协调及精细动作的发展尤为重要。

坐与躺着相比，视野范围扩大了，不像躺着时只能面向屋顶或从侧面位置观察世界，坐起来更有利于全方位地观察物体的主体，头部的灵活转动，也有助于宝宝形成全面、立体的方位知觉，因此，坐起来更有利于宝宝知觉的发展。总的来讲，坐对于宝宝的运动、认知、知觉、生理、心理的发展都有着重大的意义和影响。

锻炼：靠坐和独坐

训练目的

锻炼宝宝头颈、腰、背肌肉的支撑及配合能力。

训练前提

拉宝宝坐起后，宝宝的头部能支撑、不前倾。

练习方法

用被子或靠垫在宝宝背部支撑，让宝宝坐起来；给宝宝1个玩具，让宝宝靠坐着玩玩具，鼓励宝宝尽量多地尝试探索玩具的不同玩法；每日练习数次，每次不要超过7分钟；在靠坐的基础上，逐渐撤去支撑物；妈妈要观察宝宝是否感到疲劳和不适应，如果出现头或身体向前倾，应马上让宝宝躺下休息；每天数次，随着宝宝肌肉的支撑和配合能力的提高，逐渐延长独坐的时间。

第174天

听觉发展：迅速分辨人声

6个月以前的宝宝最喜欢听到的是人说话的声音，他们可以迅速地从多种声音中区别出人的语言。

宝宝听觉发展中的警报

爸爸妈妈要及时发现宝宝听觉发展中的警报信号，对于宝宝听觉系统的健康发展尤为重要。

新生儿时期：对突如其来的较大的声响没有反应，不能自由地模仿声音，不能向着声音的方向转头。

6个月之后：在被要求用手指熟悉的人、物体或书上的图片时无法做到。

没有咿呀学语的发音，或者曾经有但却停止了（所有小宝宝都会用咿呀作语来满足自己，但严重失聪的宝宝会在5~6个月时完全停止咿呀作语）。

1岁时：还不能理解简单的口头要求，如挥手再见、握手你好、作揖谢谢等。

易怒和经常拉耳朵常常是耳部感染或耳内出现液体的信号，而耳部的感染或中耳炎是造成宝宝失聪的危险因素。

刺激宝宝听觉的灵敏发展

- 让宝宝尽量多地感受不同类型的自然发音，例如：人声、乐器声、生活中的各种声音等，让宝宝在分辨不同音色的同时增强听觉的灵敏度。
- 多带宝宝玩听力游戏，锻炼宝宝听觉的注意、辨别、记忆、理解等能力。
- 宝宝对音乐有与生俱来的特殊感受，多给宝宝听音乐是培养听觉发展的好方法。
- 为宝宝制定不同时期的听觉计划表，听觉游戏、有韵律的儿歌、音乐都可以列入其中。

第175天

语言发展：喜欢听儿歌

6个月的宝宝已经能发出重复辅音，对语音感知更加清晰，发音更加主动。

具体训练方法

丰富词汇训练。妈妈继续教宝宝认识日常生活中的事物、认识自己、认识家人，告诉宝宝物品名称的同时，丰富了宝宝的认知和词汇量。

户外语言训练。结合户外活动，在自然中让宝宝多看、多听、多感受，可以直接有效地帮助宝宝建立语言和事物的联系，扩大语言吸收的质和量。有韵律的儿歌对宝宝语言理解、词汇、韵律的吸收也大有帮助。

识物训练。不但让宝宝能够认识更多事物，还让宝宝根据妈妈的指令做出指认。比如，爸爸问宝宝："妈妈在哪里？"宝宝知道看向妈妈，表示对语言的初步理解。

语言游戏：手指歌

益处多多

语言的刺激，韵律的感受；增进亲子感情；提高认知。

这样玩

把宝宝抱在怀里，握着宝宝的小手，有韵律地边说歌谣边按歌词做动作：

大拇哥，二拇弟（揉捏大拇指、食指）。
三姑娘，四弟弟（揉捏中指、无名指）。
小妞妞，来看戏（揉捏小拇指）。
手心、手背（用手指点宝宝的手心、手背）。
你是妈妈的小宝贝（把宝宝拥抱在怀里，
让宝宝的耳朵贴着妈妈的胸口）。

温馨小贴士

游戏前妈妈和宝宝都把手洗干净。

第176天

学习能力：每个月都在“飞速”进步

宝宝是我们遇到的最聪明、最好学的学习者。每个宝宝通过他们自身世界的主动参与，随时吸收和感受着这个纷繁芜杂、变幻无穷的大千世界。

0~1岁宝宝学习能力进阶表

月龄	能力及表现
新生儿	喜欢看人脸和带有其他形状或图案的东西 听或辨别各种语言，是个天生的世界公民，具备各种语言的学习潜力
2个月	能区分人的嗓音和其他声音
4个月	短时间内能记住看过的差异很大的物体
5个月	会把声音和图像联系起来，喜欢把听到的和看到的对应起来
6个月	对语言有稳定持久的分辨力，对同样的话由不同的人说出来具有分辨能力
8个月	在色觉差别的基础上给物体分类，例如，把红色的物体归为一类
9个月	表现出解决复杂问题的能力，能完成一系列有计划的行为。如：从椅子上站起来，爬向玩具，挑出自己喜欢的红球
10个月	有更高级的感知分辨能力，能区分动物和交通工具
11个月	会简单使用工具，如用棍子够玩具

新手爸妈可以这样做

了解和认识宝宝所做的每一件事都是学习过程的一部分。为宝宝准备可听、可视、可摸、可动的事物，当然还包括营养的饮食、悉心的照料、爸爸的笑脸、妈妈的声音等，这都是宝宝吸收和学习的内容。为宝宝创设安全、丰富、适宜、多元的文化环境，让宝宝在主动参与的过程中，自发学习，自然成长。

第177天

★ 手部动作："玩具倒手"出现

6个月宝宝的小手越来越灵巧，并且出现标志性的动作，比如玩具倒手。这标志着宝宝协调性及思维的同步发展与提高，同时也验证了这样一句话：手巧心灵。

训练项目

玩具倒手： 宝宝左手拿玩具，妈妈再递玩具给宝宝左手，宝宝能将玩具传递到右手，并用左手接新玩具。倒手是测评6个月宝宝精细动作及认知发展的标志性动作。

抓取较小物体： 准备些小馒头，让宝宝练习抓取，从五指抓过渡到拇指、食指配合地捏取。大把抓握到抓取较小物体，标志着宝宝手部动作的精细化。

扔接练习： 给宝宝准备方便抓握的玩具，不停地递给宝宝玩具，训练宝宝不停地接、扔、再接、再扔，训练动作的准确性和连贯性，同时培养手眼协调能力。

按摩手指： 妈妈经常活动和按摩宝宝的手指，揉指尖、搓掌心、敲手背、拉手指等，促进小肌肉的灵活性。

训练游戏

名称： 握紧放松。

目的： 手部的抓紧与放松，促进小肌肉的发育；语言与动作的配合，有利于语言的发展。

方法： 让宝宝舒服地靠坐在椅子里，妈妈准备一些宝宝喜欢的捏响玩具；拿出一样在宝宝面前晃动，不要轻易地让宝宝拿到，待宝宝拿到后，让宝宝玩一会儿，然后再把宝宝的手指轻轻掰开，让玩具掉下来；反复几次，先让宝宝明白什么是握紧和放松，经过几次反复，妈妈说"放松"，宝宝就会把手打开。

第178天

大运动训练：经常更换体位

为6个月的宝宝制订合理的大运动训练计划，可以促进宝宝运动机能的发展和提高，为宝宝接下来大运动发展的另一个里程碑——爬行，做良好的准备。

训练方向

本月的大运动训练要经常更换宝宝的体位，仰卧、俯卧、直立、平躺、侧翻、坐位、站位交替进行，最大限度地提供锻炼宝宝身体灵活及协调性的机会。训练方向是协助宝宝发展翻、坐，为爬、走等运动做准备。

训练项目

翻身训练：让宝宝通过玩具的逗引可以自由地翻滚身体。

独坐训练：通过循序渐进的练习，让宝宝完成从拉坐片刻——靠坐片刻——独坐片刻——独坐玩耍的过渡。

跳跃训练：妈妈扶着宝宝腋下，让宝宝站立，边说有韵律的儿歌边辅助宝宝进行跳跃练习，使宝宝腿部支撑力得到锻炼，增强全身的协调力。

感受被动爬行训练：宝宝俯卧在地垫上，妈妈将毛巾放在宝宝腹部并轻轻提起，带动宝宝匍匐前行，让宝宝感受被动爬行状态，为爬行做准备。

脚尖蹬地：让宝宝站在妈妈的腿上，会感到小脚丫蹬得妈妈有些痛，这说明宝宝的肢体活动能力增强，脚和腿的力量更大了。同时，宝宝会用脚尖蹬地了，身体不停地蹿来蹦去。但比较安静和内向的宝宝，可能会较少蹦跳。

用嘴啃小脚丫：宝宝自己坐时会像个小虾米似的，头扎到脚丫上，喜欢用嘴啃脚丫，就是在躺着时，也会用手把脚丫抱到面前，喝奶时，也愿意抱着小脚丫。

为6个月宝宝制订大运动发展计划表，有计划地让宝宝练习翻、坐、腿上跳跃、匍匐爬行等，促进宝宝整体运动技能的发展。加强精细动作的练习，让宝宝练习抓、扔、塞、倒手等手眼协调技能。

第179~180天

测评：满6个月宝宝的智能发育标准

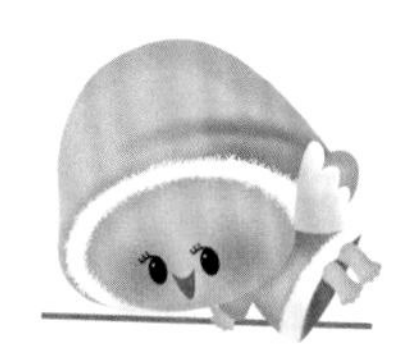

分类	项目	测试方法	通过标准	出现时间
大运动	扶站	扶着宝宝的双臂站立	能站5秒以上	第__月 第__天
	独坐	将宝宝放在平板床上，不扶，给玩具玩耍	独坐30秒以上	第__月 第__天
精细动作	玩具倒手	递一块积木给宝宝，再向拿积木的手递另一块积木	将第一块积木传递给另一只手后，再去拿第二块积木	第__月 第__天
语言	理解语言	爸爸问宝宝“妈妈在哪”	听到问话后朝妈妈看	第__月 第__天
认知	抓蒙布	宝宝仰卧，将一块干净的布盖在宝宝脸上	能伸手抓去蒙在脸上的布	第__月 第__天
	识物训练	问宝宝熟悉的物品是什么	听到物品名称会注视或用手指	第__月 第__天
情绪和社交	会察言观色	观察宝宝对严厉与亲切的语言的理解程度	对亲切表示愉快，对严厉表示不安或哭泣	第__月 第__天
	玩具被拿走	突然拿走宝宝的玩具	表现不满、生气、反抗情绪	第__月 第__天
	认生	观察宝宝对陌生人的反应	有明显的焦虑、害怕、哭闹反应	第__月 第__天

第7个月 开始学习咀嚼

几个月前还软软的不知如何抱起来的小家伙，眨眼工夫就可以连续翻身，还可以像模像样地坐在那里……真可谓一天一个样。婴儿期是宝宝情绪、性格健康发展的敏感期，爸爸妈妈要给予他温暖的胸怀、香甜的乳汁、甜蜜的微笑。

第181~182天

辅食：开始尝尝烂面条

本月的宝宝绝不能单纯母乳喂养了，必须添加辅食。添加辅食的主要目的是补充铁以及多种营养素，否则宝宝可能会贫血。除了继续添加上个月添加的辅食，还可以添加肉末、豆腐，一整个鸡蛋黄，各种菜泥或碎菜。值得注意的是，未曾添加过的新辅食，不能一次添加2种或2种以上。一天之内也不能添加2种或2种以上的肉类、蛋类、豆制品或水果。无论是否长出乳牙，都应该给宝宝吃粗糙的颗粒状食物了，如烂面条、菜粥、肉粥等。

烂面条吃起来更有饱食感，并且可以搭配各种有营养的食物，做出色、香、味俱佳的效果，来吸引宝宝的注意力。吃面条还可以锻炼宝宝的咀嚼能力，让宝宝逐步适应固体食物。

饮食安全：选用宝宝专用面条

妈妈为宝宝制作辅食宜选择宝宝专用面条，因为宝宝专用面条柔软而细滑，长度适中，厚度均匀，易于烹煮，便于咀嚼，而且易消化；宝宝面条强化了维生素和矿物质，为宝宝成长发育提供均衡营养；大多数宝宝面条都严格控制食盐含量，减少宝宝肾脏负担。

青菜面

提高宝宝免疫力

原料： 宝宝面条20克，鸡毛菜适量。

做法： ❶青洗净后，放入热水锅中烫熟，捞出晾凉后，切碎并捣成泥。❷宝宝面条掰成短小的段，放入沸水中煮熟软。❸起锅后加入适量青菜泥即可。

第183~184天

长牙期宝宝食谱推荐

宝宝出牙需要的营养素主要来自于两个方面：蛋白质和钙。为了保证长牙期有足够的营养，妈妈应该准备一些新的食物，如鱼肉类、豆类、面包、馒头等给宝宝吃。也就是说，这个时候，宝宝的食物应该包括高蛋白类（蛋黄、豆类、鱼、肉、动物肝脏）、五谷、蔬菜、水果四大类。

母乳：不减少宝宝吃奶次数

如果这个月妈妈的母乳分泌仍然很好，是非常好的事情。除了添加一些辅食外，没有必要减少宝宝吃母乳的次数，只要宝宝想吃，就给宝宝吃，不要因为已经开始添加辅食，进入半断奶期，就有意减少喂母乳。这个月的宝宝，如果晚上睡前给他喝足奶（200毫升以上），可能晚上就不会饿得醒来，而会一直睡到早晨6~8点。

厌奶：尝试将奶混入辅食

如果宝宝进入厌奶期，不喜欢喝奶，妈妈可以尝试将奶混入辅食中。人工喂养的宝宝，可以多添加辅食的品种，除了蛋、蔬菜、水果外，可以加鱼泥、动物肝泥等。为了避免引起过敏，建议1岁之前不要给宝宝吃蛋清。

鱼末豆腐粥

益智健脑

原料： 鱼肉30克，豆腐1小块，大米50克。

做法： ❶鱼肉洗净，去刺，切末；豆腐洗净，切碎；大米淘洗干净。❷将大米放入锅中，加适量水，大火煮沸后转小火，加入鱼肉末、豆腐末同煮至熟即可。

第185~186天

教宝宝如何咀嚼

第一次吃到不是流食的食物，宝宝会充满好奇。因为不会咀嚼，在吃辅食时宝宝会用舌头将食物往外推。这时候，就需要爸爸妈妈言传身教，亲自张开嘴咀嚼给宝宝看，让宝宝的嘴巴动起来，学会如何自己吃东西。妈妈可以为宝宝提供一些较硬的，易于咀嚼的食物，如易溶解的宝宝小饼干等，放慢速度多试几次，让宝宝有更多的学习机会，宝宝也一定不会让妈妈失望。要注意的是，千万不要急于求成，用大块的肉干或鱼丝等食物来让宝宝练习咀嚼。

7个月宝宝仍然不能吃的食物

- 易致胀气的食物。洋葱、生萝卜、红薯等，只宜少量食用。
- 刺激性强的食物。汽水、清凉饮料等饮品宝宝一旦喝上瘾就不肯放嘴，一直想喝，容易造成食欲缺乏；辣椒、胡椒、大葱、大蒜、生姜等，则极易损害宝宝娇嫩的口腔、食道、胃黏膜。
- 甜食。吃糖太多，会影响到宝宝对锌的吸收，引起消化吸收功能紊乱，造成营养吸收不佳，可能导致宝宝食欲缺乏、抵抗力下降。
- 粗杂粮。由于宝宝的消化器官发育还不够完善，消化能力比较差，高纤维的粗杂粮容易引起消化不良或胀腹感，对宝宝的生长发育不利。建议3岁内的宝宝不宜食用。
- 咸腻的食物。咸菜、酱油煮的小虾、肥肉等，食后极易引起呕吐、消化不良，宝宝不宜食用。

第187~188天

哺乳妈妈补铁食谱推荐

哺乳妈妈要适当多食含铁较多、营养丰富的食品，如肉类、蛋类、海产品(海带、紫菜、海鱼)、动物肝脏、动物血、红枣、花生、木耳等食物。其实，妈妈只要通过健康的饮食就可以达到很好的补血效果，宝宝也能补充充足的铁。

三色补血汤

补血养颜

原料：南瓜50克，银耳10克，莲子、红枣各5颗，红糖适量。

做法：❶南瓜洗净，对半剖开后挖除子，去皮切成滚刀块。❷莲子剥去苦心；红枣去除枣核，洗净；银耳泡发后，撕成小朵，去除根蒂。❸将南瓜块、莲子、红枣、泡发银耳和红糖一起放入砂煲中，再加入适量温水，大火烧开后转小火慢慢煲煮约30分钟，将南瓜煲煮至熟烂即可。

猪肝炒油菜

补铁补血

原料：油菜50克，猪肝100克，盐、酱油各适量。

做法：❶猪肝洗净，切片，用盐和酱油腌制10分钟；油菜洗净切段，茎、叶分别放置。❷锅中倒油，放入猪肝快炒后盛出。❸锅中留少许底油，先放油菜茎，然后下油菜叶，炒至半熟时放入猪肝，加适量盐，大火炒匀即可。

第189~190天

★睡床护栏：防止宝宝掉下床

宝宝现在可以熟练地翻身了，最常见的“危险事故”就是宝宝从床上掉下来，让大人们防不胜防。宝宝的睡床要有护栏，床架适当调低，床边还要摆放小地毯。绝对不能放置椅子之类的坚硬物品。因为宝宝从床上摔到地上时，即使头部碰到地面也不会有什么严重后果，但是碰到坚硬物品伤了脸，很可能就形成疤痕，造成终生的遗憾。

★给宝宝盖被子不要太厚

如果宝宝在夜间睡着之后总是踢被子，爸爸妈妈应该注意不要给宝宝盖得太多、太厚。特别是在宝宝刚入睡时，更要少盖一点，等到夜里冷了再加盖。稍微盖薄一点，宝宝不会冻坏，盖得太厚，宝宝感觉燥热，踢掉了被子，反而容易着凉感冒。

★宝宝趴着睡很正常

宝宝自由变换体位，多是采取他舒服的姿势睡觉。喜欢趴着睡的宝宝大多是感觉这样睡比较舒服，而不是有什么疾病。宝宝也不会整个晚上都采取趴着睡的姿势，可能会仰卧或侧卧一会儿，再俯卧一会儿，不断变换睡姿，这些都是正常的。

★防蚊虫叮咬宝宝

预防蚊虫叮咬，要确保家中纱窗完好，清除生活环境中蚊虫滋生的场所，尽量少带宝宝去草丛等潮湿的地方玩耍；经常给宝宝洗澡，及时去除宝宝身上的汗味，并让宝宝穿浅色衣服，以免招惹蚊虫；睡觉时放好蚊帐；选用儿童专用防蚊露，或者在宝宝身边放一小布袋20克左右的干薄荷叶。

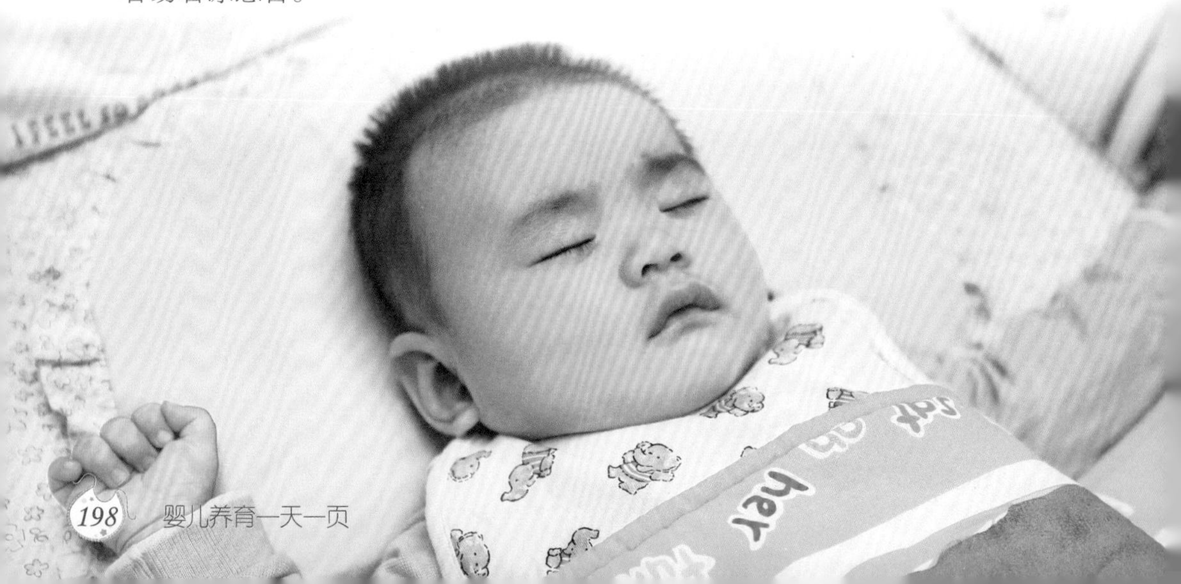

第191~192天

清洁：头发少也要勤打理

宝宝新陈代谢旺盛，头皮上油脂分泌得很多，勤洗头可以保持头发清洁，促进头发生长。洗发前先用宽齿小梳子将头发理顺，选用宝宝专用洗发液，轻揉头发，不要用力揉搓，用清洁的温水洗净；给宝宝用的梳子，梳齿顶端不要过尖，梳头时要按宝宝头发自然生长的方向梳理，不要强梳到一个方向；洗发水不必每次都使用，小宝宝要避免用吹风机吹干头发，在保证宝宝不受凉的情况下，自然风干即可。

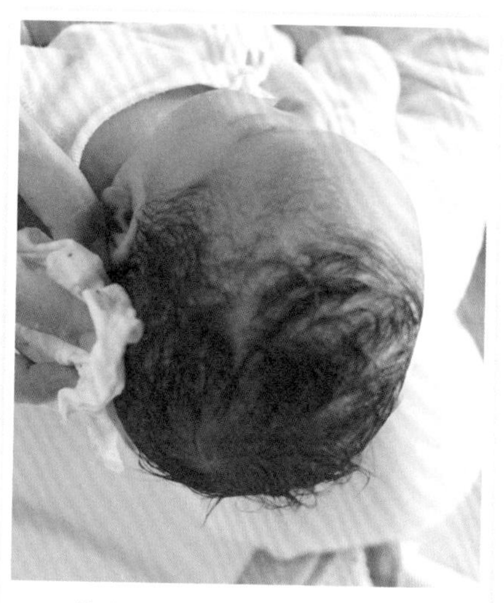

给宝宝擦洗头部时要避开小耳朵，以防进水。

不缺钙的宝宝也需晒太阳

晒太阳不仅能促进宝宝对钙的吸收，还能增强宝宝抗病的能力。年幼的宝宝，正处于生命生长的旺盛时期，对大自然的需求比成人更为迫切，因此特别需要晒太阳。

阳光中含有红外线和紫外线，紫外线会使皮肤中的一种物质转化为维生素D，维生素D在人体内能帮助胃肠道吸收食物中的钙和磷，才会使骨骼变得坚硬结实，肌肉强壮有力；红外线照射到人体上可使全身皮肤血管扩张，因为血流量增加，由此增强了抗病能力。所以，不缺钙的宝宝也需要晒太阳。

让宝宝爱上白开水

这个月，宝宝每天应该喝30~80毫升的水，如果是人工喂养的宝宝，应该喝100~150毫升水。让宝宝喜欢喝白开水，最好的方法是让他自己拿着奶瓶或尝试自己用杯子喝。宝宝喜欢自己做事，把喝水的任务交给宝宝，妈妈在旁观察、鼓励，宝宝会喝下不少的水，这是个有效的办法。妈妈不要怕宝宝自己拿不好奶瓶，只要不离宝宝左右，就不会出什么问题的。

第193~194天

学步：1岁左右开始最好

宝宝的双腿刚刚能在扶持下稳稳地站起来，有些心急的妈妈就开始让宝宝学习走路了。但是，超出宝宝发展规律的过早练习只会给宝宝造成难以逆转的伤害。宝宝一般在1岁左右才是生长发育过程中最适合开始走路的时段。

使用学步车的各种弊端

使脚后跟跟腱变短

宝宝的脚在学步车内悬荡，只能用脚尖控制身体在屋内滑动，久而久之，会使宝宝脚后跟跟腱变短，很难甚至于不可能平踏在地面上。

阻碍大腿、臀部的肌肉发育

学步车只能锻炼宝宝小腿及脚尖的肌肉，不能增加大腿和臀部的肌肉力量，而爬行和走路正是靠的这些部位，从而会对宝宝爬行和走路时肢体的力量及协调配合产生障碍。

阻碍大运动的发展

学步车会阻碍宝宝大运动的发展，对宝宝学习爬行和走路产生障碍，因为宝宝不需要学会爬行或走路就可以轻而易举地到处移动了。

使宝宝的全面活动受限

学步车虽然可以让宝宝从不同的角度来看世界，但除了宝宝的手部（可以摆弄玩具），并没有促进和发展宝宝的任何其他运动。

容易摔倒

宝宝的平衡、协调及控制能力发展并不好，移动学步车时很容易摔倒，从而导致各种伤害，例如摔伤、撞伤，严重的甚至骨折。

易致各种伤害

学步车可以帮助宝宝伸手够到比预想中还要高的地方，如果宝宝滑动到厨房，接触到热水瓶等，还容易引起烫伤。

第195~196天

发热：低于38℃时物理降温

有些疾病经过宝宝自身免疫系统的抵抗会自动消退，所以，当宝宝发热低于38℃时，可以先在家中给宝宝进行物理降温，继续观察。如果宝宝四肢冰凉又猛打寒颤，要给宝宝盖上被子保暖；如果宝宝四肢及手脚温热且全身出汗，表示需要散热，可以给宝宝脱掉些衣服；多给宝宝喂水，并用温水擦拭宝宝身体，都会帮助宝宝尽快降温。如果发热超过38.5℃，应即时服用退热药，并立即就医。

宝宝使用退热贴的方法

退热贴采用物理降温的原理，帮助宝宝降低体温，消除不适。

需要退热贴的时候

- 宝宝突然发热，在送往医院的途中可以使用退热贴。
- 宝宝出牙时常出现低热或发热的情况，此时贴于脸部牙床位置能舒缓不适感。
- 有扭伤、夹伤、碰撞等不出血的外伤时，用它来冷敷，可以有效缓解不适。

使用小须知

- 退热贴不要用于6个月以下的宝宝，因为他不会转动身体，会造成局部过冷或导致体温过低。
- 退热贴只是辅助降温用品，不能代替药品使用。

冬夏季物理退热方法

- 冬季：全身温水拭浴或泡澡，冬季最好采用这种办法。
- 夏季：以毛巾蘸水(25℃的水)擦拭额头、脸、四肢及背部，擦拭后可用浴巾盖上身体，等5~10分钟，皮肤又变热时，可以再重复第2次、第3次。

第197~198天

安全：宝宝的小药箱装什么

药品种类	代表药物
消毒外用药品	消毒棉签、2.5%碘酒、75%酒精
退烧药	美林、泰诺林
眼科外用药	利福平眼药水、红霉素眼药膏
防臀红或皮肤皱褶糜烂外用药	鞣酸软膏、氧化锌软膏
烫伤外用药	京万红、绿药膏、烫伤膏
治疗腹泻药物	思密达、妈咪爱
微生态制剂	整肠生、乳酶生
助消化药	多酶片、健胃消食片
止痒药	炉甘石洗剂、氟轻松软膏
感冒药	小儿感冒片、感冒颗粒、双花口服液（冲剂）、双黄连口服液（冲剂）
祛痰止咳药	川贝枇杷膏、川贝止咳糖浆、猴枣散、急支糖浆、甘草合剂
维生素	维生素AD、维生素C、B族维生素
抗过敏药	氯雷他定
钙剂	各种钙片

爸爸妈妈需要留心所保存药品的出厂日期和失效期。各种药物最好贴上标签，写明药名、用量及用法。要定期检查药品，看看有无短缺，及时更新。若发现药片变色，药液浑浊或沉淀，中药丸发霉或虫蛀等，应丢弃不用。药品宜置于阴凉、干燥处保存，而且确保宝宝够不到的地方。

第199~200天

视觉、听觉：同步训练与发展

7个月的宝宝能熟练寻找声源，分辨出来自上下等不同方向的声音，听懂不同语气、语调表达的不同意义；能专心注视一样东西，远距离知觉开始发展。

与此同时，宝宝的视觉、听觉与语言在同步发展着，从听大人的语音到学会分辨，再发出与听到声音相似的语音，同时以视觉、听觉来认识外界所发生的各种现象，再把现象和语音联系起来，使语言、认知同步发展。

促进发展的方法

扩大视觉范围：随着宝宝坐、爬动作的发展，行动拓宽了视野范围，环境中一切感兴趣的事物，从室内到室外，都可纳入视觉训练的范围。

听音乐和儿歌：妈妈继续播放一些乐曲和朗朗上口的歌谣，以提高宝宝的注意及理解能力，通过韵律和节奏的听觉训练，培养注意力和愉悦情绪，也有利于语言和认知的发展。

视听游戏：动物世界

这样玩

准备毛绒动物玩具或动物图片，如：小猫、小狗、牛、羊、鸡、鸭子等。让宝宝坐好，妈妈把图片或毛绒玩具顶在头上或挡在脸前，从一边跳到宝宝面前，先模仿动物的叫声，然后把图片放到宝宝的面前，张大嘴巴清晰地说出动物的名字，注意让宝宝看清嘴形，也可以尝试着鼓励宝宝模仿发声。之后模仿这个动物走路的样子退到一旁，再换另外一个动物图片，重复上述的练习。

益处多多

视听刺激，促进语言及认知的发展。

温馨小贴士

一次出示两张图片，等宝宝熟悉后再换另外两张。

第201~202天

亲子：配合宝宝的因果探索

当宝宝开始对因果关系进行探索时，表明他脑部的结构正在变得越来越复杂，这有助于宝宝开始以一种更有条理的方法学习知识。

宝宝什么时候在因果探索

- 积极寻找声源；愿意研究小东西和大物品的细节部分。
- 仔细观察扔、丢、敲、摇、拍打物品时，宝宝在想，到底发生了什么事情。
- 寻找隐藏的物品，特别是当宝宝看到物品从视线中消失时。但7个月的宝宝不会长时间地寻找隐藏的物品。
- 当宝宝做重复事情时可以预见产生的结果，如：丢下物品时预见它将落下。
- 花大量的时间寻找有趣的事情来研究，特别是会坐、能爬时。

配合宝宝的因果探索

让宝宝通过看、摸、听等活动进行因果探索，具体方法有：摇晃拨浪鼓或能发声发光的物品；推倒堆好的积木塔；两块积木对敲、排列或撞到一起。

洗澡：最温馨、有趣的探索时间

爸爸妈妈把宝宝放到水里，让宝宝熟悉一下水里的环境，浴缸里再放一些宝宝喜欢的水上玩具。让宝宝按、压、拍、敲打玩具，溅起水花，观察动作之后出现的结果。待宝宝自由探索一段时间之后，再把宝宝横抱起来，托住宝宝的肚皮，像汽艇一样在水面上缓缓地游动，妈妈嘴里还要模仿汽艇的声音："呜——呜！"让宝宝感受沉浮，增加更多新鲜有趣的探索活动。

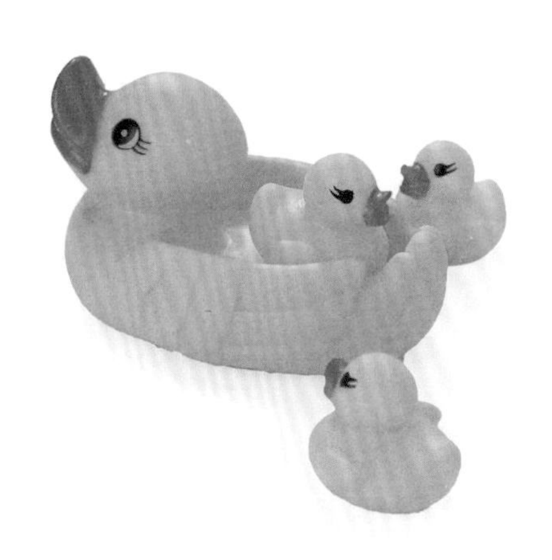

第 203~204 天

爬行：准备活动篇

7个月的宝宝已经不满足于翻身和坐这两个动作了，肢体和智能的发展让宝宝愿意尝试更多的探索活动，于是，下一个大运动里程碑——爬行，就初露端倪了。

为爬行做准备

通过让宝宝趴在地板上来帮助他为爬行做准备。每天进行几次这样的活动，每次坚持几分钟。把宝宝喜欢的玩具或一本宝宝最爱看的卡片书放到他的面前，当宝宝抬起头向四周看的时候，可以清晰地看到这些有趣的东西。

如果宝宝不喜欢趴着，妈妈可以躺下来，让宝宝趴在妈妈的身体上，即使宝宝不喜欢看玩具，也非常喜欢看自己妈妈的面孔。

经常做这个活动，可以帮助宝宝锻炼脖子、肩膀和手臂的力量，这是爬行必备的肌肉配合。

宝宝的早期爬行

爬行需要双手和双膝的负重能力，重心的变换以及身体两侧平衡的协调。7个月的宝宝，即使练习了经常趴在地板上，也不可能熟练地在地板上进行手膝爬行。宝宝需要足够长的时间来练习爬行技巧。

此时有的宝宝仅仅用手臂拖动着自己，像战士一样匍匐前行，有的宝宝不会前行，只会后退，还有的宝宝会以自己的小肚子为圆心，在原地打转，样子可爱极了。妈妈们不要着急，这就是宝宝的早期爬行，相对于真正的爬行，这些早期爬行对于平衡能力的要求会相对少一些。

宝宝练习爬行时，
以衣着简单为宜。

第205~207天

手指动作：左右齐“开工”

为宝宝设计适龄的游戏，可以促进宝宝手指精细动作的协调发展，让宝宝的小手越来越能干。

抓豆子

为宝宝准备2个小碗，1个碗中放上半碗的大芸豆，让宝宝练习将豆子从1个碗里通过五指的抓握放到另1个空碗中。宝宝在练习五指抓握并空中移物（抓到另1个碗中）的过程中，锻炼了手部的力量、协调及灵活性。

妈妈要防止宝宝把豆子吃到嘴里。

对敲积木

妈妈准备2块积木，示范积木对敲给宝宝看，并鼓励宝宝模仿重复练习。积木对敲可以让宝宝在双手准确对敲的过程中锻炼手、眼、脑的协调配合能力。

安全：为宝宝消除安全隐患

7个月的宝宝，已经开始尝试着四处活动来扩大更多的探索范围了。在此阶段要对居室做全面的检查和防护，避免事故和遗憾的发生。

需要远离宝宝的	需要确保安全的	其他事项
洗护用品、可燃性液体 剃须刀、刀具	地面是否选择无毒、无刺激的安全材料	门窗是否安全关闭
热水瓶、垃圾桶 灯具开关、灯具	地砖是否有松动的、地毯上是否有洞	未使用的电源插座是否被安全保护或被家具挡住，确保宝宝触摸不到
药物、清洁消毒用品 厨房电器及一切潜在有毒危险物品，电吹风等电器	楼梯、浴室、浴缸是否防滑 是否安装扶手和护栏 护栏间隔是否过大	家具、玩具和物品的摆放是否阻碍宝宝的自由爬行和走动

第208~210天

测评：满7个月宝宝的智能发育标准

分类	项目	测试方法	通过标准	出现时间
大运动	扶站	扶宝宝双手腕站立	扶站10秒钟以上	第__月 第__天
	独坐	将宝宝放在平板床上，给玩具玩耍	独坐玩10分钟，无需双手支撑	第__月 第__天
精细动作	五指抓积木	宝宝坐在地垫上，将小积木放到不远处	能用拇指配合其他四指抓起积木	第__月 第__天
语言	发出ba、ma	观察宝宝愉快时是否发出过ba、ma	能发音，但无所指	第__月 第__天
认知	找藏起的玩具	当着宝宝的面将玩具放在枕头下	能找到玩具	第__月 第__天
	模仿拍手	妈妈边说边拍手示范	宝宝会模仿妈妈做拍手动作	第__月 第__天
情绪和社交	要求抱	观察宝宝看到爸爸妈妈或照顾者时的反应	主动要求抱	第__月 第__天
自理能力	捧杯喝水	让宝宝自己双手扶着水杯喝水，妈妈稍加协助	能捧杯喝水	第__月 第__天

宝宝免疫小贴士
麻风二联疫苗

第8个月

爬行时代到来

常说人生是一次探险，8个月的宝宝，开始不满足于眼前的一切，他们要爬，要用自己的四肢去开拓更宽广的世界，去探寻那些仰慕已久却不能接近的东西，这东西哪怕仅仅是墙角的一个小斑点。不要老是把宝宝闷在家里教宝宝“知识”，外面的世界更精彩。

第211~212天

辅食：8个月，能喝肉汤了

本月的宝宝除了继续添加上个月添加的辅食，还可以多添加一些蛋白质类辅食，如豆腐、鱼、瘦肉末等，因为宝宝的胃液已经可以充分发挥消化蛋白质的作用。无论是否长出乳牙，都应该给宝宝吃半固体食物了，花样粥、蛋黄羹等都可以给宝宝吃。

有些妈妈给宝宝吃的东西过于精细，担心颗粒稍微大一些的食物会把宝宝噎着。实际上，宝宝的各种能力都是要锻炼的，比如咀嚼，现在这个时期正是让宝宝锻炼咀嚼的关键期。如果错过了这个时期，那么宝宝以后在吃固体食物上就会遇到困难或者不喜欢吃固体食物。

别急着给宝宝断奶

在生活节奏紧张的现代社会，哺乳两三年是不可想象的。但从保证宝宝的营养和健康角度讲，母乳喂养起码应该坚持1年。尽管这个时候宝宝已经能吃辅食，但辅食意在辅助，母乳中的营养成分仍是宝宝所需要的。所以宝宝从添加辅食开始到1周岁，最好还是以母乳为主，辅以其他食物，然后逐渐增加辅食的量，向母乳为辅过渡。

芋头丸子汤

提高免疫力

原料：芋头50克，肉末50克。

做法：❶芋头削去皮，洗净，切成丁。❷肉末加适量水沿着一个方向搅上劲，揉成小丸子。❸锅内加水，煮沸后，下入肉丸子和芋头丁，煮沸后再小火煮5分钟即可。食用时用勺子给宝宝捣烂。

第213~214天

教宝宝用勺子吃饭

7个月的宝宝，已经可以开始学习自己用勺子吃饭了。妈妈一定要给宝宝选把称心的勺子，以此来鼓励他自己吃饭。选择勺头圆钝、光滑的，有特殊勺柄（如环形手柄、曲形手柄）的，容易抓握且不会脱手掉落，方便宝宝使用。妈妈遇到合适的勺子，可以先买1把给宝宝试用一段时间，再决定是否买第2把。

当妈妈发现宝宝喜欢用手抓东西吃，会用杯子喝水以及当勺子里的饭菜快掉的时候会主动去舔勺子时，就可以着手教宝宝用勺子吃饭了。吃完后，要把宝宝手里的勺子收走，告诉他："吃完饭了，妈妈要收拾了。"这样既可避免宝宝误伤自己，也能避免给他一个可以边吃边玩的错误信息。

选购餐椅：稳当结实，安全无毒

这个月，爸爸妈妈是时候给宝宝选购专用的餐椅了，无论是一体还是分体的，在选购时，都需注意以下几点：

- 要挑选稳当、底座宽大的，椅子不易翻倒。
- 边缘不尖利，假如是木制的，要没有毛刺。
- 座位的高低要适合宝宝使用，宝宝坐在上面能有挪动空间。
- 如果托盘等配件是塑料制品，要选择无毒塑料，而且热水刷洗后不会变形。
- 配备安全设备。使用宝宝餐椅时，要使用安全设备，包括横跨宝宝大腿和穿过两腿的座椅安全带和结实的卡扣，安全带要能调节松紧，而每次调节时，都要够牢才行。如果宝宝餐椅带轮子，轮子应该是可以锁定的。

当妈妈发现宝宝会抓东西时，可试着教他用勺子。

第215~216天

饮食：1岁以内禁吃蜂蜜

如果宝宝有便秘，不要用蜂蜜来调理。1岁以内的宝宝食用蜂蜜及蜂蜜制品时，可能因肉毒杆菌污染，引起宝宝食物中毒。这是因为：土壤和灰尘中往往含有被称为“肉毒杆菌”的细菌，蜜蜂在采取花粉酿蜜的过程中，有可能会把被污染的花粉和蜜带回蜂箱。微量的毒素就会使宝宝中毒，出现持续1~3周的便秘，而后弛缓性麻痹、哭泣声微弱、吮乳无力、呼吸困难。

便秘：均衡辅食来调理

便秘是宝宝的常见病症之一。宝宝大便干硬，排便时哭闹费力，次数比平时明显减少，有时2~3天甚至6~7天排便一次。便秘的发生常常由于消化不良或脾胃虚弱引起，过多地食用鱼、肉、蛋类，缺少谷物、蔬菜等食物的摄入也是一个重要原因。

宝宝的饮食一定要均衡，不能偏食，五谷杂粮以及各种水果蔬菜都应该均衡摄入，如可适量喝一点菜粥，以增加肠道内的膳食纤维，促进胃肠蠕动，通畅排便。还有一个小窍门，就是吃熟红薯，妈妈可以做红薯泥或直接给大点的宝宝吃红薯，然后再吃其他辅食。红薯中含的膳食纤维特别多，可以软化粪便，对排便有好处。熟透的香蕉也有通便作用，可以适当给宝宝吃。

另外，要保证宝宝每日有一定的活动量。对于还不能独立行走、爬行的小宝宝，爸爸妈妈要多抱抱他，或适当揉揉他的小肚子。

第217~218天

腹泻：适当禁食几小时

宝宝出现腹泻时，应及时到医院进行诊治。排除细菌感染的可能，宝宝腹泻大多都是喂养不当引起的。非细菌感染性腹泻是因为吃得不规律或突然改变食物品种导致的，只要调整宝宝的饮食结构，停止吃不适合的食物，多饮水，大部分宝宝都可以自愈。母乳喂养的宝宝，如果出现腹泻，不必停止喂养，只需适当减少喂奶量，延长2次喂奶的间隔时间，使宝宝胃肠得到休息即可。

宝宝止泻推荐食谱

焦米糊

止泻"良药"

原料：大米50克、白糖适量

做法：❶将大米炒至焦黄，研成细末。❷在焦米粉中加入适量的水和白糖，煮沸成稀糊状即可。

荔枝大米粥

补充因腹泻而流失的水分

原料：大米5枚、大米80克

做法：❶将荔枝剥皮去核；大米淘洗干净。❷将荔枝、大米放入锅中，并加入适量水，用大火烧开，然后改以小火熬煮，待米烂粥稠后即可。

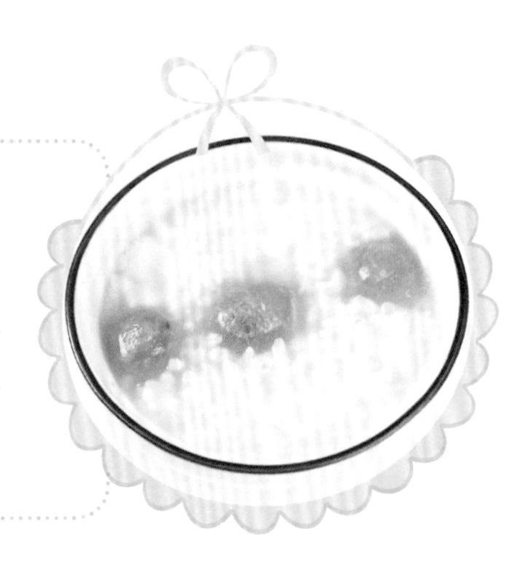

第219~220天

排便：可以用便盆了

7~8个月的宝宝，可以对其进行排便训练了。训练的目的是让宝宝养成定时大小便的习惯，帮助宝宝的消化功能和排泄功能形成规律运转。有的妈妈很早就开始让宝宝进行排便训练，结果宝宝不配合还沮丧得要命。其实，排便训练并非越早越好，关键是恰到好处。

如果宝宝的大小便已经比较定时，比如早晨或晚上会大便1次，每次睡醒之后、喂水或吃奶后20分钟左右会小便1次，那么妈妈不妨拿便盆或坐便盆来，让宝宝配合排便训练。

把宝宝的大小便时，如果是小便，可以发出“嘘嘘”的声音；如果是大便，可以发出“嗯嗯”的声音。几次之后，宝宝会形成条件反射。只要把他放到便盆上，听到妈妈的声音，他就会大小便了。

不要强迫宝宝

这个月龄的宝宝，如果不爱把尿和坐便盆，千万不要强迫。可以继续用尿布或纸尿裤，或者给他准备一个卡通玩具型的便盆再做练习。不要让宝宝在便盆上坐的时间过长，5分钟后还没有便意就要马上抱他下来，以免脱肛。更不要在宝宝坐便盆时喂他吃东西，或逗他玩，这样会延长他排便的时间。

衣物：以柔软、纯棉为主

保持宝宝自身的干净卫生和服装的整洁，能让宝宝更舒畅，从而建立起自尊和自信。宝宝服装的面料以柔软、吸汗而且不起静电的纯棉为主，兼顾保暖和耐磨等需要。

根据国家对纺织品的相关规定，婴幼儿服装为A类，购买时，应首先看服装标签上有无A类服装的字样。颜色要考虑上下搭配，整体协调。款式要与活动内容相适应，以简洁、大方、实用为主，减少不必要的装饰和配件。与爸爸妈妈一同外出时，给宝宝穿上亲子装也是个不错的创意和选择。

第221~222天

和爸爸妈妈同桌吃饭

和爸爸妈妈同桌吃饭是宝宝最高兴的事，因此吃饭时要将宝宝抱上饭桌。让宝宝自己吃饭可以刺激宝宝的食欲，不要怕宝宝把饭弄撒、把地和衣服弄脏。

宝宝不想吃就不要强制，谁都不可能每天吃同量的食物。天气炎热或宝宝生病，都可能导致宝宝食量减少，爸爸妈妈要理解。腹泻并非要控制饮食，宝宝能吃就可以补充流失的营养。

干呕：大多是被口水呛的

这个时期，宝宝会出现干呕的现象，只要宝宝没有其他异常，干呕过后还是高兴玩耍就没关系，不用治疗。干呕可能是因为以下原因造成的：

- 出牙时口水增多，过多的口水没来得及吞咽一下噎到宝宝，出现干呕。
- 如果宝宝爱吃手，可能会把手指伸到嘴里，刺激软腭发生干呕。
- 宝宝唾液腺分泌旺盛，不能很好地吞咽，仰卧时可能会呛到气管而发生干呕。

妈妈要及时帮宝宝擦干口水，以免宝宝吞咽时噎到自己而导致干呕。

第223~224天

亲子：与“黏人”宝宝分开一会儿

宝宝日夜跟妈妈相处，建立了良好的亲子依恋关系。随着月龄的增长，宝宝会出现分离焦虑，已经和妈妈建立良好依恋关系的宝宝就表现为不愿意离开妈妈，从早到晚黏在妈妈身边，不允许妈妈离开自己的视线，甚至妈妈去上厕所都会大哭起来。

其实，宝宝的“黏人”不仅不是坏习惯，还是社会性发展的一种表现。当然妈妈要学会在处理宝宝黏人的同时，帮助宝宝建立良好的适应性和沟通、交流能力。为了让宝宝能够独立，爸爸妈妈要适当与宝宝分离，要清楚这不是不爱宝宝，而是有理由必须离开。

虽然宝宝现在还不懂，但如果常和他说话，他会明白爸爸妈妈的意思，可以告诉他：“妈妈要做晚餐，你在床上玩玩具。等饭做好了，我会陪你玩哦！”这样可以建立起相互的信任。

减少宝宝吸吮手指的机会

不管是什么原因，从这个月开始，爸爸妈妈应该注意宝宝频繁吸吮手指的问题了。如果宝宝是在睡觉前吸吮手指，妈妈要在宝宝睡觉前，分散宝宝的注意力，让宝宝拿着玩具，或把宝宝的两只手握在一起，陪着宝宝入睡。尽量减少宝宝吸吮手指的机会，但不能训斥批评，一切强制措施只会适得其反。

缺铁性贫血：从“食补”开始预防

可以从“食补”着手，开始预防宝宝缺铁性贫血，主要从以下几个方面：坚持母乳喂养；根据月龄，及时添加含铁丰富的辅食，如蛋黄、鱼、肝泥、瘦肉末、动物血、绿色蔬菜泥、豆腐等，动物性食物中的铁吸收利用率比植物性食物要高；多吃新鲜蔬菜水果等维生素含量较高的食物，以促进食物中铁的吸收；定期测血色素，1岁以内每3个月测1次。

第225~226天

从宝宝的睡相看健康

正常情况下，宝宝睡眠时安静、舒坦，天热时头部微汗，呼吸均匀无声。如果宝宝患病，睡眠就会出现异常：

- 烦躁啼哭，入睡后呼吸粗重急速，预示发热即将来临。
- 入睡后撩衣蹬被，口唇发红、手脚心发热，中医认为这是阴虚肺热所致。
- 入睡后翻来覆去，反复折腾，伴有口臭，腹部胀满，多是消化不良。
- 睡眠时哭闹不停，时常用手抓耳朵，可能是湿疹或中耳炎。
- 入睡后四肢抖动，“一惊一乍”，多半是白天受了过强的刺激（如惊吓）所致。

宝宝睡眠4不宜

不宜含着乳头或奶嘴睡

这会影响宝宝牙床的发育及口腔卫生，易导致呼吸不畅、睡眠质量下降。

白天不宜睡得过久

晚间睡眠不足而白天嗜睡的宝宝，不仅生长发育缓慢，而且注意力、记忆力、创造力和运动技巧都相对较差。

环境不宜过分安静

习惯了在过分安静的环境中睡觉，以后只要一点响动都可能把宝宝惊醒。

不宜亮灯睡

如果夜间睡眠环境如同白昼，宝宝的生物钟就会被打乱，不但睡眠时间缩短，生长激素分泌也会受到干扰。

第227~228天

爬行对宝宝很重要

爬行，是宝宝从最初的“受制于人”到后来独立行走必经的一个环节。别看爬只是一个简单的动作，但对于发展中的宝宝来说，要经过一番努力才能达到，爬行对于宝宝的成长有着不可小觑的重要作用。

爬出健康

爬行需要双手和双膝的负重能力，重心的变换以及身体两侧平衡的协调，是一种调动全身肌肉进行协调配合的平衡运动，能最大限度地促进宝宝身体的生长发育。宝宝在爬行的过程中，头颈抬起，胸腹离地，用四肢来支撑身体的重量，锻炼了头、颈、胸、腹、背及四肢的肌肉，促进了骨骼的生长，为接下来的行走、站立创造了良好的基础。

爬行相对于躺、坐需要消耗更多的身体能量，更大的运动量可以让宝宝吃得香、睡得好，从而促进宝宝的健康发育。

爬出智慧

宝宝在爬行时，位置、空间、视野都发生了很大的变化，能够从多角度、多视野观察和探索世界。爬行扩大了宝宝的认知范围，更利于宝宝注意力、记忆力、思维力、想象力、感知觉、平衡器官及神经系统的发育和发展。爬行为宝宝深度知觉的建立、扩大和深化外部世界的初步认识建立了良好的条件和基础。

宝宝练习爬行时，以衣着简单为宜。

第229~230天

爬行：拓展新方法

爬行可以促进宝宝的生长发育，扩大宝宝接触和探索的范围，因此，掌握更多的爬行方法，促进宝宝多爬行，才有利于宝宝的全面发展。

定向爬

妈妈用能发光、会动、能摇响的玩具逗引宝宝练习，引导宝宝向前、向远处移动爬行。

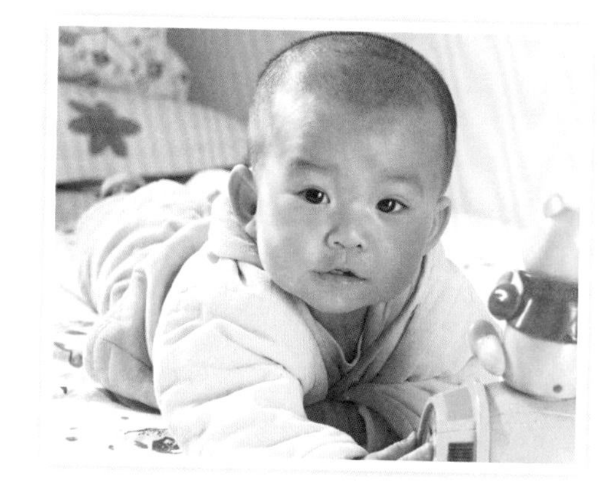

自由爬

在爬行空间里随意散放玩具，允许宝宝在妈妈关注的范围内自由爬行，宝宝可任意爬、坐、抓握玩具等。

追逐爬

当宝宝爬行练习一段时间后，可进行此游戏：

先让宝宝在地板上自由爬一会儿，然后让宝宝停下来休息，妈妈隔开宝宝一定距离，装出很“凶”的样子喊：“妈妈要来抓你啦！”然后，快速地向宝宝“爬、扑”过去，宝宝会对妈妈突然改变的表情和追逐的动作感兴趣。这时，妈妈引导宝宝快速向前爬行，妈妈追逐，追到宝宝后，挠挠宝宝的胳肢窝或后背，逗笑宝宝。

丰富爬行经验

- 妈妈准备不同质感的垫子，例如：化纤地毯、瑜伽毯、柔软的床单、丝质的头巾、天鹅绒毯子或一小块凉席等。
- 将这些垫子在地上排成一列，和宝宝一个一个地爬过去。
- 在宝宝爬的过程中，妈妈用光滑、凹凸不平、凉爽等词汇来形容宝宝爬过的垫子。
- 宝宝爬行过程中，一定要注意触觉和词语的配对，让宝宝能将爬过的织物垫子与带来的感觉有效地联系起来，丰富触觉体验的同时刺激语言的发展。

第231~232天

认知：开始喜欢藏藏找找

和8个月的宝宝玩藏找玩具的游戏时，妈妈会惊喜地发现，宝宝可以寻找完全被遮盖起来的玩具了，并有兴趣去玩具消失的地方主动寻找。这说明宝宝的智能发育又进步了。

什么是客体永久性

通俗地讲，客体永久性就是物体在被隐藏的状态下仍旧是客观存在的。对于成人来讲，这是最简单不过的客观现象了，对宝宝来说，可就不那么简单了。著名的认知心理学家皮亚杰认为，宝宝在掌握客体概念中进行表象思维，是感觉运动阶段智慧的最重要成就，标志着宝宝神经活动的日益频繁、有效。只有当宝宝自我抑制力、抓握能力、手眼协调、注意力、记忆力等能力不断提高时，宝宝的脑部才会发生关于客体永久性的一系列变化。

不同阶段的能力

4个月以前：只要物体从视野消失，宝宝就不再寻找，看不见的东西就会认为它已经从这个世界上消失不见了，可谓“眼前不见、脑中不想”。

4~7个月：如果物体只有部分被隐藏，宝宝还有兴趣寻找，对于完全藏起来的物品，宝宝是没有任何寻找兴趣的。

8~11个月：开始有兴趣寻找被完全隐藏的物品。

12~18个月：无论换几个地方，只要在宝宝面前隐藏，宝宝都会找到。但此月龄的宝宝还没有兴趣寻找他没看到隐藏过程而被藏起来的物品。

宝宝总喜欢去看似神秘的盒子里寻寻找找，满足探索的好奇心。

第233~234天

藏找游戏1：玩具哪儿去了

这样玩

准备手绢1块，捏响玩具1个。

妈妈拿出捏响玩具，以响声吸引宝宝注意后，用手绢将玩具盖上。

妈妈问："玩具哪去了？"用右手食指指向盖住的玩具，并双手将手绢打开，拿起玩具说："玩具在这里。"将玩具捏响。

妈妈当着宝宝的面遮盖上玩具，观察宝宝如何寻找。

益处多多

训练宝宝的思维能力，帮助宝宝理解"客体永久性"；让宝宝有意识地寻找玩具，使宝宝学会初步解决问题。

温馨小贴士

盖玩具的手绢可以更换成毛巾、衣服等，让宝宝藏找喜欢的玩具。

藏找游戏2：爸爸在哪里

这样玩

爸爸当着宝宝的面，藏到大包装箱里，妈妈抱着宝宝问："爸爸到哪里去了呢？"观察宝宝如何表现和寻找，为了增加情趣，妈妈还可以念一首儿歌：

爸爸在哪里？爸爸在哪里？找不到爸爸，宝宝真着急。爸爸在哪里？爸爸在哪里？快快出来吧，宝宝笑嘻嘻！

儿歌念到最后一句，爸爸从纸箱子里跳出来，拥抱宝宝。

益处多多

了解"客体永存"的概念；培养对外界事物的认知能力；注意力、观察能力的练习；增进亲子感情。

温馨小贴士

如果家里没有大包装箱，也可以用小箱子装上宝宝心爱的玩具，让宝宝继续练习藏藏找找的游戏。

第235~237天

手指谣：加强手指抚触

贪吃的小猫

目的： 刺激宝宝的神经末梢，促进大脑的发育；增进宝宝手指、脚趾的灵活性；语言的刺激与发展；愉悦宝宝的情绪，利于亲子感情的建立和培养。

方法： 妈妈将宝宝抱在怀里，边逐个按摩他的手指尖，边说一首儿歌：

这只小猫爱吃鱼（按摩大拇指指尖），
这只小猫爱吃肉（按摩食指指尖），
这只小猫爱吃菜（按摩中指指尖），
这只小猫爱喝汤（按摩无名指指尖），
这只小猫（按摩小指指尖，并拢拳头），
把它们全部吃到肚子里（在宝宝小腹上按摩，逗笑宝宝）！

按摩完宝宝的手指，再脱掉宝宝的袜子，边说儿歌边按摩脚趾。

手儿开，手儿合

目的： 愉悦宝宝情绪，启发思维，增加触觉经验，增进母子感情。

方法： 和宝宝面对面坐，握着宝宝的双手，妈妈边说儿歌边配合儿歌做出动作：

手儿开、手儿合，手儿开、手儿合，
拍拍手、拍拍手，拍拍手、拍拍手，
手儿放在膝盖上，
手儿爬、手儿爬，手儿爬、手儿爬（妈妈食指、中指交替从宝宝膝盖往上爬），
一爬爬到下巴上（爬到下巴就停下来），
张开你的小嘴巴（引导宝宝张大嘴巴），
哎呀——别掉下去啊（妈妈用双手食指轻点宝宝脸颊）！

经验分享

手指谣可以用来安抚宝宝的情绪。在带宝宝外出等车时、汽车行驶中，随时可以玩手指谣，既有趣又可打发无聊的时间。

第238~240天

测评：满8个月宝宝的智能发育标准

分类	项目	测试方法	通过标准	出现时间
大运动	爬行	宝宝俯卧，用玩具在前边逗引，鼓励其爬行	会以手腹为支点向前匍匐行进	第__月 第__天
	会自己坐起躺下	宝宝仰卧，鼓励宝宝坐起再躺下	会自己从仰到坐，会自己躺下	第__月 第__天
精细动作	积木对敲	让宝宝双手各拿1块积木，妈妈示范对敲积木	宝宝能模仿对敲2次以上	第__月 第__天
语言	懂得语义模仿声音	和宝宝做游戏时，鼓励其模仿大人的动作或声音，如："顶顶牛"、点头或咳嗽等声音	会模仿动作以及声音	第__月 第__天
认知	会用手指认新物品	说出宝宝熟悉的日常物品或五官，鼓励他用手指认	听到名称就能用手指认	第__月 第__天
	客体永久性出现	当着宝宝的面将玩具完全隐藏	宝宝会到玩具消失的地方寻找	第__月 第__天
情绪和社交	推掉不要的东西	在宝宝面前出示2个物品，其中有宝宝不要的东西，观察宝宝反应	会用手推掉，表示不要	第__月 第__天

宝宝免疫小贴士

流脑疫苗第2针

第9个月

扶着家具横走两步

宝宝每时每刻都在模仿中学习和成长着，小家伙不但模仿爸爸妈妈，还对着镜子又乐又拍手，真不知道是谁在模仿谁。此时宝宝能够随心所欲地躺下、坐起、爬行、扶着迈步走，妈妈再也不能把宝宝单独留下，要时时刻刻让宝宝在自己的视线范围里。

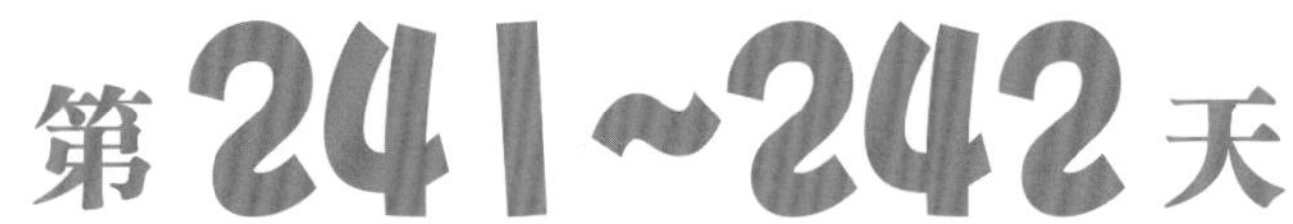

第241~242天

母乳：1岁之前不提倡断奶

母乳一直是我们崇尚的最经济、最实惠、最具营养的食品，原则上提倡母乳喂养12个月以上，但由于个体差异原因，并不是每个妈妈都能做到，如果妈妈重返职场压力大还会造成母乳质量的下降。因此，妈妈更要丰富宝宝的辅食添加，1岁之前不提倡断奶，每天还要保证3~4次的母乳或配方奶，另外加2次辅食，辅食内容力求多样化，以保障宝宝营养均衡。

辅食：9个月，开始吃虾了

9个月的宝宝能吃的辅食种类增多了，也能吃一些固体食物，咀嚼、吞咽功能都增强了。宝宝已经能吃整个的水果了，没有必要再榨成果汁、果泥。把水果皮削掉，切成小薄片、小块，直接吃就可以。不爱吃水果的宝宝，可以多吃些蔬菜，尤其是西红柿（含有丰富的维生素C）。

这个月宝宝的食谱中可以加入虾了，虾含有丰富的蛋白质，营养价值很高，还含有丰富的矿物质，如镁、磷、钙等。丰富的镁对心脏活动具有重要的调节作用，能很好地保护心血管系统；磷、钙则可以促进宝宝骨骼和牙齿的顺利生长，增强宝宝体质。

鲜虾粥

补充蛋白质

原料：鲜虾3只，大米50克，芹菜30克。

做法：❶鲜虾洗净，去头，去壳，去虾线，剁成小丁；芹菜洗净，切碎。❷大米淘洗干净，加水煮成粥，加芹菜末、鲜虾丁，搅拌均匀，煮3分钟即可。

第243~244天

多花样、多口味，让宝宝爱上辅食

如果宝宝没有体现出对辅食的兴趣，妈妈不妨在烹调方式上多换花样。同时注意色彩搭配，激起宝宝食欲，但口味要清淡。1岁前宝宝的食品不要过甜及过咸。在宝宝喜欢的食物中加入新食材，分量和种类应由少到多，避免挑食的不良习惯。

如果宝宝讨厌某种食物，也许只是暂时不喜欢，可以先停止喂食，隔段时间再让他吃，在此期间，可选择营养成分相似的替换品。妈妈大可不必过于急躁，多给宝宝一些耐心，也许哪一天换种烹调的方式或者将饭摆成一个可爱的造型，宝宝就爱吃了。

另外，通过抓、咬、舔、吸吮及正确的辅食添加，逐渐增强宝宝的咀嚼吞咽能力，有助于宝宝对新鲜食物的尝试和探索。

五彩什锦粥

促进排便

原料：大米30克，芹菜适量，胡萝卜、黄瓜、玉米粒适量。

做法：❶将大米淘洗干净，浸泡1小时；胡萝卜、芹菜、黄瓜分别洗净，切细丁。❷将大米放入锅中，加适量水，煮粥。❸粥将熟时，放入胡萝卜丁、芹菜丁、黄瓜丁、玉米粒煮10分钟即可。

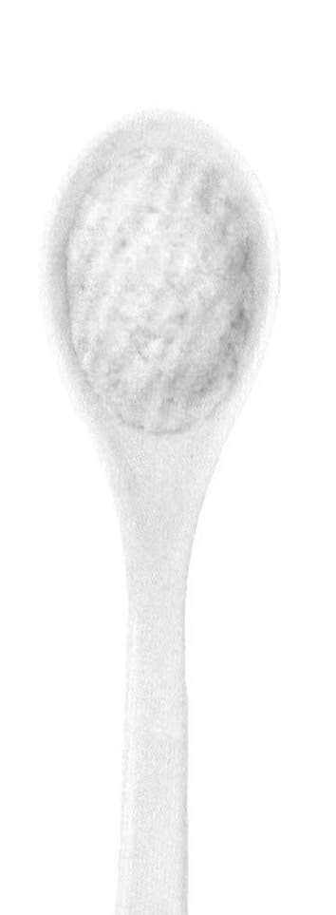

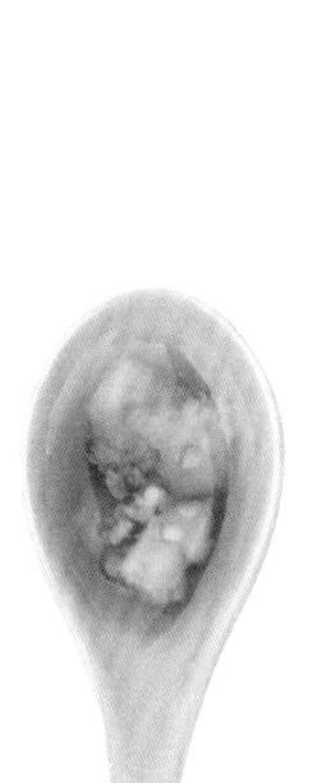

第245~246天

营养：为宝宝补充DHA

DHA（俗称脑黄金）对于增强宝宝记忆与思维能力，提高智力等作用尤其显著。0~3岁是宝宝脑部发育的黄金期，因此，在这个阶段要为宝宝脑部发育提供高质量的营养。DHA存在于母乳、配方奶、鱼类、坚果类、藻类中，要想使宝宝获得足够的DHA，最简便有效的途径就是吃鱼，另一种是补充通过安全检测、符合适龄宝宝标准的DHA营养品。

深海鱼：宝宝吃了更聪明

深海鱼类（比如三文鱼、金枪鱼、沙丁鱼、秋刀鱼等）的DHA含量远远高于浅海鱼和淡水鱼，是大脑和视网膜的重要构成成分，对宝宝智力和视力发育至关重要。所以，条件允许的话，最好选用深海鱼。

鱼泥馄饨

促进智力发育

原料： 鱼肉50克，馄饨皮10张，青菜2棵。

做法： ❶将鱼肉洗净去刺，剁成泥；青菜洗净切碎。❷将鱼泥、青菜末混合做馅，包入馄饨皮中。❸锅内加水，煮沸后放入馄饨煮熟即可。

第247~248天

适当给宝宝补充膳食纤维

这个月龄的宝宝已经长牙，有了咀嚼能力，可以给宝宝增加富含膳食纤维的食物和硬质食物，添加类似红薯、土豆之类的根茎块类食物。给宝宝吃一些硬质食物对宝宝牙齿的发育非常有利，也能锻炼他的消化系统。

多吃水果，苹果最温和

水果中含有类胡萝卜素，有抗氧化的生理活性，还含有丰富的维生素、不饱和脂肪酸、花青素，这些都是宝宝体内不能缺少的营养素。刚开始最好给宝宝选择性质温和的苹果，一年四季都可以吃。对宝宝来说，新鲜的时令水果也是很好的选择，如春天的草莓、樱桃；夏天的西瓜、西红柿、蜜桃；秋天的葡萄、苹果、梨；冬天的香蕉、橙子等。尤其注意，不要让宝宝吃反季节水果。

青菜胡萝卜鱼丸汤

补充膳食纤维

原料：青菜2棵，鱼肉50克，海带20克，胡萝卜半根，土豆半个。

做法：❶鱼肉剔刺，剁泥，制成鱼丸；青菜洗净，焯水后剁碎；胡萝卜洗净，切丁；海带洗净，切丝；土豆去皮洗净，切丁。❷锅内加适量水，放入海带丝、胡萝卜丁、土豆丁煮软，再放青菜、鱼丸煮熟即可。食用时用勺子略微捣碎一点。

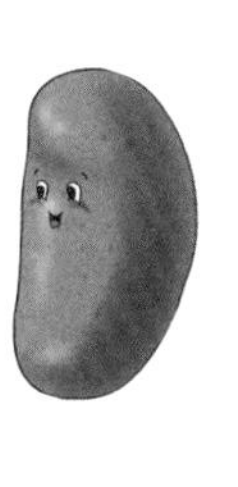

第249~250天

喂养：宝宝用餐“四不要”

9个月的宝宝，可以坐在餐桌边有模有样地吃饭了，妈妈在把饭送入宝宝口中时，须知道并避免“四不要”。

不要因为宝宝想吃，于是大家就你一勺他一筷地喂宝宝吃各种食物。要尽量一个人来喂，这样既卫生，也能很好地掌握宝宝的食量。

不要因为抢时间强行往宝宝嘴里塞饭。一定要等到他嘴里的饭咽下后，再喂第二口。当宝宝把食物弄得狼藉不堪时，也要保持冷静和温和。

不要在餐桌上责备训斥宝宝。营造良好的进餐气氛，让宝宝从爸爸妈妈那里感觉到进餐是一件愉快而有趣的事情。

不要让宝宝在每顿饭上花太多的时间。因为宝宝在饥饿时胃口特别好，所以刚开始吃饭时要专心致志，养成良好的吃饭习惯。每餐饭最多应在半小时内喂完，一般为15~20分钟。

用餐位置要固定

这个月，大多数宝宝都能够稳稳当当地独坐了，因此，让宝宝坐在有东西支撑的地方喂饭是件相对容易的事。当然，用宝宝专用的前面有托盘的餐椅也是不错的选择。总之，每次宝宝进餐，靠、坐的地方要固定，让宝宝明白，坐在这个地方就是为了吃饭。

刷牙：指套牙刷最好用

宝宝开始吃固体食物以后，就要每天早晚给宝宝刷牙了。3岁以前的宝宝不建议用牙膏。

这个月龄的宝宝，妈妈可以用套在手指上的指套牙刷或清洁的纱布，蘸温开水为宝宝清洁牙齿的外侧面和内侧面。这样不仅能洁齿，还能按摩宝宝的齿龈，帮宝宝缓解长牙期的不适。

第251~252天

给宝宝的小脚丫选双鞋

宝宝生长迅速，转眼间已经开始学爬、扶站、练习行走，为他准备一双舒服合适的鞋非常有必要。鞋的大小、肥瘦及足背高低，都要根据宝宝的自身情况来确定。

比小脚丫略宽

宝宝鞋的大小、肥瘦及足背高低等都要根据宝宝的脚形选择，一般要比脚略宽。宝宝的脚还未定型，不宜穿拖鞋或太大的鞋走路。也不要穿露脚趾的，以免碰伤。

软硬要适度

鞋面要轻便、柔软、透气性好；鞋底应有一定硬度，不宜太软，最好鞋的前1/3可弯曲，后2/3稍硬不易弯折；鞋跟比足弓部略高，以适应自然的姿势；鞋底要宽大，并分左右。

鞋帮稍微高一些

宝宝骨骼软，发育不成熟，鞋帮要稍高一些，后部紧贴脚，使踝部不左右摆动；选购的鞋要有质量合格证件，表明无毒物质污染，如甲醛、苯、铅等。新鞋买来最好先通通风、晒晒太阳，既消毒又去味。

2~3个月更换1双

宝宝的脚平均每月增长1毫米，大概2~3个月应更换1双鞋，所以不必买贵的，但要买合脚的。此外，因每个宝宝的足部特点、走路姿势各不相同，所以尽量不要接受馈赠的旧鞋。

鞋底有摩擦力

选鞋除了轻软、舒适、合脚以外，还要求鞋底有一定的摩擦力，以防止还不太会走路的宝宝打滑。

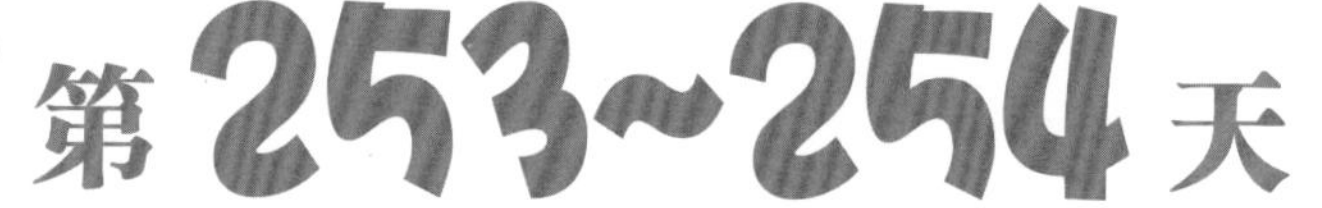

第253~254天

“吃”小手：要适当阻止了

9个月的宝宝如果还是很爱吃小手，妈妈可以适当用转移注意力的方式，例如逗引宝宝，或者用好玩的玩具及时让宝宝放下嘴里的小手。平时多和宝宝做关于手的游戏，比如拍手歌、手指谣等，让宝宝发现小手的其乐无穷，而不仅仅是吃。另外，妈妈要随时准备着水果条、磨牙棒等既好吃又好玩的食物，让宝宝的嘴巴有除小手以外更多的探索机会。

从指甲盖的形状看健康

指甲是健康的写照，宝宝身体营养与健康的状况，也可以透过指甲这面镜子来观察。如果宝宝指甲盖出现脊状隆起，变得粗糙、高低不平，多是由于B族维生素缺乏引起的，可以增加蛋黄、动物肝脏和深绿色蔬菜等；如果指甲盖薄脆，甲尖容易撕裂分层，应适当给宝宝吃些鱼虾等高蛋白的食物。

宝宝偶尔嗜睡是正常的

宝宝在成长过程中，会莫名其妙地从早到晚昏昏欲睡，不爱吃也不爱动。其实，这是年幼期宝宝进行自我保护的有效手段。宝宝在陌生环境中突然接受到超出经验范围的刺激，会自动进入保护性睡眠，暂时停止接受更多外界信息，让过度的刺激趋于正常。几天的嗜睡后，宝宝突然又恢复精神，胃口大开。当宝宝出现超时睡眠时，不要随意惊动他，只要注意保暖就行。

过于“执著”的宝宝怎么对待

宝宝出现没有理由的任性，对某种物品或事物表现出过度的执著，这其实是宝宝探索世界的方式。如果宝宝能执著于某件事情，这可以看成是一种可喜的发展。妈妈可以给予适当的引导，特别是宝宝执著于危险物品时，要转移宝宝的注意力，保障其安全。

第255~256天

出牙晚：盲目补钙没必要

其实，宝宝的乳牙早在胎儿期就长了牙胚，只是还没有破床(牙龈)而出。5~6个月时，多数宝宝就开始长牙了。到了8~9个月，多数宝宝都已经萌出了小乳牙，2颗、4颗都有，出牙早的甚至有6颗了。但出牙有早晚，即便快满9个月了，仍然会有少数宝宝1颗乳牙也没有萌出，不必着急而盲目补钙。

帮助宝宝更好地长牙

如果宝宝出生后不久，就开始补充鱼肝油、钙等，奶也吃得很好，发育也很正常，看过牙科医生也没有发现异常情况，妈妈就不必担心，乳牙萌出是早晚的事。1岁以后才出牙的宝宝也是有的。现在，宝宝还不到1岁，妈妈应耐心等待，给宝宝更多长牙的机会。

多带宝宝到户外晒晒太阳(不能隔着玻璃)，这样可以促进钙的吸收。晒太阳的时间夏季宜在早晨，冬春季可以在午后。妈妈还要及时为宝宝添加辅食，如馒头、蔬菜、水果等，还可以买点磨牙饼、磨牙棒之类的给他“啃啃”，不要老是让宝宝吃软绵绵的东西。

虾皮紫菜蛋汤

促进骨骼、牙齿的生长

原料：紫菜10克，蛋黄1个，虾皮、香菜叶适量。

做法：❶虾皮、紫菜洗净，均切成末；蛋黄打散。❷锅内加水煮沸后，淋入蛋黄液，下紫菜末、虾皮末烧开，撒上香菜叶即可。

第257~258天

别轻易对宝宝说“不”

随着宝宝开始坚持自己的想法，他的一些行为在成人看来可能有些奇怪。他可能知道什么是“不”，但仍然会反复地做那些不被允许的事情。惩罚和愤怒对这个月龄的宝宝并没有什么益处，不过，转移注意力却很管用。因为忙于尝试，他还不能做到“守规矩”，应尽量试着引导他做一些力所能及的事情。

不要扼杀宝宝的好奇心

对于这个阶段的宝宝而言，世界是多么神奇，他们什么都想知道。他们观察、尝试、比较，在探索中自得其乐。他们东摸摸、西摸摸、什么都往嘴里塞，到稍微大一点了，就开始弄坏玩具、撕坏东西，会说话了就开始不停地问“为什么”，这都是好奇心的驱使。是否要培养一个充满创意力和想象力的宝宝，很大程度上取决于爸爸妈妈的引导，是否能够提供一个让宝宝探索认识世界的环境。

探索游戏：铃儿响叮当

这样玩

准备一个有短拉绳的小铃铛，妈妈先示范动作，然后引导宝宝自己拉动绳子听铃声。宝宝拉的时候，妈妈要鼓励宝宝多做几次，并提醒宝宝倾听美妙的铃声。

益处多多

满足宝宝的好奇心，并让宝宝了解因果关系，将声音与形象相联系，同时促进手眼协调能力，加强手部动作的准确性。

温馨小贴士

妈妈要在游戏结束后，及时拿走小铃铛，避免拉绳缠住宝宝。

第259~260天

朗读：给宝宝的心灵插上翅膀

朗读是爸爸妈妈和宝宝交流、促进宝宝语言发展的一种有效方式。那些配有简单明快插图的诗歌集，更加适合朗读。就如同《摇篮歌》，为我们描绘了一片温馨美丽的春景，有醉人的花香、轻拂的暖风、明媚的阳光以及哼唱的蜜蜂。这样美好的春光，自然会伴随着宝宝甜甜入梦。

摇篮歌

春天的花香真正醉人，一阵阵温风拂上人身，
你瞧日光它移得多慢，你听蜜蜂在窗子外哼：
睡呀，宝宝，蜜蜂飞得真轻。
天上瞧不见一颗星星，地上瞧不见一盏红灯；
什么声音也都听不到，只有蚯蚓在天井里吟：
睡呀，宝宝，蚯蚓都停了声。
一片片白云天空上行，像是些小船漂过湖心，
一刻儿起，一刻儿又沉，摇着船舱里安卧的人：
睡呀，宝宝，你去跟那些云。
不怕它北风树枝上呜，放下窗子来关起房门；
不怕它结冰十分寒冷，炭火生在那白铜的盆：
睡呀，宝宝，挨着炭火的温。

（朱湘）

让朗读成为生活中的一种习惯

- 为宝宝选择图案简单、语言押韵的插图诗歌集，语字清晰地为宝宝朗读。
- 尽可能早地让宝宝接触书籍，无论是啃书、扔书，甚至伴书入睡，都要满足他。
- 洗澡后、就寝前为宝宝朗读。开始控制在2~3分钟，随着次数增加，逐渐延长时间。
- 朗读的内容还可以是生活中的各种符号、食品的包装袋、明信片上的文字等。重复可以让宝宝获得理解和认知，妈妈要有一定的耐心。

第261~262天

爬行：提高难度，更上一层楼

9个多月的宝宝大都可以进行比较熟练的手膝爬行了，提高爬行难度的训练，更利于宝宝持续保持对爬行活动的激情和兴趣。

追逐爬行

妈妈可以和宝宝进行小小的爬行比赛。比赛开始时，妈妈有意和宝宝竞争着向前爬去，待宝宝快要追上妈妈时，妈妈再紧爬几步，超过宝宝，让宝宝继续追逐爬行。

障碍爬行

在地垫上、爬行空间里为宝宝设置各种障碍，大垫子、枕头、毛绒玩具等，让宝宝或者从障碍上爬过，或者绕过障碍爬行，探索不同的爬行路径。

斜坡爬行

妈妈可以将爬行地垫下垫上一排靠垫，让爬行地垫有一定的倾斜度，形成一个小斜坡，爸爸保持好斜坡的稳定性，妈妈引导宝宝在斜坡上进行爬行。

钻爬或台阶爬行

平时可以带宝宝去专门提供给小宝宝练习爬行的场所玩耍。通过爬缓梯、爬斜坡、爬台阶来加大爬行难度，提高爬行技巧，增强宝宝上臂及全身的协调配合能力。

扶物走：扶着家具走几步

宝宝一般在9个半月左右都能扶着家具走几步了。妈妈可以在家中设置一些小桌子、小沙发、小栏杆等，给宝宝创造扶着东西能站起来的机会。有适合的家具，才可以让站起来的宝宝扶物走几步。

让宝宝在小沙发上练习扶物走，可以用玩具鼓励他走到终点。

第263~264天

抠洞洞：手指精细动作在发展

9个月大的宝宝特别喜欢洞穴类的东西，喜欢抠洞洞，喜欢把手指插进孔洞里，喜欢抠妈妈的鼻孔、耳朵眼，喜欢用手指按开关、按计算器，难道宝宝有什么特殊的爱好吗？

其实，抠洞、按开关和计算器等行为都离不开食指的动作。当宝宝频繁出现对孔洞类的探索行为，并经常用食指进行按、抠、挖、钻等动作时，说明宝宝手部动作有了更加精细化的发展，出现了食指的分化，为接下来需要更加协调配合的二指捏、三指抓做着充足的准备。

食指游戏：会打电话啦

这样玩

妈妈为宝宝准备1个玩具电话，引导宝宝伸出右手食指，按玩具电话的按键，或拨电话的拨盘。再准备一些方便按动的计算器，让宝宝用食指按按、压压，满足食指分化的动作。

益处多多

促进食指分化，强化食指动作的力度、准确性和灵活性。

手指游戏：里面藏着什么

这样玩

妈妈准备带有洞洞的塑质玩具2个，先示范抠洞的动作。右手食指伸出，触摸塑质玩具的洞洞后，套入食指，左右手交替进行。引导宝宝做抠洞练习，并观察宝宝双手拿住带洞洞的玩具，进行抠洞、对敲、把玩。让宝宝触摸各种带有小洞穴的物品，如瓶子、吸管等。

益处多多

分化食指，为手指动作配合做准备；通过食指感知洞穴发展宝宝的触觉；培养手眼协调。

第265~267天

语言：努力学说“爸爸妈妈”

9个月宝宝的语言能力有了很大的提高，最让人感到惊喜的是，有的宝宝已经会叫“爸爸妈妈”了，这标志着宝宝生命进程中的又一个进步。

鼓励宝宝模仿

名称：小宝宝甜嘴巴

目的：鼓励宝宝开口模仿妈妈的发音，促进语言的发展。

方法：妈妈将宝宝抱在怀里，让宝宝坐好，用清晰正确的发音对宝宝说儿歌：

小宝宝甜嘴巴，叫妈妈，妈——妈。
小宝宝甜嘴巴，叫爸爸，爸——爸。
小宝宝甜嘴巴，叫奶奶，奶——奶。
小宝宝甜嘴巴，叫爷爷，爷——爷。
小宝宝甜嘴巴，叫得全家笑哈哈。

听音乐：喜欢简单、重复的旋律

通常，宝宝喜欢简单而具有重复性节奏的音乐。明亮、辉煌、欢快的大调旋律，比忧伤暗淡的小调旋律更加让宝宝喜欢。

给宝宝洗澡、哄睡觉、叫起床时，哼上一段小曲，每次都哼唱相同的一首。重复的哼唱有助于宝宝理解歌曲表达的内涵，不但容易调节宝宝的情绪，还可以加强宝宝的理解力和记忆力。

第268~270天

测评：满9个月宝宝的智能发育标准

分类	项目	测试方法	通过标准	出现时间
大运动	扶双手走步	将宝宝放于地面，扶住双手鼓励宝宝向前迈步	能迈3步以上	第__月 第__天
	双手扶栏站起	在床栏上悬挂玩具，鼓励宝宝扶栏杆站起来	能自己扶栏站起半分钟	第__月 第__天
精细动作	投积木入筐	爸爸妈妈示范，将积木投入筐内，鼓励宝宝模仿	能模仿投入	第__月 第__天
语言	招手再见	妈妈边招手边说“再见”，鼓励宝宝模仿动作	会招手表示“再见”	第__月 第__天
认知	听名称指物	让宝宝听名称指出相应的物品或自己身体的部位	听懂名称并会用手指认	第__月 第__天
情绪和社交	听到表扬会重复动作	宝宝模仿大人动作时，及时用语言、表情表示赞赏	听到表扬愿意重复动作	第__月 第__天
自理能力	配合穿衣	为宝宝穿衣时，妈妈说“伸手、抬抬胳膊”等	宝宝能听懂并知道配合	第__月 第__天

RED
CAMEL

宝宝已是个眼观六路、耳听八方的“机灵鬼”，有的会喊“爸爸妈妈”，有的会颤巍巍地向前迈步了，单手扶着床沿还能多走几步。现在宝宝还能准确理解简单词语的意思，喜欢听故事，念儿歌，爸爸妈妈晚上可以抽空给他讲故事。

第271~272天

★断奶：选在春秋季，每天减掉1顿母乳

断奶最好在春秋季进行，避开冬夏两季。因为冬季呼吸道传染病高发，夏天胃肠道疾病盛行，此时断奶，改变饮食习惯，宝宝容易生病。而春秋季气候宜人，各种蔬果供应也较为丰富，有利于宝宝断奶。

从决定断奶起，每天先给宝宝减掉一顿母乳，辅食量相应加大。1周左右如果妈妈感觉乳房不太胀，宝宝的消化吸收也很好，可以再减掉一顿母乳，同时继续加大辅食量。刚开始减母乳最好从白天那顿奶开始，因为白天会有很多吸引宝宝的事情，可帮助缓解他心理上的不适应。

断奶过程中妈妈不要优柔寡断，如果一看到宝宝哭闹就动摇，断了又吃然后再断，这样对宝宝的心理健康是非常不利的。妈妈可以多陪陪宝宝，努力安抚宝宝的不安。有的妈妈在乳头上涂抹让宝宝难受的东西或是强行与宝宝分开，很容易让宝宝产生害怕、焦虑、愤怒的情绪，是非常不可取的办法。

★配方奶：每天仍需喝3次

对于宝宝来说，断奶只是不再以母乳为主食，这个阶段的宝宝每天仍然要保证至少3次配方奶的摄入，总量在600毫升左右，足够的奶量能占宝宝一天所需热能的1/3。如果宝宝暂时没法改掉睡前喝奶的习惯，妈妈一定要等宝宝睡着后，用干净的湿棉签清洁宝宝口腔，以保证牙齿清洁。或者在喝奶后，再给宝宝喝几口水。

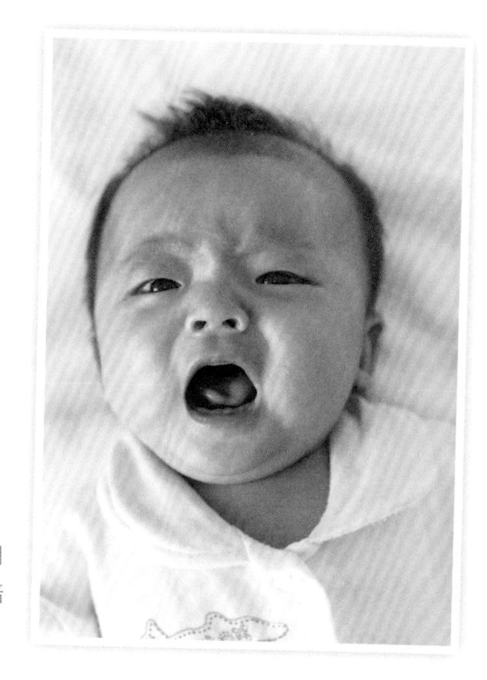

妈妈不要因为宝宝的哭闹而不忍心断奶，让安抚陪伴宝宝度过断奶期。

第273~274天

宝宝恋母乳怎么办

想为宝宝减掉母乳，应从白天开始，并用配方奶代替。当然，还可在宝宝有饥饿表现时，让他吃些粥、烂面条等稀软的食物，并尽量做得味道香、颜色鲜艳，以便成功取代宝宝长期习惯了的母乳。

宝宝想睡觉或烦躁不安时，不再把乳汁当作宝宝的安慰剂，而是在家人的协助下，训练宝宝独立睡眠，或采用其他方式安慰宝宝，如和他一起做游戏、说话等。

有的妈妈天天和宝宝在一起，突然断掉母乳会有失落感，此时，妈妈要先有充分的准备和决心。必要时，可让爸爸多陪宝宝玩一玩。对爸爸的信任，会使宝宝减少对妈妈的依赖。

5招改掉宝宝夜间喝母乳

到了晚上，很多宝宝似乎不喝母乳就没办法入睡，晚上醒来也是哭着要喝。为了纠正宝宝的这个习惯，妈妈可以这样做：

- 睡前让宝宝喝饱配方奶。宝宝如果睡前吃饱了，是可以一直到早上醒来再吃的。注意喝奶后应给宝宝清洁口腔。

- 如果宝宝醒来要抱，要喝奶，就满足他，其结果就是强化了这种习惯。所以要改变这种习惯，必须有一点变化。当宝宝哭着要抱时，可以拍拍他或者讲个小故事，一同看一本图画书，但是不抱他起来，分散他的注意力，等他哭闹累了，就会睡了。

- 把房间的布局和他的被褥，当宝宝的面改动一下，让他对现在有新鲜感，也许会改变醒夜的毛病。

- 带宝宝到亲戚家住几天，完全改变睡眠环境，可能有好处。或者带宝宝去近郊旅游，彻底改变睡眠环境，也可能有用。

- 妈妈自己到亲戚、朋友家住几天，让宝宝的爸爸或其他人照顾他几天，包括陪他睡觉。宝宝找不到妈妈，顶多哭一会，也就睡去了。

第275~276天

饮食：断奶后逐渐过渡到以烂饭、面条为主

断奶后的宝宝，必须完全靠自己尚未发育成熟的消化器官来摄取食物的营养。由于消化机能尚未成熟，因而容易引起代谢功能紊乱。故断奶后宝宝的营养与膳食，要注意适应该时期机体的特点。

- 宝宝断奶后主食应逐渐过渡为烂饭、面条、稠粥、馄饨、包子等，每日约需100克，随着年龄增长而逐渐增加；副食可包括鱼、瘦肉、肝类、蛋类、虾皮、豆制品及各种蔬菜等；水果可根据具体情况适量添加。但是不能与成人同饭菜。
- 由于宝宝消化功能较差，断奶后不宜马上进食固体食品，应在原辅食的基础上，逐渐增添新品种，逐渐由流质、半流质食物改为固体食物。
- 宝宝的胃很小，不能一餐吃得太多。最好的方法是每天进5~6次餐，分早、中、晚餐及午前点、午后点、夜宵。
- 养成良好的饮食习惯，防止挑食、偏食，要避免边走边喂、吃吃停停的坏习惯。宝宝应在安静的环境中专心进食，避免外界干扰，不打闹、不看电视，以提高进餐质量。
- 正餐之外，少给宝宝吃零食，影响食欲和进餐质量，反而导致营养失调。

宝宝每日对营养素的需求

宝宝每日的食物需求量为：谷类食物100克左右，相当于每次半碗至1碗稠粥或软饭，每日2~3次；蔬菜或水果40克左右，相当于每日吃4匙蔬菜或者1个苹果；鱼或肉每日30克，分2次吃；鸡蛋黄每日1个；豆腐或豆制品每日50克；油脂类少许即可。

第277~278天

10个月：新加的“饭饭”和“面面”

10个月宝宝可以添加软米饭、面条、粥、豆制品、碎菜、碎肉、蛋黄、鱼肉、饼干、馒头片等各种食物，应该以饭为主。值得注意的是，不要去比较宝宝和宝宝之间的饮食，要看的是宝宝是否正常发育，体重、身高、头围等保持在正常指标范围内，这样的喂养就是成功的。

西红柿鸡蛋面　改善贫血，增强免疫力

原料：宝宝面条50克，西红柿1个，生鸡蛋黄1个，青菜2棵。

做法：❶将西红柿洗净，用开水烫一下，去皮，切丁；青菜洗净；生鸡蛋黄打散。❷锅中加水，放入西红柿丁略煮后，放入面条、青菜煮熟，再淋上蛋黄液即可。

营养安全：1岁前宝宝不喝鲜牛奶

应尽量避免给1岁以内的宝宝喂鲜牛奶，因为宝宝的胃肠道、肾脏等系统发育尚不成熟，喝鲜牛奶会产生某些危害。

鲜奶营养成分	对宝宝的伤害
磷、酪蛋白	不易被宝宝的胃肠道吸收
乳糖	促进大肠杆菌生成，易诱发宝宝的胃肠道疾病
矿物质	加重宝宝的肾脏负担，易出现慢性脱水、大便干燥、上火等症状
动物性饱和脂肪	刺激宝宝柔弱的肠道，使肠道发生慢性隐性失血，引起贫血
低含量叶酸	容易造成贫血

第279~280天

自理：拿着勺子自己吃饭

现在的宝宝特别喜欢自己吃东西，每次妈妈喂饭时，都愿意“掺和”一下。

手部精细动作不断提高

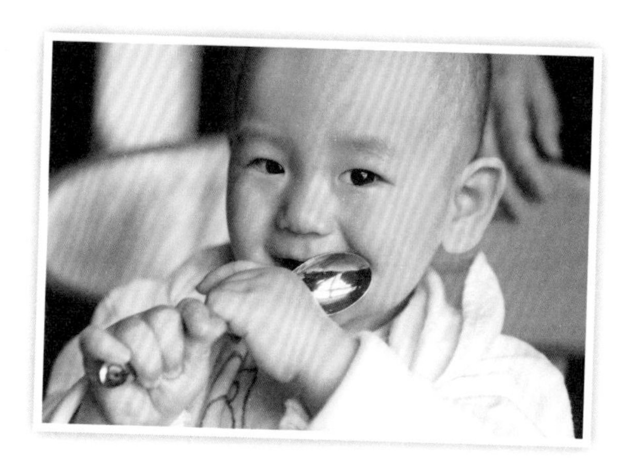

宝宝大脑神经的发展，使得手部精细动作的协调性在提高，对细小的物品越来越感兴趣，尝试进行操控。宝宝开始频繁使用拇指和食指，同时开始进行拇指、食指和中指的配合，于是宝宝开始愿意尝试拿勺子自己吃饭。

独立意识的表现

宝宝尝试自己吃饭，是一种独立意识的表现。当宝宝做着自己喜欢的事情，当他能尝试满足自己的需要时，宝宝的自信心、自尊心同时得到了发展。不要怕宝宝弄得一团糟，为了帮助宝宝掌握和建立这项重要的自理技能，清理再狼藉的“战场”也是值得的。

仍然需要强化和练习

宝宝开始尝试自己吃饭时，还不能正确使用拇指、食指、中指三指拿住勺子将食物放入口中，宝宝会大把抓握勺子，甚至会将勺子拿反，食物也不会准确地送到口中，经常会弄到身上、桌子上、地上。对于小宝宝来说，真正掌握一项重要的技能是要经过反复的强化和练习的。

帮助宝宝更好地吃饭

妈妈要充分鼓励和提供便利条件，如形成规律的进餐时间、准备专门的餐具、围嘴、小饭桌，在宝宝需要协助时给予帮助，保证就餐安全和饭后清理。注意食物色、香、味、形的搭配，让宝宝喜欢并爱上吃饭。

第281~282天

★ 肥胖：过度喂养是“元凶”

随着宝宝胃口大开、食欲大增，爸爸妈妈恨不得天天都给予宝宝各种美食。稍不留神，小胖墩的基础就开始奠定了。因此，在喂养宝宝的过程中切忌以下几种“过度”：

● 在宝宝的奶水中过早加入米粉或冲调奶粉浓度过高，既破坏了营养成分，又因热量过高造成宝宝虚胖。

● 淀粉类的食物比重偏大，大米粥、面条、土豆等过量摄入助长了宝宝的体重。

● 过量地给宝宝补充果汁。

● 用鸡汤、骨头汤、肉汤等为宝宝熬粥炖菜，认为既好吃又补营养。殊不知，动物汤中过量的脂肪，正是宝宝超重的“隐形帮凶”。大量的脂肪不仅干扰钙吸收，影响消化能力，增加体内脂肪，还会降低宝宝对“白味”食物的兴趣，助长挑食的不良饮食习惯。

● 高油、高糖的食品过量出现在宝宝的饮食中。

★ “小肥肉”不上身的健康攻略

饮食和运动的双保险，会降低宝宝“小肥肉”的产生率：

● 正确配比奶粉，不过度喂养，以宝宝吃饱为准。

● 适量提供淀粉类食物，最好和蔬菜搭配食用。

● 培养宝宝喝白开水的习惯，果汁适量饮用。

● 用馒头干、苹果片代替高油、高糖的点心或饼干做磨牙食品。

● 原汁原味的粥、面、菜、肉是最适宜宝宝的辅食，肉汤偶尔添加，每周1~2次即可，而且要撇去浮在表面的油脂。

● 做婴儿被动操，伸胳膊踢腿、翻、坐练习，以减少躺着不动的时间，增加热量消耗。

● 婴儿游泳、亲子游戏、母子健身操等都能让宝宝“动”起来。

第283~284天

晒太阳：四季有讲究

宝宝适当晒太阳，对于提高身体的抵抗力，增强体质，提高各脏器的生理功能有着重要意义。但四季不同，晒太阳的时间等注意事项也各不相同。

冬季：只要天晴无风，每天11点以后，就可以到户外晒太阳，要防止着凉。

冬末春初：上午9点至下午3点，阳光中的紫外线最多，爸爸妈妈可以根据宝宝的作息时间，每天安排户外活动。

春秋季节：宝宝可以裸露臀部，卷起衣袖和裤腿，让手臂、小腿和小脚接触阳光，因为这些部位比较经得起寒冷，不至于引起感冒。

夏季：宝宝在树荫下晒太阳，接受散射或反射的阳光，需戴上凉帽，用帽檐遮住眼睛，以保护眼和头部。

长个儿：春天宝宝长得最快

季节与长个儿息息相关，如果四季调理得当，能促进宝宝长个儿。特别是春天，是宝宝长个儿的好时机。根据统计，1年中5月份宝宝长个儿最多。四季注意饮食，能让宝宝长得更快更高。

春季：多吃高蛋白食物和绿色蔬菜，满足宝宝快速生长的需要。

夏季：多吃蔬菜水果，特别是红色果蔬，提高身体免疫力。

秋季：吃白色果蔬能清火润肺，防止秋燥。

冬季：黑色食物能有效增补体力，保养内脏，增强体质。

健康：宝宝白天不睡觉正常吗

有些好动的宝宝白天不睡觉，一点倦意也没有，这并不是异常的表现。这样的宝宝反而晚上睡得比较好，从晚上八九点一直睡到早晨七八点，深睡眠时间相对长。所以，尽管白天不喜欢睡觉，但只要宝宝精神好，活动能力强，生长发育也正常，爸爸妈妈就不必过多担心啦。

第 285~286 天

扔东西：宝宝的一项新“技能”

宝宝的大脑皮质在发展，他喜欢探究更加复杂的东西。宝宝在发现了扔东西和东西掉落存在的因果关系之后，会不断重复，孜孜不倦地做着试验。

宝宝喜欢听东西掉落后的声音，不同的玩具、物品掉落后会发出不同的声音，这会引起宝宝的极大好奇。宝宝会通过扔扔、敲敲、打打，感受不同声音带来的听觉刺激。

扔东西是宝宝一项技能的展示，宝宝在告诉妈妈：我不但会坐了、能爬了、会抓握了、能捏拿了，还会把东西扔出去。

宝宝通过扔东西在和爸爸妈妈进行良好的互动，引起注意，试探妈妈对他的耐心、爱心和关心。当妈妈重复捡、宝宝重复扔时，宝宝会在不断的互动中获得快乐和满足。

配合并引导宝宝“扔东西”

理解扔东西是宝宝能力发展的正常行为，妈妈要对这一重复动作耐心地配合。

为宝宝准备耐摔和有弹性的玩具，如皮球、毛绒玩具、耐摔的木质玩具等。让宝宝在扔和玩的过程中，了解物体的不同性质，得到满足的宝宝在思维发展后，扔玩具的行为会很快结束。

在宝宝玩扔玩具、捡玩具、再扔、再捡的过程中，妈妈可以配合一些有趣的象声词，以增加宝宝对声音和动作探索的兴趣。

10~12个月的宝宝扔玩具很正常，2岁多了还扔玩具就是一种不好的习惯了，需要引导和纠正。

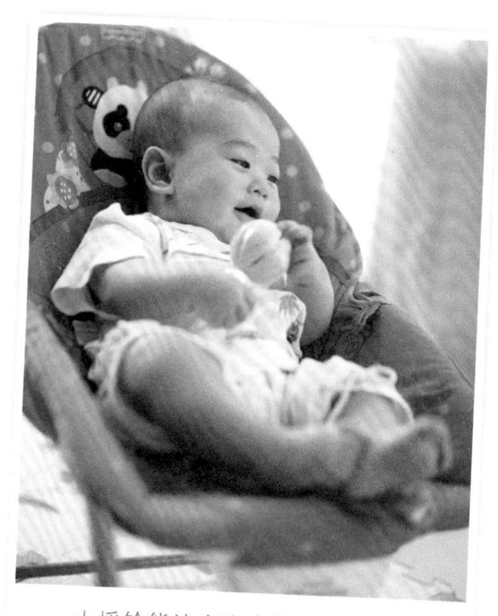

小摇铃能让宝宝在扔东西的同时，感受听觉的刺激。

第287~288天

独站：不要练习太久

10个月的宝宝能独自站立2秒钟以上，妈妈平时可以有意识地让宝宝练习片刻的站立。引导宝宝小腿分开，背部贴墙做辅助，妈妈松开双手，让宝宝的腿部力量和身体的平衡支撑得到锻炼。此月龄的宝宝脊椎、肌肉、平衡性发展都不太好，所以不宜久站，片刻即可。

学走路：不要操之过急

有些爸爸妈妈看见别人家的宝宝已经能够走路，恨不得自家的宝贝立马健步如飞，以显示自己的宝宝体魄强健、聪明过人。于是便根据自己的意愿，卖力地训练起来。而事实上，宝宝双脚什么时候能直立、开步，是有个体差异的。由于这个时期宝宝的骨骼还没有完全发育到能支撑身体的全部重量，拔苗助长训练宝宝学步，就会导致“O形腿”的发生。所以，对于宝宝何时开始走路，应该耐心地等待，顺其自然。

大运动：站起来、坐下去

宝宝已经可以非常灵活地爬行了，在宝宝爬行的过程中，让宝宝有机会坐下来休息。观察宝宝爬行到家具旁边时，是否能熟练地扶着家具站起来，站一会儿再熟练地坐下去。可以有意识地训练宝宝自己练习坐上小椅子，熟练转换站起、坐下的动作。

10个月的宝宝，小腿能分开并支撑起整个身体，摇摇晃晃地站起来。

第289~290天

手指动作：熟练地捏起细小的东西

宝宝的小手越来越灵巧了，能熟练地五指抓握，捏起细小的东西，并开始热衷于摆弄更小、更精致的物品和玩具。宝宝会饶有兴趣地把手指探进洞穴里，用食指进行点、压、按、戳、挑、钻、拨等练习。宝宝开始用拇指和食指捏、抓或捡起小物体，即二指捏、二指抓。宝宝开始对更加细小的物品感兴趣，不再对大物品的整体感兴趣。

引导宝宝用杯子喝水

用杯子喝水，可以训练宝宝手部肌肉，发展手眼协调能力。但是，这阶段的宝宝大多不愿意用杯子，即使这样，爸爸妈妈仍然要适当地引导宝宝使用。

首先给宝宝准备1个不易摔碎的塑料杯或搪瓷杯，颜色要鲜艳，形状要可爱，且宝宝易拿握。可以让宝宝拿着杯子玩一会，待宝宝对杯子熟悉后，再放上奶、果汁或者水，将杯子放到宝宝的嘴唇边，然后倾斜杯子，让杯子里的液体刚好触到宝宝的嘴唇。

锻炼：小肌肉训练方案

拉手绢

目的：练习二指捏，增强拇指和食指的灵活配合；训练思维能力，学会用手解决问题；培养空间感，感受“里”“外”的概念。

准备：手绢4块，纸巾盒1个（手绢系在一起放于纸巾盒中并露出一角）。

方法：面对面坐好，妈妈示范拉手绢动作，用拇指和食指捏住手绢的一角，轻轻拉起，直至将连在一起的手绢拉出纸巾盒。让宝宝自己练二指捏、拉的动作，平时可以让宝宝自己练习抽纸巾、拉卫生纸等精细动作。

第291~292天

动作：学习“欢迎”和“再见”

别小看了“欢迎”和“再见”这两个小动作，它标志着宝宝语言、认知及社会性的发展和提高。

语言游戏1：礼貌歌

这样做

教宝宝边拍手边配合语言：“欢迎！”反复进行刺激，直到宝宝掌握。再挥动宝宝的右臂，边挥手边配合语言：“再见！”为了增强游戏效果，可以配合歌谣进行：

客人来了我欢迎，拍拍小手真高兴。
客人走了挥挥手，下次再来行不行。

妈妈还可以让宝宝练习其他动作，如作揖表示“谢谢”，握手表示“你好”等。随意编成小儿歌，这样既培养了宝宝的礼貌习惯，又通过儿歌对宝宝进行了语言刺激。另外，家里来客人的时候，可让宝宝表演，增强宝宝的自信心。

益处多多

加强语义的理解，促进语言的发展；礼貌教育，初步培养与人交往的能力。

语言游戏2：再见歌

这样做

宝宝依恋自己的妈妈，会在妈妈出门时产生分离焦虑。为了避免焦虑使宝宝哇哇大哭，可通过游戏使宝宝与妈妈的告别形成一种惯例，这样宝宝就会明白再见的真正含义，降低分离焦虑。给宝宝念一首歌谣：

招招手我的宝贝，妈妈离开你一会。
说再见我的宝贝，不要伤心别落泪。
再见为了再见面，晚上轻轻把家回。
妈妈爱你小宝贝，招手再见笑微微。

儿歌说完后，妈妈紧紧拥抱和亲吻宝宝。重复练习后，宝宝会在妈妈上班前主动挥手表示再见。

益处多多

培养良好情绪的建立，缓解分离焦虑；激发宝宝爱爸爸妈妈的情感；促进语言发展。

第293~294天

宝宝也可能会有心理问题

爸爸妈妈需要练就一双火眼金睛，不仅能观察到宝宝的体格发育状况，还能通过种种状况关注到宝宝的内心，发现宝宝的心理问题：

进食困难。某些宝宝厌食、挑食的"祸首"就是爸爸妈妈不良的生活习惯造成的。

孤独和自闭。交往环境单调，缺乏语言和情感沟通，容易造成宝宝孤独和自闭。

敏感、过激反应。不正确的早期教育，过多、过频的不良刺激使宝宝过于敏感和反应过激、强烈。爸爸妈妈要引起重视。

"精神性"腹痛：情绪波动太强烈

宝宝经常会肚子痛，每次妈妈都紧张地检查卫生，以为是不洁引起的。其实，宝宝腹痛也有精神因素，多半是因情绪强烈波动而发生的。典型症状是腹痛无固定部位，也无明显痛点，通常持续几分钟到数十分钟，之后缓解，一切如常。对于这种腹痛，可以采取转移注意力，或者用冷敷和热敷、按摩、改变体位的方法来减轻痛苦。

适当放手利于宝宝的成长

有时候爸爸妈妈的精心呵护反而会制约宝宝的成长，怕宝宝走路摔倒，宝宝吃饭穿衣、收拾玩具都替他包办代替，造成宝宝动手能力和自理能力差；当宝宝与小朋友发生争执，爸爸妈妈挺身而出，为宝宝讨公道。这种看似对宝宝的爱，其实严重影响了宝宝今后社交能力及适应力的形成。正确的做法是适当放手，让宝宝自己吃饭、摔倒后爬起来，这样能使宝宝更坚强，更有成就感。

第295~297天

亲子：不同气质不同相处

每个宝宝都有自己独特的行为方式，这就是每个宝宝独有的气质类型。气质本身没有好坏之分，爸爸妈妈多了解，才可以更容易、更轻松地和宝宝融洽相处。

轻松型（40%）：此类宝宝，饮食和睡眠习惯很有规律，很容易适应新的时间表、食物和人，情绪反应温和、较积极，醒后常笑，显得很愉快。要给此类宝宝应有的时间和关心，留意他们的需求和细小的情绪变化，因为这类宝宝不会自己提出要求。

困难型（10%）：此类宝宝在睡眠和饮食习惯方面相当不规律，很慢才能适应新的环境，情绪反应强烈，心境相当消极，容易表现出不寻常的紧张反应，如大声哭叫、暴躁。对此类宝宝要尽量保持日常规律，同时用宝宝喜欢的安慰方式如拥抱、亲吻、按摩、摇摆、唱歌等加以关注。

慢热型（15%）：此类宝宝在第一次遭遇到新的事物或环境时总会退缩，适应较慢，看起来总带点消极心态，同时表现出较低的活动水平。因此不要给他们太多、太快的变化，掌握好循序渐进的原则，更不要强迫他们做自己不喜欢的事情。

混合型（35%）：是以上3种类型特点的混合表现。爸爸妈妈要仔细观察、区别对待。

第298~300天

测评：满10个月宝宝的智能发育标准

分类	项目	测试方法	通过标准	出现时间
大运动	独站片刻	扶宝宝站立后，手松开	能独站2秒以上	第__月 第__天
	扶推车走步	让宝宝扶着椅子或小推车，鼓励宝宝迈步	能迈3步以上	第__月 第__天
精细动作	二指捏	爸爸把宝宝放在座位上，将小馒头放在前面的桌子上，鼓励宝宝捏取	能熟练用拇指和食指捏物	第__月 第__天
	打开杯盖	爸爸示范打开杯盖的过程，让宝宝模仿	能模仿打开杯盖	第__月 第__天
语言	叫爸爸或妈妈	观察宝宝是否有意识地叫“爸爸”或“妈妈”	会叫爸爸、妈妈，并有所指	第__月 第__天
认知	认图片卡	说出物品，让宝宝指认相应的图片卡	听物名能从2张图片中指认	第__月 第__天
	认识新物品	让宝宝听名称指出相应物品	能听声指物	第__月 第__天
情绪和社交	听懂命令	指令宝宝做几件事，如：“请把××拿来”“请把××给妈妈”“请坐下”等	能听懂并服从指令，并能做相应的事	第__月 第__天

第11个月

模仿大人吃东西

宝宝已经是个喜欢蹲着玩、可以扶着东西稳稳站立、妈妈牵一只手就能到处走动的“小顽皮”了，现在宝宝还特别乐于模仿大人的面部表情和所说的话。在宝宝学习语言的过程中，难免会出现错误的发音，爸爸妈妈不要故意学宝宝错误的发音，否则以后会很难纠正的。

第301~302天

11个月：能吃颗粒食物了

11个月的宝宝，可吃的食物种类有所增加，除了刺激性大的蔬菜，如辣椒，其余基本都能吃。值得注意的是，烹饪方法要科学，所选食材应是当季的。为了锻炼宝宝的咀嚼和吞咽能力，妈妈要多制作一些颗粒状的食物。因为宝宝的胃容量比较小，所以不是很建议给宝宝吃太多的粥类食物，容易饱且食物营养量并不大，如果吃粥建议吃内容比较丰富的花样粥。

肉松饭　　促进生长发育

原料：米饭1碗，肉松、海苔适量。

做法：❶将肉松包入米饭中，将米饭揉搓成圆饭团。❷将海苔搓碎，撒在饭团上即可。

蛋包饭　　营养均衡的主食

原料：米饭半碗，生鸡蛋黄1个，培根、玉米粒、豌豆、面粉、植物油各适量。

做法：❶豌豆洗净；培根切丁；生鸡蛋黄加面粉、水搅匀。❷油锅烧热，下培根、玉米粒、豌豆煸炒，再放米饭炒匀，盛出。❸油锅烧热，将蛋液摊成蛋皮，放上炒好的米饭，四边叠起即可。

第303~304天

学着大人模样吃"饭饭"

每日三餐和大人一起吃饭，可以刺激宝宝模仿大人的样子练习咀嚼能力。这时宝宝会对大人的食物产生兴趣，妈妈不要因为心软而喂给宝宝，对于宝宝来说，大人的饭菜又硬又咸。也不要把饭菜咀嚼后喂给宝宝，这样会将大人口中的细菌带进宝宝体内而引起各种疾病。妈妈可以在家庭成员吃饭之前先给宝宝吃一部分，然后在家庭成员一起进餐时，让他自己动手去吃他的食物。妈妈还可以把宝宝的餐椅放在自己旁边，让他模仿自己吃东西。当宝宝的饮食习惯出现问题时，要有耐心，让宝宝有一个逐步学习和改正的过程。

培养宝宝和大人一起用餐，最重要的是反复实践，持之以恒，并用鼓励、赞扬和合理的惩罚来巩固良好的习惯。

水果：不同体质不同吃

如果宝宝平时易便秘，小便黄，舌苔厚，一般属于偏热的体质，最好吃凉性的瓜果，如西瓜、梨、猕猴桃、香蕉等，而荔枝、柑橘等吃多了容易上火，尽量少吃。虚寒体质的宝宝可以多吃一些温热的瓜果，如荔枝、桃、龙眼、石榴、樱桃、杏等，但也不能多吃。正在发热或发炎的宝宝也要尽量避免食用热性的瓜果。

肉类剁碎后才能吃

这个月的宝宝接受食物、消化食物的能力增强了，一般的食物几乎都能吃。如果宝宝能吃肉了，妈妈别把肉切得太大，或把肉丝炒得油腻腻的，那样宝宝既吃不进去，也消化不了。不仅会被宝宝拒绝，还会引起宝宝呕食的现象。

第305~306天

不同口味宝宝的食谱

根据宝宝是否喜欢喝奶或者食欲大小，可以为他制订不同的食谱：

“爱奶粉宝宝”：每日3餐配方奶，每次180~220毫升，分早、中、晚3次哺喂，其他时间吃正餐和水果、鸡蛋、点心等。全天奶量不超过650毫升。

“厌奶粉宝宝”：每日3餐的配方奶可做成米粉奶粥、面包牛奶粥，但必须有足够的米饭、蔬菜、鱼、肉、蛋以及水果、点心等补充能量。

“小胃宝宝”：少食多餐，每日4餐配方奶，每次100~150毫升，其他时间吃正餐及水果、鸡蛋、点心等，半夜醒了要喝奶也要给喝。此外，让宝宝自己用勺或用手抓着吃，也会多吃一些。

“大胃胖宝宝”：早、中、晚各1次配方奶，每次200毫升，午餐时蛋、肉、鱼、虾只选一种，其他时间以水果和蔬菜为主，少吃主食，饭前可先喝些淡果汁。

“过敏宝宝”：按正确的顺序为宝宝添加食物，先加谷类，其次是蛋黄、蔬菜和水果，然后再是肉类。每次只添加一种新食物，并且从少量开始逐步增加。观察宝宝是否出现皮疹、腹泻等反应。若有，及时停止喂这种食物。剔除过敏食物后，需用其他食物替代，以保证膳食平衡。

甜点：食用过多危害大

甜点味道香甜，拿取方便，大多数宝宝都喜欢吃。但甜点的主要成分是碳水化合物和反式脂肪酸，营养含量并不高。夹心甜点中的奶油、果酱、豆沙会造成细菌繁殖，引起宝宝腹泻、消化道感染。甜点还容易导致宝宝肥胖，在宝宝长牙后，会导致龋齿。大量吃甜点还会影响宝宝食欲，不利于宝宝养成良好的饮食习惯。

勺子要选用浅且口径较小的，利于宝宝将饭吃进口中。

第307~308天

4招让宝宝吃饭不再难

11个月的宝宝自我意识开始萌芽，随着自己动手、摆弄东西的欲望越来越强烈，开始变得不好好吃饭了，这可愁坏了妈妈们，不妨试试下面4招吧！

注意食物味道

宝宝不爱吃自己的饭，反而对爸爸妈妈的食物十分感兴趣。这种情况说明宝宝的味觉已经发育，针对自己做的食物已不能满足宝宝的需求。处理这种问题的方法十分简单：只要在孩子的食物中添加少许天然调料，即可获得意想不到的效果。但是，调料适量添加，宝宝的饮食还是应当以清淡为主。

爸爸妈妈是最好的榜样

让宝宝与爸爸妈妈同时间同桌进餐。大人吃饭的行为可以激发宝宝的模仿天性，从而达到最佳的进食效果。

吃饭时集中精力

宝宝吃饭时，爸爸妈妈不应过多地干涉，也不要哄笑宝宝。当然，宝宝的周围也不要存在太多的干扰，其他人不要在宝宝旁边说笑，不要将电视声音放得过大等等。

按时按需喂养

人只有当处于饥饿状态时才能有好的食欲，才能产生最佳的进食效果。为了使宝宝到点产生饥饿感，爸爸妈妈应定时喂饭。若宝宝吃得不多，也不要随后补上，应等到下次喂饭时再吃。

饮食安全：避免摄入致敏食物

最常引起过敏的食物是异性蛋白食物，如螃蟹、大虾、鱼类、动物内脏、鸡蛋（尤其是蛋清）等；有些宝宝对某些蔬菜也过敏，比如扁豆、毛豆、黄豆等豆类和菌藻类（如蘑菇、木耳、竹笋等）；有些香味菜如香菜、韭菜、芹菜等也会引起过敏；还有一些热带水果，如芒果、猕猴桃、菠萝等也会引起宝宝过敏。

因此，在添加新种类辅食时，要少量地添加，并注意观察宝宝的反应。

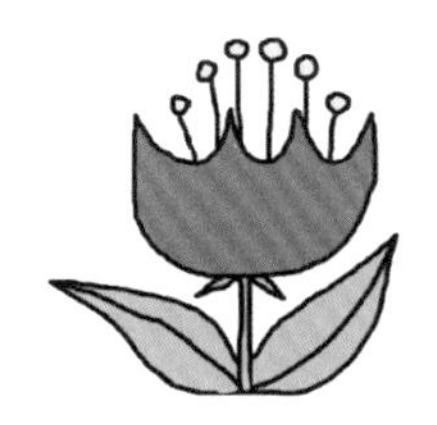

第309~310天

培养宝宝规律地进餐

任何一种良好习惯的养成，包括饮食、睡眠、行为等，都应从婴儿做起。进餐习惯也不例外，必须从婴儿时期就开始养成。

- 宝宝一天的进餐次数、进餐时间要有规律。每到该吃饭的时间，就应喂他吃，但不必强迫他吃，吃得好时就赞扬他。
- 培养宝宝对食物的兴趣，引起他旺盛的食欲。要求爸爸妈妈在烹调食物时做到色、香、味俱全，软烂适宜，便于宝宝咀嚼和吞咽。
- 培养卫生习惯。饭前要洗手，围上围嘴；每天在固定的地点吃饭，给宝宝一个好的进餐环境；吃饭时不能边吃边玩。
- 训练使用餐具。要训练宝宝逐步适应使用餐具，为以后独立进餐做准备。如训练他自己握奶瓶喝水、喝奶，自己用手拿饼干吃；训练正确的握匙姿势和用匙盛饭。
- 避免挑食和偏食。饭、菜、鱼、肉、水果都能吃，鼓励他多咀嚼，每餐干稀搭配。
- 宝宝进餐不可避免会把手和脸搞脏，但随着年龄的增长，会逐渐改善。爸爸妈妈要保持冷静与温和，使进餐时间成为一段愉快的时光。

宝宝左撇子不必纠正

纠正宝宝的“左撇子”是完全没有必要的。人类左右大脑分工不同，左脑主管语言、逻辑、书写及右侧肢体运动，而右脑主管色彩、空间感、节奏和左侧肢体运动。“左撇子”天生以右脑为优势大脑，如果“左撇子”被强行纠正，其潜在的音乐、绘画才能很可能得不到充分发挥，还会使语言功能紊乱，易出现口吃现象。

第311~312天

如何对待"夜猫子"宝宝

宝宝是个"夜猫子"，很多妈妈因此痛苦不堪。要想宝宝与爸爸妈妈的作息时间相协调，就一定要将他的生理时钟调整过来。

上午和下午多和宝宝玩玩，比如，带他去散步，也可以做游戏，或者让宝宝干自己喜欢的各种事情。下午，宝宝可以睡个小觉，但2点前记得要叫醒他。

玩了一天的宝宝，要让他吃了晚饭后再洗澡，然后由妈妈带着在床上播放他喜欢的儿歌或音乐，在安静温馨的环境中早早休息。如果睡不着，妈妈可以轻轻抚摸着宝宝，和着音乐轻轻哼唱。有妈妈陪在身边，宝宝会很有安全感。

如果宝宝还是很想玩，不妨留一盏小灯，让宝宝一个人在床上玩，妈妈则假装睡觉，这样宝宝玩了一会儿觉得没有意思，自然就会睡觉了。

别让宝宝和宠物太亲密

许多家庭爱养宠物，宝宝也特别喜欢和宠物逗乐。宠物身上常常寄生真菌，当宝宝的表皮有损伤，或皮肤多汗潮湿时，真菌会侵犯宝宝的皮肤，使身体各部位长癣。如不及时医治，可自身反复传染或传染他人。

所以，为了宝宝的健康，尽量不让宝宝跟宠物亲密接触，以防宠物的唾液污染衣物，与宠物接触后要及时洗手。平时要注意做好宠物的日常卫生工作，及时给宠物洗澡，清理粪便。定期给宠物注射疫苗。宝宝万一被宠物抓伤或者咬伤，应立即送医院认真处理伤口，尽快（咬伤后2小时内）到当地防疫部门注射狂犬病疫苗，以预防狂犬病的发生。

第313~314天

爱午睡的宝宝长得快

午睡有助于改善宝宝饮食，增强免疫力。午睡时体内会分泌一种被科学界称为睡眠因子的物质，既能催眠，又能增强人体的免疫功能。宝宝的大脑发育尚未成熟，半天的活动使身心处于疲劳状态，午睡将使宝宝得到最大限度的放松，使脑部的缺血缺氧状态得到改善，让宝宝睡醒后精神振奋，反应灵敏。在睡眠过程中身体还会分泌生长激素，因此，午间休息充分的宝宝才能长得快。

冬季：多喝水防止流鼻血

冬季天气干燥，容易导致宝宝鼻出血。妈妈应合理、科学地安排宝宝的饮食，多喝水，多吃蔬菜水果，少吃煎炸及肥腻的食物，必要时可在医生指导下适量服用维生素C、维生素A、维生素B_2。室内空气干燥时，可使用加湿器增加室内湿度。有的宝宝晚上常会流鼻血，可在睡觉前用棉签蘸上金霉素软膏，在鼻腔内涂上薄薄的一层，这样可以防止鼻黏膜干燥，有效地减少鼻出血。

防冻疮：温水洗一洗，揉一揉

寒冷季节带宝宝做户外活动时要预防冻疮，特别是手脚和两腮。从户外回家后，可用温水洗脸和手，轻轻揉一揉，促进血液循环。在户外时，妈妈经常给宝宝捂手和小脸蛋也是很有效的。

冬天，如果宝宝的手指变得像蜡一样苍白，而且僵硬，或者发黄、开始肿胀或起水泡，就意味着是真正冻伤了。爸爸妈妈可以把宝宝抱到胸前，把他的手指塞到腋下，慢慢地焐热。然后再把宝宝的手浸到温水中。记住，不要搓宝宝的手指，也不要使用任何加热设备，如用吹风机给宝宝暖手，这样会让宝宝已经受损的皮肤组织雪上加霜。

第315~316天

恋物：多给宝宝一些安全感

宝宝不论到哪儿，都要带着小熊布偶，虽然小熊已被抱得破烂不堪，可她就是对其他漂亮玩具不屑一顾。如果小熊不见了就坐卧不宁，一定要找到才罢休。宝宝正常的“恋物”只是因为她缺乏安全感，“恋物”是会随着宝宝的成长慢慢消失的。但如果宝宝的依恋行为变成了极端状态，几乎要把依恋物品24小时带在身边，那就要引起高度重视了。爸爸妈妈需要采取一些措施转移宝宝的“恋物”情结：

多抱抱宝宝

宝宝做错事感到不安时，拥抱她。经常性的拥抱会给宝宝满满的安全感。

忌过激处理

耐心地处理宝宝的“恋物”。有些妈妈会使用一些过激的方式，如扔掉小熊布偶，这会给宝宝太大压力，可能会令宝宝养成其他更不好的习惯。

睡前陪宝宝一段时间

很多宝宝是在入睡前的不安中染上“恋物”的，如果爸爸妈妈在宝宝独睡前能陪伴宝宝一会，等宝宝睡着再离开，就不会使他对布偶类物品过度依恋了。

设置情境主动迁

帮助宝宝设定情境或角色，让宝宝把所“恋”之物心甘情愿地送给自己最喜欢的小朋友。比如，宝宝既喜欢那条粉红色的小手帕，又喜欢阿姨刚诞下的小宝宝。妈妈可以温和地引导她把小手帕送给小宝宝，做个有爱心的好宝宝。

走出去看看外面的世界

可以多带宝宝做户外活动，多交几个好朋友；或者出外郊游，欣赏人文、自然景观，开阔宝宝的眼界。宝宝的性格开朗了，对物品的依恋自然也会减少。

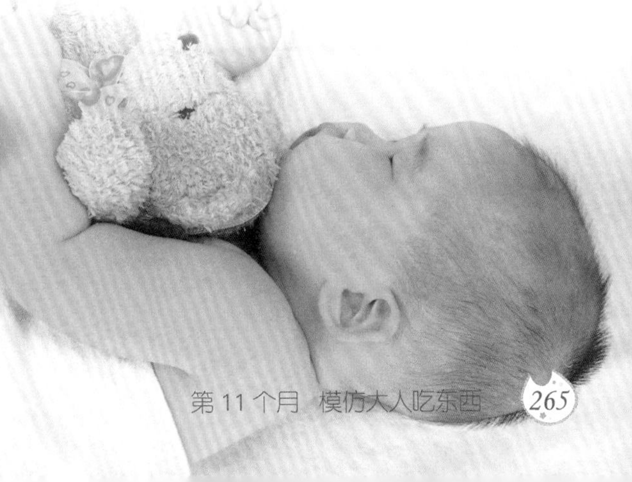

第317~318天

安全：小心预防铅中毒

由于代谢和发育的特点，宝宝的机体对铅非常敏感，且吸收又快，最容易被铅伤害。因此，预防铅中毒就显得特别重要。

铅对宝宝造成的伤害

铅是对宝宝具有神经毒性的重金属元素，对宝宝的神经、大脑伤害很大，会造成智力缺陷、学习障碍、成长减缓、多动、听觉减弱、注意范围减小等。

铅的来源

含铅漆的住宅、玩具、有色粉笔；含铅的涂釉陶瓷或陶器；罐头食品、饮料或爆米花；铅矿所在地或车流量大的公路（含铅汽油的排放物）周围的土壤。其中，含铅的漆、土壤和水是导致铅中毒的最主要途径。

预防铅中毒的措施

● 家庭装修要选用正规品牌，质量过关、环保的材料。

● 购买无毒、无刺激的玩具，凡是宝宝放入口中的玩具应定期清洗去除表面附着的铅尘。

● 尽量少带宝宝到车流量大的公路附近散步、玩耍。

● 铅大多积聚在离地面1米以下的大气中，而距地面75~100厘米处正好是宝宝的呼吸带，因此，当不可避免地带宝宝在车流量大的路边行走时，要抱起宝宝。

● 保持清洁卫生，经常用湿抹布抹去宝宝能触及部位的灰尘，食品和奶瓶的奶嘴上要加罩。

● 居室内不吸烟，带宝宝远离吸烟的人群。

● 下班洗手后再抱宝宝，妈妈涂抹过化妆品后不要亲吻宝宝。

● 摄取含钙、铁、锌丰富的食物，如乳制品、海产品、鸡蛋、肉类、坚果等。

第319~320天

选购玩具：满足宝宝成长的需要

11个月的宝宝，已经越来越像个小大人了，但他还在以惊人的速度发展着他的各种能力。现在就为宝宝增加些新玩具，满足他不断成长的需要吧。

四类成长需要	宝宝的能力发展水平	需要的玩具
智能	随着对客体永久性的进一步认识，宝宝对物体概念的理解变得很完全了。宝宝的推理能力也在急速增长，帮助他理解因果关系的玩具将非常有益；同时，宝宝的想象力也在突飞猛进	套塔、套杯、形状分类玩具、躲猫猫玩具（一打开盖子会跳出奇异的小人）、能教会宝宝识别颜色、大小、数目的套环
体能	宝宝在体能上飞速发展，熟练地手膝爬行、扶物走使宝宝需要更多的体验，探索垫子之类的玩具正是宝宝需要的；而能锻炼宝宝小肌肉的玩具也是不错的选择	球类、爬行隧道、推拉玩具、滚动玩具、摇摆式玩具
精细动作	宝宝精细动作的协调能力进入到更高的阶段，原来令宝宝感到为难的滚动类、拼插类玩具也可以变成宝宝的挑战项目	摇摆串珠、玩具琴、木棍串珠、简单的拼图玩具（由2~3块组成）、带质地感的小球
语言	宝宝语言的敏感期已经开始，图书、能发声的玩具等都可以给宝宝良好的语言刺激，促进宝宝语言的发展	玩具电话、图片书、布书、塑料书、说多种语言的玩具

第321~322天

独站：保持10秒以上

11个月的宝宝，不需要妈妈的辅助，已经能独站保持10秒以上。当宝宝能灵活地移动身体各部位的重心，能用腿部肌肉力量来支撑自己的身体重量，并懂得运用四肢关节、上下肢各部位协调运作时，宝宝就开始逐渐进入到行走的敏感期了。让宝宝扶着栏杆或妈妈的双手站好，等宝宝保持好平衡后，逐渐将辅助物撤离，让宝宝没有依靠和辅助地独自站立，逐渐拉长时间，延长宝宝独自站立的时间。

学步：推着小椅子走几步

11个月的宝宝腿部肌肉的支撑力逐渐增强了，有的宝宝推着东西都可以走起来了，平时妈妈可以增加一些行走的训练。

对于学步期的宝宝来说，小椅子的用处很大，可以辅助宝宝练习站立，几把小椅子连在一起能让宝宝练习扶物走。让宝宝推着小椅子还可以练习走路，一物多用。宝宝推椅子走路时，妈妈要在旁保护宝宝。

用脚尖走路很正常

许多宝宝在摇摇学步时以脚尖走路，有的甚至在以后的几个月仍用脚尖走路。其实，许多宝宝都会有这种现象。待他慢慢长大，就会恢复正常。但是排除脚骨发育异常也是必要的。可以用左手托住宝宝的后脚跟，右手抓住脚尖向多方向转动看看。万一向脚背方向无法弯曲15°，那可能是后脚筋生得太短的关系。出现这种情况，要尽快到医院确诊并治疗。千万不要故意使其脚后跟着地，否则会引起膝关节逆向弯曲。

扶着宝宝走路时，不要用力拽着宝宝。

第323~324天

如何引导宝宝学步

学会走路，意味着宝宝脱离了完全依赖于爸爸妈妈的时期。学会走路为宝宝带来了新的人生，也让他们的情绪和行为发生了很大的变化。那么，该如何引导宝宝学走路呢？可以根据宝宝走路动作的发展，按以下5个阶段给予辅助。

第1阶段：爸爸妈妈可利用学步用的小推车，协助宝宝忘记走路的恐惧感觉学习行走。

第2阶段：爸爸妈妈将玩具丢在地上，让宝宝自己捡起来，训练宝宝蹲站。

第3阶段：爸爸妈妈可以各自站在两头，让宝宝慢慢从爸爸的这一头走到妈妈的那一头。

第4阶段：让宝宝练习爬楼梯，如家中没有楼梯可利用家中的小椅子，让宝宝一上一下、一下一上地练习。

第5阶段：可利用木板放置成一边高一边低的斜坡，但倾斜度不要太大。让宝宝从高处走向低处，或由低处走向高处。此时爸爸妈妈须在一旁牵扶，防止宝宝跌下来。

每次带宝宝学步的时间应控制在半个小时以内，虽然行走敏感期的宝宝对行走动作乐此不疲，但妈妈要注意引导宝宝适当休息。

安全：别让宝宝学步时意外受伤

- 家中的窗户和阳台要有护栏，栏杆间隔缝隙要小些，避免宝宝由于好动发生危险。阳台上不要摆放小凳子，容易使宝宝误爬，而导致危险。

- 所有的家具都不应妨碍宝宝的行走，要用软布包住家具的棱角部分，以免宝宝跌倒时撞击受伤。

- 玩具也要避免有尖锐的棱角或很小的零件，家中的危险品，如剪刀、热水瓶要放在宝宝接触不到的地方。

- 宝宝容易在开关门中发生夹伤，爸爸妈妈可使用门防夹软垫来避免危险。

第325~327天

学语言：理解比“能说会道”更重要

宝宝语言发展的最好表现不是他能够说什么，而是他能够理解什么，这就是我们称之为理解性的语言。11个月的宝宝，通常可以理解一些词汇和一小部分简单的指示。大部分宝宝是在多次的重复中，根据语境及表达者的表情、动作尝试理解更多的内容。

宝宝现在可以理解家庭成员的名字、称呼，对经常食用的食品名称能够理解，理解常用物、玩具的名称，明白“不”的含义，会通过“拿”“吃”“要”等词汇表达自己的需求，明白“你好”“再见”“欢迎”的含义。

说话晚：大多与智力无关

由于个体的差异，宝宝在语言能力方面有开口早晚、表达清晰不清晰的区别。如果发现宝宝说话晚，可对宝宝进行测试。检查宝宝对爸爸妈妈、周围人的简单语言能否理解；检查宝宝是否会用非语言来表达自己的意愿，比如会不会用肢体动作表示反抗等。或者带宝宝去医院，检查宝宝的听力、声带等有没有问题。如果上述都是正常的，那么，宝宝说话晚就与智力无关。

不要用儿语和宝宝说话

儿语是幼儿语言发育过程中的一个阶段，是语言能力低的一种表现。如果大人也用儿语来同宝宝说话，会阻断宝宝语言学习这一重要的成长通道。一旦宝宝习惯了用儿语来说话，以后要想正常说话，还得花很长时间来纠正。因此，在与刚会说话的宝宝交流时，千万不能顺着宝宝用儿语来说话，比如吃饭了，说“吃饭饭啦”，看见汽车过来了，不能对宝宝说“看笛笛来了”，这是错误的。爸爸妈妈要用成人的规范语言跟宝宝说话。

第328~330天

测评：满11个月宝宝的智能发育标准

分类	项目	测试方法	通过标准	出现时间
大运动	独自站立	扶宝宝站稳，递给宝宝玩具后松开手，观察宝宝	独站10秒以上	第__月 第__天
	扶家具走	将宝宝领至栏杆边或长沙发边，用玩具逗引宝宝	扶家具能走3步以上	第__月 第__天
精细动作	打开、合上书	向宝宝示范将硬皮书打开再合上，反复几次	能模仿打开或合上硬皮书	第__月 第__天
	打开纸包	在宝宝的注视下，用一张纸包裹直径2.5厘米的小球，鼓励宝宝打开	能主动打开找到小球	第__月 第__天
语言	发特定意思的音	观察宝宝是否有意识地发出一个字音，表示特定的意思，如“要”“走”“拿”等	能发一个字音，表示特定的意思或动作	第__月 第__天
认知	用棍够玩具	将玩具放在桌上伸手够不到的地方，给宝宝1根棍子，观察宝宝是否知道用棍子够玩具	有用棍子够的意识即可，不一定要取到	第__月 第__天
情绪和社交	随音乐或儿歌做动作	放音乐或儿歌时，鼓励宝宝随节奏做动作，如点头、拍手、踏脚、摇动身子等	能随节奏做简单的动作	第__月 第__天

宝宝免疫小贴士

乙脑减毒疫苗第1针

第12个月 迈出人生第一步

宝宝快满1周岁了，从一年前那个小肉团到现在的小大人，变化可真大呀！怎样让宝宝度过他的第一个生日呢？爸爸妈妈一定都有很不错的创意：抓周、照艺术照、做个手脚印、开个生日Party、定个生日蛋糕……当然，更要唱一首《祝你生日快乐》！

第331~332天

1岁：能吃蒸全蛋了

宝宝这一阶段喂养的原则是营养全面，以保证生长需要。现在开始，饭菜中可以加入微量的盐等调味品，但注意不能和大人的口味一样。另外，一定要给宝宝营造愉快的进餐环境，可以把食物的颜色搭配得丰富一些。宝宝表示不愿意吃的时候，不要强迫宝宝进食，也不要以追着宝宝喂饭的方式来进食，否则容易养成不良的进餐习惯，不利于宝宝的消化吸收。

宝宝正处于从以乳类为主食向以普通食物为主食转化的时期，小牙齿越来越多了。妈妈可以逐渐给宝宝吃以前不能吃的食物。但是宝宝的消化系统还没有发育完善，软烂型的食物最适合宝宝。三餐热量要根据宝宝活动的规律合理分配，食物种类要多样化。一周内的食谱尽量不要重复，以保证宝宝良好的食欲。

饮食：少吃多餐最适宜

这个时期宝宝一般只长出6~8颗乳牙，胃肠功能还没有发育完全，所以食物要做得细软、碎烂，种类多样，才能满足宝宝的营养需要。宝宝的胃比较小，但宝宝身体所需要的营养却相对较丰富，因此，宝宝一餐不能吃得太多，可采取少食多餐的方法，全天由吃3顿奶减到吃2顿，每次250毫升，再加上少量多餐的辅食，保证宝宝一天的均衡营养。

三味蒸蛋

促进骨骼、牙齿生长

原料：鸡蛋1个，豆腐50克，胡萝卜半根，西红柿半个，盐适量。

做法：❶豆腐略煮，捞出压成碎末；西红柿、胡萝卜分别洗净榨成汁；鸡蛋打散。❷将西红柿汁、豆腐末、胡萝卜汁、盐倒入蛋液碗中搅匀。❸放入蒸锅内蒸10~15分钟即可。

第333~334天

营养：避免补充过度

对宝宝过度补充营养素是有危害的。宝宝在生长发育阶段，如过多摄入蛋白质，不仅会增加肝脏负担，更有甚者会引起消化不良。蛋类是富含高蛋白的食物，但蛋里缺少碳水化合物和维生素C，所以单一食用也不利于宝宝身体健康。而且，如果宝宝长期大量服用高浓度的鱼肝油，也会出现厌食、昏睡、头痛、皮肤干燥等症状。

另外，不要随便给宝宝补充钙、铁、锌等微量元素。滥补微量元素会造成体内代谢失衡，越补越缺，甚至伤害了宝宝的免疫力。

让宝宝自己吃东西

宝宝现在具有了较好的肌肉控制力和良好的手眼协调能力，能够较有效地控制手的动作，已经能够用小勺把食物舀起来，送到自己的口中。当然也有的宝宝仍然不能很好地控制自己的动作，可能会把食物弄得到处都是。爸爸妈妈不要怕弄脏了衣服、桌子、地板，应该多鼓励宝宝自己吃东西。另一方面，尽管宝宝吃饭时总可能表现出足够的热情，但过不了多久随着这股热情的消失，就会不耐烦了。这时就需要妈妈来喂宝宝吃东西，以免饿到宝宝。

食欲缺乏：检查是否口腔炎

这个月，宝宝基本上开始以米饭为主了，但突然之间，他拒绝吃任何固体食物，只勉强喝些配方奶，这就是让妈妈担心的食欲缺乏。如果正是炎炎夏日，而宝宝既不发热，情绪也好，就不必担心，这可能是因为天热引发的阶段性食欲缺乏。随着天气转凉，宝宝会恢复食欲。

如果宝宝食欲缺乏前有发热症状，可引导宝宝张开口检查一下，看宝宝是否患了口腔炎或嗓子疼。此时，不要给宝宝吃硬的、酸的和咸的食物，如果宝宝想喝奶，就用奶暂时替代。当然，最重要的是不能让宝宝缺水，要多给他喝水或果汁，多做运动。

第335~336天

两餐之间吃水果，吸收最好

餐前给宝宝吃水果会影响宝宝的吃奶量或正餐的摄入，容易导致营养不良；餐后吃水果容易让食物堵在胃中形成胀气，从而引起宝宝便秘。所以最好把水果放在两餐中间吃，比如午休之后。另外，水果的摄入也要适量，摄入过多会影响其他营养物质的吸收。

不用果冻代替水果

宝宝都会喜欢五颜六色的果冻，但不建议用果冻代替水果。许多宝宝吃果冻的方法是将其从小塑料杯中吸出，这样极易吸入气管导致窒息。

别给宝宝玩手机

研究表明，手机的电磁场会干扰中枢神经系统的正常功能。宝宝正处于中枢神经系统的形成和发育期，常玩手机肯定会影响大脑的发育，手机辐射还会影响到宝宝的免疫力及视觉神经的良性发展。

什锦水果沙拉

促排便，提高免疫力

原料：苹果、梨、橘子各半个，香蕉半根，生菜叶2片，酸奶1杯。

做法：❶将香蕉去皮，切片；橘子剥开，分瓣；苹果、梨洗净，去皮、去核，切片；生菜洗净。❷在盘里用生菜叶垫底，上面放香蕉片、橘子瓣、苹果片、梨片，再倒入酸奶拌匀即可。

第337~338天

行走敏感期：给予宝宝阶段性的帮助

快1岁宝宝，对于行走的动作开始了乐此不疲的探索，不怕累，不拍摔，劲头十足，就连妈妈心疼想要抱在怀里，宝宝都要挣脱下来练习走路，这一切说明宝宝的行走敏感期到来了。

行走阶段性发展与帮助

阶段与月龄	阶段性发展	具体练习
第1阶段 10~11个月	当妈妈发现宝宝能独自站立10秒钟以上，用玩具逗引宝宝能扶着家具走3步以上时，就可以开始尝试着让宝宝练习走路了	先从小脚压大脚，踩在妈妈脚背上被动感受走路开始，再让宝宝推物走，减轻走路的恐惧感，让宝宝爱上走路
第2阶段 12个月左右	能独自蹲下又站起是此月龄重要的发展动作，妈妈可以有意识地让宝宝进行站——蹲——站连贯动作的训练，增进宝宝腿部肌肉的支撑力量，加强肢体的控制及协调性	让宝宝练习自己捡玩具，从蹲到站，从站到蹲。
第3阶段 12个月左右	如果宝宝能扶物行走、蹲站自如了，就可以开始让宝宝练习放开手走个两三步，此阶段对加强宝宝肢体的平衡性非常重要	爸爸妈妈站两端，让宝宝从一端走向另一端
第4阶段 13个月以上	此阶段的宝宝训练重点不但是腿部肌肉与全身、眼睛的协调，更要让宝宝适应在不同材质的地面上行走，使行走更加独立、顺畅和自然	让宝宝在不同材质的地面上练习走路
第5阶段 14~16个月	宝宝已经可以较好地行走了，对周围的好奇心也在增加，妈妈可以鼓励宝宝探索不同的行走路径，强化行走动作的流畅和稳健	带宝宝上下楼梯、走斜坡、走马路牙，由低到高或由高到低，走不平坦的坑洼路面，走直线、斜线、曲线等

第339~340天

迈出人生第一步

经过几个月的“摸爬滚打”，宝宝已经能从熟练的手膝爬行，过渡到扶物行走、蹲站自如了。此时的宝宝腿部有了较强的支撑能力，全身的肌肉也有了一定的配合、协调和控制能力。大多数宝宝初学走路时胳膊弯着向身体两侧张开，迈着外八字步，挺着肚子，撅着屁股，看起来活像一只小鸭子。

独自走

目的：提高双腿协调配合的能力。

方法：妈妈先用双手扶宝宝走路，然后单手领着宝宝走。用小棍子各握一头，待宝宝走得较稳之后，妈妈轻轻放手，渐渐过渡到宝宝独自走路。

穿衣：以热不出汗、手脚不凉为宜

这时期的宝宝活动量大，妈妈应掌握“春捂秋冻”原则，根据气温变化有计划地给宝宝增加衣服。给宝宝穿衣，以不出汗、手脚不凉为标准。早晨起来时，看一下天气，和前一天做个比较，如果没有大变化，就不要轻易给宝宝添加衣服。

不会走路的宝宝，穿的衣服应该和大人安静状态下，感觉舒适时所穿的衣服一样厚薄。如果宝宝已经会走会跑了，就要比大人少一件。天气变化幅度大的春秋天里，最好准备1件穿脱方便的马甲，早晚穿着，午间脱掉，以适应一天里较大的温差。

身体颤动：全因大脑发育未成熟

很多宝宝在运动之后，或者洗澡时，手、胳膊、腿，甚至小下巴会颤抖，这是一种很正常的生理现象。因为宝宝的大脑组织还未完全发育成熟，控制肌肉的功能尚不健全。随着大脑功能的逐渐完善，这种不自主的抖动会慢慢消失。

第341~342天

多用正面评价对待害羞宝宝

很多宝宝见到陌生人就会紧张，不爱笑，排斥与陌生人说话和交往。从心理学角度而言，这是害羞的表现。如果宝宝过分害羞，则会对今后的人际交往造成影响。因此，爸爸妈妈还是要采取正确的方法鼓励宝宝跨过“害羞”障碍。

增强自信，多用正面评价。害羞宝宝特别需要鼓励和自信，爸爸妈妈应该避重就轻，尽量帮宝宝寻找特长，千万不要给宝宝贴“害羞”的标签。

给宝宝创造社交机会。对于容易害羞的宝宝，爸爸妈妈应当有意识地多增加其接触外界的机会，比如常去朋友家做客，让宝宝多和其他宝宝一起玩耍。但在这个过程中要注意选择好对象，避免宝宝在活动中经受惊吓、挫折等不良心理体验。

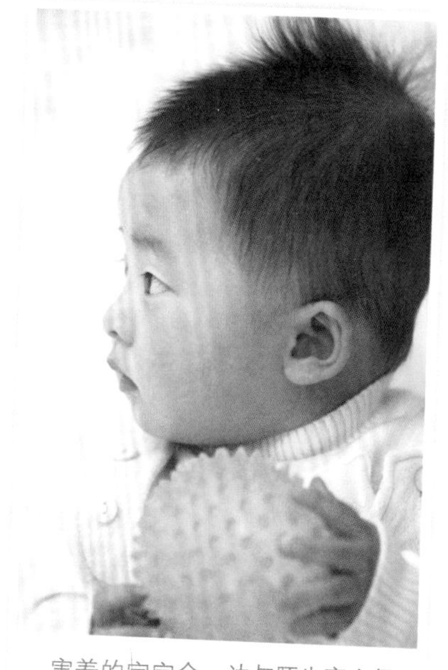

害羞的宝宝会一边与陌生客人保持距离，一边观察他们。

小心负面语言伤害宝宝

爸爸妈妈的负面语言及态度，宝宝都会接收并储存着。如果将自己和宝宝一天的对话记录下来，仔细地检视，会发现对宝宝说的最多的话可能是“你怎么这么不听话”“你再哭我要打你”“不乖乖吃饭，就不买你喜欢的玩具”之类的负面语言。

许多爸爸妈妈会在自己情绪不佳时对宝宝说一些负面的话，或者是已经习惯用负面的语气说话。不要以为宝宝什么都不懂，爸爸妈妈说负面语言时不佳的语气与态度，早已经对宝宝小小的心灵造成不良影响了！

宝宝要靠着爸爸妈妈的引导与互动，才能一点一滴地认识自己与世界。宝宝的模仿能力超强，稍不留意，爸爸妈妈的一举一动、一言一行就全都被宝宝学会了！

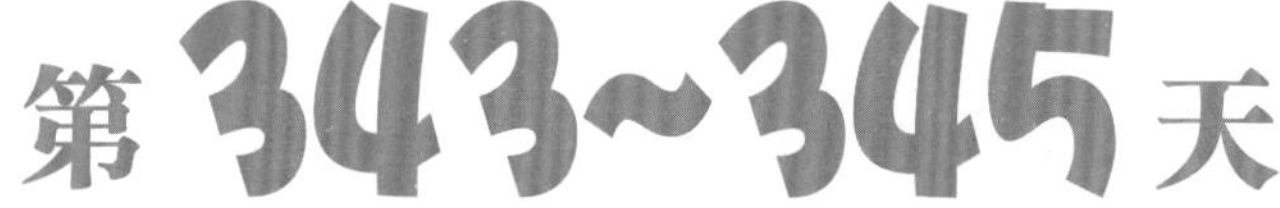

第343~345天

社交：喜欢和小朋友一起玩

宝宝开始喜欢和小朋友亲近了，一到了小朋友比较多的环境，就会特别开心、兴奋。妈妈可以为宝宝找一些能经常一起玩的小伙伴，让宝宝和小伙伴们一起玩，为宝宝与别人交流、互动打下良好基础。同时，宝宝也可以从这些小伙伴身上学到新的玩法。

记住小朋友的名字

目的： 培养宝宝的记忆力和交往能力，促进社会性的发展和提高。

方法： 在外面遇到小朋友，爸爸妈妈要给宝宝做个榜样，主动并亲热地和小朋友打招呼，问小朋友的名字，介绍宝宝和小朋友互相认识。给宝宝创造良好的交往机会，他也会主动去记忆，逐渐记住几个小朋友的名字。

怎样应对“独占”宝宝

宝宝的“独占”行为，在很大程度上与爸爸妈妈的教养方式有关。比如，对宝宝过分溺爱，忽略甚至庇护他的“独占”行为；过分强调宝宝的个人所有权，而没有告诉他分享的快乐；很少给宝宝讲解“物品归属和所有权”概念，宝宝分不清“我的”“你的”“大家的”。那么，如果宝宝成了霸道的“独占宝宝”，爸爸妈妈应该怎么做呢？

- 从小培养宝宝的物品归属概念，让他能分清“我的”“你的”“大家的”。
- 不过分纵容、娇宠宝宝，及时制止他强要、硬抢的不当行为，并以身示范，让宝宝知道，无论拿谁的东西，都要征得主人的同意。
- 让宝宝认识到“独占”是不好的行为。比如，宝宝霸占一包饼干后一个人吃光了，下次无论他怎么请求也不给他买，并且让他知道这是对他独占的惩罚。

第346~348天

安全：少给宝宝戴颈饰

生活中，我们经常可以见到不少宝宝的脖子上吊着小金佛、玉如意一类的饰品。有些爸爸妈妈认为，这些饰品象征着吉祥、平安、健康，由此将其当作宝宝的护身符。殊不知，这些护身符很有可能会对宝宝造成伤害。

宝宝皮肤细嫩，容易对饰品发生皮肤过敏，使颈部发痒、红肿；玩耍时宝宝拉拽颈饰容易勒伤颈部；有的宝宝喜欢将颈饰含在嘴里，如果线绳被咬断，宝宝吞下饰物，后果不堪设想。而且，宝宝经常将饰物含在嘴里，大量细菌进入口腔，也会影响身体健康。

清洁：不宜经常使用湿纸巾

湿纸巾含有多种添加剂，宝宝接触过多的防腐剂、酒精等化学成分，很容易引发接触性皮炎或皮肤过敏。而且大多数爸妈给宝宝用了湿纸巾后就不会再去洗手，化学成分就会残留在手上，对宝宝会有不利影响。

如果外出不方便，不得不使用湿纸巾时，一定要注意选用合格产品。此外还要注意湿纸巾不要重复使用，这样非但不能清除细菌，反而会将一些存活的细菌转移到未被污染的表面；不要用湿纸巾直接擦拭宝宝眼睛、耳朵等处。如果使用湿纸巾后宝宝出现皮肤红肿、发痒、刺激反应等要及时用清水冲洗。

第349~351天

宝宝开始主动模仿了

宝宝越来越可爱了，细心的妈妈会发现，快1岁的宝宝变成了爸爸妈妈的“镜子”，开始有意识地复制爸妈的一举一动，这是多么可喜的发现。宝宝爱上模仿，是他们开始理解、学习和逐步懂得与外部世界交流的重要方式。

爸爸妈妈是宝宝的第一任老师

宝宝的主动模仿一般是从模仿爸爸妈妈的行为、举止、语言开始的。此时的爸爸妈妈就要格外注意了，宝宝就像一块小海绵，好的会模仿，不好的行为、语言也一样“照单全收”。爸爸妈妈要学会约束自己的言行，为宝宝树立健康、正确的模仿形象。

模仿游戏：学爸爸

这样玩

爸爸有韵律地说一首儿歌，附带一些动作。要求爸爸做动作，引导宝宝模仿：

摸摸脸（摸脸）。
拍拍手（拍手）。
我把双手举过头（双手举过头）。
跺跺脚（跺脚）。
扭扭腰（扭腰）。
学习妈妈笑哈哈，
哈哈（双手在头顶挥动）！
哈哈（双手在头顶挥动）！

益处多多

模仿、注意及反应能力的培养；动作与语言的结合，促进宝宝对语言的理解。

第352~354天

疾病：警惕“恼人”的寄生虫病

蛔虫症

蛔虫病是人体最常见的寄生虫病之一，表现为突然腹痛，出冷汗，面色苍白，多食、厌食和偏食，或有异食癖，宝宝平时吃饭正常但仍很消瘦。

预防及治疗：

- 饭前便后洗手，勤剪指甲，不吃未洗净的蔬菜瓜果。
- 在医生的指导下给宝宝吃驱虫药，严格用药，不可多服。
- 如果宝宝出现便秘或不排便、腹胀，腹部摸到条状包块时，可能发生了蛔虫性肠梗阻，要马上就医。

蛲虫症

蛲虫也叫线虫，是宝宝最常见的一种肠道寄生虫病。其症状常表现为宝宝情绪不稳定，夜里哭闹发惊，睡眠不足，严重者可引起恶心、呕吐或腹泻等。

预防及治疗：

- 讲究个人卫生，饭前便后要洗手，睡觉不穿开裆裤。
- 纠正宝宝吃手的习惯，常剪指甲，勤洗阴部，勤烫洗内衣，晒被褥床单。
- 在医生指导下使用驱虫药。
- 肛门周围可用2%白降汞软膏或10%氧化锌软膏涂抹。

体检：1岁的宝宝检查什么

1岁之内宝宝的体检主要是对宝宝生长发育指标进行监测，包括身长、体重、头围、胸围4项指标，还对小儿视听、心理、智力发育进行筛查和咨询，对小儿“四病”（佝偻病、营养不良性贫血、腹泻、肺炎）进行防治，指导爸爸妈妈如何对宝宝进行生长发育监测。

第355~357天

宝宝1周岁啦

宝宝马上就1岁啦，经过三百多天的养育，宝宝已经从一个软软的、嫩嫩的、嗷嗷待哺的新生儿成长为一个灵敏聪慧、活泼可爱的小机灵鬼。他咿呀学语、蹒跚学步，当他用充满馨香的小嘴巴亲吻你的时候，妈妈爸爸是不是都沉醉了呢。

1周岁宝宝的发展水平

功能区划分	发展里程碑
语言	会有所指地叫爸爸妈妈；能说爸妈以外的两三个字
精细动作	拇指食指熟练配合做动作，塞、捏、抓等；能打开包装纸，把书打开合上；能用蜡笔在纸上涂点、画道
大运动	独坐很稳；熟练地手膝爬行；扶家具站立、坐下；独站10秒以上；独走几步
认知	认识红颜色；能指认两三个身体部位；了解更多因果关系；会使用简单的工具；会伸出食指表示1岁
社会性	对亲人表示依恋；能表示自己的需要；穿衣服知道配合；会拍手、摇手表示欢迎、再见等

庆祝：有趣的“抓周”

爸爸妈妈可以为宝宝精心设计一个周岁庆祝小聚会，把亲人朋友们团聚在一起，热热闹闹地吃完庆生蛋糕，就可以开始启动抓周仪式了。

抓周最开始起源于魏晋南北朝。在过去，抓周可是大事件，家里要举行一个隆重的仪式。现在，抓周虽然已不再那么盛行，但依然会有一些家长跃跃欲试。其实，纯净如水的宝宝怎么会知道抓周的意思呢？什么好玩就拿什么吧！快乐的生活和成长对于宝宝来说才是最重要的事情。

第358~360天

测评：满12个月宝宝的智能发育标准

分类	项目	测试方法	通过标准	出现时间
大运动	独走几步	鼓励宝宝在爸爸妈妈之间独立行走，爸爸妈妈要做好保护	能独立地走2~3步	第__月 第__天
	蹲下、站起	逗引宝宝扶栏杆站起，再用玩具引导他自己蹲下	能独自蹲下、站起	第__月 第__天
精细动作	用蜡笔戳点	用蜡笔示范，在纸上戳出点或画出道	能戳出点	第__月 第__天
	搭积木	示范将1~2块积木搭在一起	能搭1~2块积木且不倒	第__月 第__天
语言	模仿动物叫	向宝宝出示动物卡片或玩具，鼓励其模仿动物叫声	能模仿发音	第__月 第__天
认知	认身体部位	教宝宝指认身体部位，如手、脚、腿、肚子等	会认1~3种	第__月 第__天
情绪和社交	给予	向宝宝索要他手中的玩具或食品	理解语言，要东西知道给出回应	第__月 第__天
自理能力	用勺吃饭	给宝宝勺和碗，让宝宝试着用勺吃饭	能将饭协调送入口中	第__月 第__天

附录：0~2岁婴幼儿智能发育水平对照表

	大运动	精细动作
1个月	拉着手腕可以坐起，头可保持竖直状态片刻(2秒)	触碰手掌，会紧握拳头
2个月	拉着手腕可以坐起，头可保持竖直状态短时(5秒)	俯卧时头可抬离床面，拨浪鼓在手中能握片刻
3个月	俯卧时可抬头45°，抱直时头稳	两手可握在一起，拨浪鼓在手中能握0.5秒
4个月	俯卧时可抬头90°，扶腋可站片刻	摇动并注视拨浪鼓
5个月	轻拉腕部即可坐起，独坐时头、身向前倾	抓住近处玩具玩
6个月	俯卧翻身	会撕纸，会去拿桌上的积木
7个月	可以自如地独自坐着	自己取一块积木，再取另一块
8个月	双手扶着东西可站立	拇指、无名指捏住小球；手中拿2块积木，并试图取第3块积木
9个月	会爬，拉双手会走	拇指、食指能捏住小球
10个月	会拉住栏杆站起身，扶住栏杆可以走	拇指、食指的动作熟练
11个月	扶物、蹲下取物；独站片刻	打开包积木的纸
12个月	独自站立稳；牵一只手可以向前走	试着把小球投入小瓶；会握笔并能画出线
15个月	独走自如	自发乱画，从瓶中拿到小球
18个月	扔球无方向	模仿画道道；积木搭高四块
21个月	会脚尖走，扶墙上楼	玻璃丝穿过扣眼；积木搭高七八块
24个月	双足跳离地面	玻璃丝穿过扣眼拉住线

适应能力	语言	社交行为
眼睛会跟着红球稍有移动，听到声音有反应	自己会发出细小声音	眼睛跟踪走动的人
立刻注意大玩具	能发出a、o、e 等元音	逗引时有反应
眼睛跟红色的球可转180°	笑出声	模样灵敏、见人会笑
偶然注意响动、找到声源	高声叫、咿呀学语	认识熟悉的亲人
拿住一块积木并注视另一块积木	对人或物能发声	见到食物兴奋
两手同时拿住两块积木，玩具掉了会找	叫名字会转头	自己吃饼干、会找藏猫猫（手绢挡脸）的人的脸
积木换手、伸手够远处玩具	发“ba-ba、ma-ma”的音，但没有所指	对着镜子会有反应、能分辨出生人
持续用手追逐玩具，有意识地摇铃	能把语言和物品联系起来	懂得成人面部表情
能注视画面上单一的线条	会欢迎、再见（手势）	表示不要
能懂得并满足大人的要求	模仿发声	懂得常见物及名称，会表示
具备简单的解决问题的能力	有意识地发一个字音	懂得“不”；模仿拍娃娃
理解能力、注意力、模仿力都有所增强	叫妈妈爸爸有所指；向他要东西知道给	穿衣时知道配合
会用杯子喝水，用勺子吃饭	会听指示指出眼耳鼻口手（5 个指出3 个即可），说3~5 个字（知道意思，“爸妈”除外）	会脱袜子（脱下而非拉下）
会自己排小便，并能控制排大便	懂得三个投向（站三个不同方向，向他要东西）、说出10 个字（知道意思，“爸妈”除外）	白天会控制大小便
自控能力提高了	回答简单问题、说3~5 个字的句子	开口表达个人需要
模仿力、想象力大幅提高	能说两句以上的歌谣，并会问“这是什么”	会说常见物的用途

图书在版编目(CIP)数据

婴儿养育一天一页 / 吴光驰主编 . -- 南京 : 江苏凤凰科学技术出版社，2015.1
(汉竹•亲亲乐读系列)
ISBN 978-7-5537-1137-9

Ⅰ. ①婴… Ⅱ. ①吴… Ⅲ. ①婴儿－哺育 Ⅳ. ① TS976.31

中国版本图书馆 CIP 数据核字（2014）第 257881 号

婴儿养育一天一页

主　　编　吴光驰
编　　著　汉　竹
责任编辑　刘玉锋　姚　远　张晓凤
特邀编辑　卢丛珊　李　静　阮瑞雪
责任校对　郝慧华
责任监制　曹叶平　方　晨

出版发行　凤凰出版传媒股份有限公司
　　　　　江苏凤凰科学技术出版社
出版社地址　南京市湖南路 1 号 A 楼，邮编 : 210009
出版社网址　http://www.pspress.cn
经　　销　凤凰出版传媒股份有限公司
印　　刷　南京精艺印刷有限公司

开　　本　720mm×1000mm　1/16
印　　张　18
插　　页　4
字　　数　160 千字
版　　次　2015 年 1 月第 1 版
印　　次　2015 年 1 月第 1 次印刷

标准书号　ISBN 978-7-5537-1137-9
定　　价　49.80 元